全国职业技术院校模具制造/模具设计专业教材

模具钳工工艺学
（第二版）

人力资源和社会保障部教材办公室组织编写

中国劳动社会保障出版社

简　介

本书主要内容包括模具钳工常用测量器具、模具钳工基本操作、孔与螺纹加工、模具钳工精加工、装配基础知识、固定连接的装配与修理、机床夹具、冷冲压模具的装配与调试、塑料成型模具的装配与调试等。

本书由赵孔祥主编，王鹏飞、刘贞国、边芳、王珂、尤石、黄波参编。

图书在版编目(CIP)数据

模具钳工工艺学/人力资源和社会保障部教材办公室组织编写. —2版. —北京：中国劳动社会保障出版社，2016

全国职业技术院校模具制造/模具设计专业教材

ISBN 978-7-5167-2748-5

Ⅰ.①模…　Ⅱ.①人…　Ⅲ.①模具-钳工-工艺学-职业教育-教材　Ⅳ.①TG76

中国版本图书馆CIP数据核字(2016)第213468号

中国劳动社会保障出版社出版发行

（北京市惠新东街1号　邮政编码：100029）

*

北京市白帆印务有限公司印刷装订　　新华书店经销

787毫米×1092毫米　16开本　17印张　346千字

2016年9月第2版　2025年1月第9次印刷

定价：29.00元

营销中心电话：400-606-6496

出版社网址：http://www.class.com.cn

http://jg.class.com.cn

为了更好地适应全国职业技术院校模具类专业的教学要求，全面提升教学质量，人力资源和社会保障部教材办公室组织有关学校的骨干教师和行业、企业专家，对全国中等职业技术学校和高等职业技术院校模具类专业教材进行了修订和补充开发。教材的修订和开发以人力资源社会保障部颁布的《技工院校模具制造专业教学计划和教学大纲（2016）》与《技工院校模具设计专业教学计划和教学大纲（2016）》为依据，充分调研了企业生产和学校教学情况，广泛听取了教师对现行教材使用情况的反馈意见，吸收和借鉴了各地职业技术院校教学改革的成功经验。

教材体系

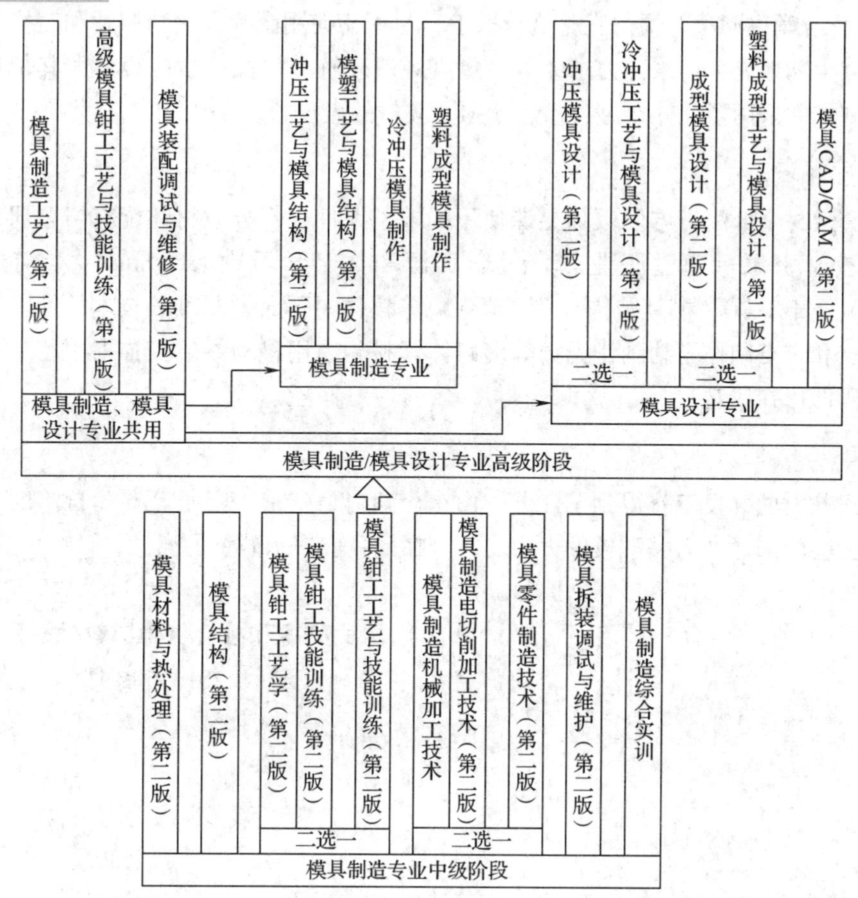

适用对象

模具制造/模具设计专业中级、高级两个层次和以下 3 种学制：

- 初中毕业生 3 年学制培养中级工
- 高中毕业生 3 年学制培养高级工
- 初中毕业生 5 年学制培养高级工

编写特色

◆ **紧贴国家职业标准** 紧密贴合《中华人民共和国职业分类大典（2015 年版）》中对模具工等职业的职业能力要求，同时参照了模具工、工具钳工等国家职业技能标准。

◆ **体现行业技术发展** 根据模具行业的最新发展，在教材中充实模具制造、设计方面的新技术，如模具 CAD/CAM/CAE 技术、快速成型技术、多轴数控加工技术、微细加工技术等，体现教材的先进性。

◆ **更新国家技术标准** 采用最新的国家技术标准，如《工模具钢》（GB/T 1299—2014)、《冲压件尺寸公差》（GB/T 13914—2013)、《冲压件角度公差》（GB/T 13915—2013）等，使教材内容更加科学和规范。

◆ **符合学生阅读习惯** 在呈现形式上，尽可能使用图片、实物照片和表格等形式将知识点生动地展示出来，力求让学生更直观地理解和掌握所学内容。尤其是在教材插图的制作中采用了立体造型技术，增强了教材的表现力。

教学服务

本套教材全部配有方便教师上课使用的电子课件，部分教材还配有习题册，电子课件等教学资源可通过职业教育教学资源和数字学习中心（http：// zyjy. class. com. cn）下载。在《模具结构（第二版）》等教材中引入了二维码技术，针对书中的教学重点和难点制作了动画、视频等多媒体素材，使用移动终端扫描书中相应位置处的二维码即可在线观看。

致谢

本次教材的开发工作得到了江苏、山东、湖南、广东、广西等省（自治区）人力资源和社会保障厅及有关学校的大力支持，在此我们表示诚挚的谢意。

人力资源和社会保障部教材办公室

2016 年 6 月

目录 Contents

绪论

模具是工业生产的基础工艺装备，涉及机械、汽车、轻工、电子、化工、冶金、建材等各个行业，应用范围十分广泛，被称为“工业之母”。例如，在汽车生产中，90%以上的零部件需要依靠模具成型，制造一辆普通轿车需1 500多套模具。在新车型的开发中，90%的工作量是围绕车身造型的改变而进行的，在开发费用中，约有60%用于车身和冲压工艺及装备的开发。在整车制造成本中，约40%为车身冲压件及其装配的费用。模具制造技术已成为现代制造业的重要组成部分，是衡量一个国家科技与产品制造水平的重要标准，它在很大程度上决定着产品的质量、效益以及新产品的开发能力，决定着一个国家制造业的国际竞争力。

一、模具制造的生产过程及特点

1. 生产过程

模具制造的生产过程和其他工业产品的生产过程一样，都是指由原材料开始，经过加工转变为成品的过程。它包括技术准备，生产准备，原材料的采购、运输、保管，毛坯的再加工和改制，产品零、部件的加工和检验，产品的装配、调试、检验，产品的包装、运输等工作。

2. 生产特点

模具作为一种高寿命的专用工艺装备，有以下生产特点：

（1）属于单件、多品种生产。每副模具只能生产某一特定形状、尺寸和精度的制件，这就决定了模具生产具有单件、多品种生产的性质。

（2）客观要求模具生产周期短。由于当前新产品更新换代的加快和市场的竞争，客观上要求模具生产周期越来越短，模具的生产管理、设计和工艺工作都应该适应客观要求。

（3）模具生产具有成套性。当某个制件需要多副模具来加工时，各副模具之间往往互相牵连和影响，只有最终制件合格，这一系列模具才算合格。因此，在生产和计划安排上必须充分考虑这一特点。

（4）必须试模，部分试修。由于模具生产的上述特点和模具设计的经验性，模具在装配后必须通过试冲或试压才能最后确定是否合格，同时有些部位需要在试模时配修才能完成。因此，在生产进度安排上必须留有一定的试模周期。

（5）模具加工向机械化、精密化和自动化方向发展。目前产品零件对模具精度的要求越来越高，高精度、高寿命、高效率的模具越来越多。而加工精度主要取决于加工机床精度、加工工艺条件、测量方法等。目前，精密成形磨床、CNC 高精度平面磨床、精密电火花机床、线切割机床、高精度连续轨迹坐标磨床以及三坐标测量机的使用越来越普遍，使模具加工向高技术密集型发展。

二、影响模具精度的主要因素

随着我国经济的高速发展，对模具行业提出了越来越高的要求，尤其是对模具精度的要求不断提高。通常影响模具精度的主要因素有：

（1）产品制件精度。产品制件的精度越高，模具工作零件的精度也就越高。模具精度的高低不仅对产品制件的精度有直接影响，而且对模具的生产周期、生产成本都有很大的影响。

（2）模具加工技术手段。模具加工设备的加工精度和设备的自动化程度是保证模具精度的基本条件。今后，模具精度将更大程度地依赖模具加工技术手段的创新。

（3）模具钳工的装配技术水平。模具的最终精度在很大程度上依赖装配、调试来实现，模具工作表面的表面粗糙度值主要依赖模具钳工来保证。因此，模具钳工的技术水平是影响模具精度的重要因素。

（4）模具制造的生产方式和管理模式。生产方式和管理模式的不同将影响到模具精度。例如，模具工作刃口尺寸在模具设计和生产时，是采用“实配法”，还是采用“分别制造法”，是影响模具装配精度的重要因素。同时，建立完善的质量管理体系和检测手段，也是提高模具精度的有效途径。

三、模具钳工的工作任务及技能要求

模具钳工是以手工操作为主，主要从事模具生产的一个工种。它是机械制造行业不可缺少的工种。其工作任务是：使用各种工、量、刃具及辅助设备，对模具进行加工、装配、调试、安装与修理等，以保证模具正常使用。为此，要求模具钳工不但要掌握相关的装配知识和技能，还应具备熟练的钳工基本操作技能，如划线、錾削、锯削、锉削、钻孔、扩孔、锪孔、铰孔、攻螺纹、套螺纹、粘接、刮削、研磨、抛光等。钳工部分基本操作如图 0—1 所示。

随着高精度、高自动化、多功能、高效率的先进设备不断涌现，要求模具钳工具有更准、更快、更强的分析和判断能力，扎实的理论基础，丰富的专业知识和高超的操作技能。目前，《中华人民共和国职业分类大典（2015 年版）》将钳工划分为机修钳工、装配钳工、工具钳工、模具工等几类，共设五个等级，分别为初级（国家职业资格五级）、中级（国家职业资格四级）、高级（国家职业资格三级）、技师（国家职业资格二级）、高级技师（国家职业资格一级）。

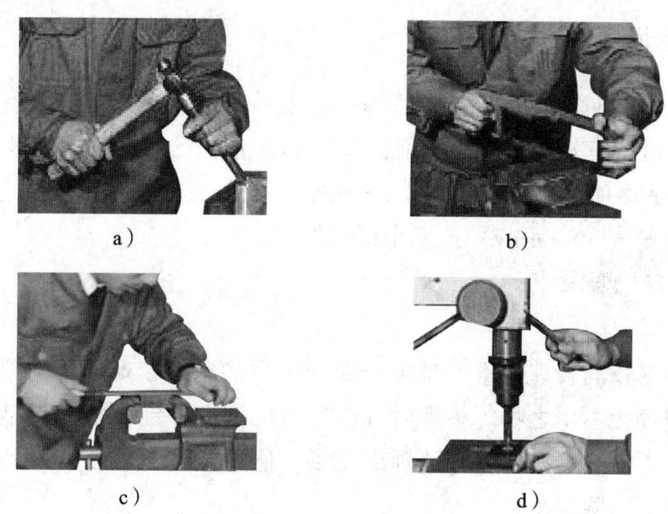

图0—1　钳工部分基本操作

a）錾削　b）锯削　c）锉削　d）钻孔

四、模具钳工的工作场地和安全文明生产

1. 工作场地

模具钳工的工作场地应满足安全文明生产和提高生产效率的总要求，即场地要有合理的工作面积，常用设备布局安全、合理，工作场地远离振源，照明符合要求，场地通道畅通，起重、运输设施安全可靠。

2. 安全文明生产

模具钳工要树立“安全第一，质量第一”的意识，养成良好的安全文明生产习惯，做到以下几点：

（1）复杂、大型模具装配调试前，在制定工艺方案的同时，必须制定相应的安全措施。

（2）使用电动工具前，应检查接地线是否可靠接地，同时应戴绝缘手套并穿绝缘鞋。使用手持照明灯时，电压必须低于36 V。

（3）模具安装调试或修理时，如需要多人操作，必须有专人指挥，密切配合。

（4）使用起重设备时，应遵守起重工安全操作规程。

（5）高空作业必须戴安全帽，系安全带，不得投掷工具或零件。

（6）试车前要检查电源接法是否正确，各部分的手柄、行程开关、撞块等是否灵敏可靠，传动系统的安全防护装置是否齐全，确认无误后方可开车运行。

（7）使用的工、量具应分类依次整齐摆放。常用的工、量具应放在工作位置附近，但不要放在钳工工作台的边缘处。精密量具要检验后使用，轻取轻放，用后擦净并涂油保护。工具在工具箱内应固定良好、整齐安放。

（8）工作场地应保持整洁。

五、6S 管理

“6S”由日本企业的“5S”扩展而来，是指在生产现场中对人员、机器、材料、方法等生产要素进行有效的管理。当前，我国部分企业已借鉴此管理理念和方法，效果显著。“6S”是整理（Seiri）、整顿（Seiton）、清扫（Seiso）、清洁（Seiketsu）、素养（Shitsuke）、安全（Security）这六个词的缩写。

1. 基本内容与要求

（1）整理

整理是对停滞物的管理，重点是区分要与不要的东西，现场不需要的东西坚决清除，做到生产现场无不用之物。整理时，在每个工位、每台设备（包括工具箱）周围进行彻底搜寻，不需要的东西务必清理出现场。通过整理，可以有效地提高场地的利用率，行道通畅，消除混乱。

（2）整顿

整顿是对整理后需要的东西的整治，使必要的东西在使用时能随时找到，减少寻找时间。其要点是：需要的东西定位摆放，做到过目知数；用完的物品归还原位；工装器具要按类别、规格摆放整齐。其核心是：每个人都参加整顿，在整顿过程中制定各种管理规范，人人遵守，贵在坚持。通过整顿，现场整齐，一目了然，没有不安全因素，没有“跑、冒、滴、漏”现象，同时为提高工作效率打下基础。

（3）清扫

清扫是将生产和工作现场的灰尘、油污、垃圾清除干净，提高设备及工装夹具的清洁度和润滑度，保证生产和工作现场地面整洁、干净。其要点是：每个人要把自己用的东西清扫干净，不是单靠清洁工来完成。通过清扫，使生产时弄脏的现场恢复干净。

（4）清洁

整理、整顿、清扫这三项的坚持与深入就是清洁，同时也包括根除对人体有害的油、尘、噪声、有毒气体。其要点是：坚持和保持，不搞突击。通过清洁，美化现场，保证职工愉快地工作，消除灾害发生的根源。

（5）素养

培养现场作业人员执行作业规程、遵守现场规章制度的习惯，提高人员的素质。素养是6S 管理的核心，没有人员素质的提高，6S 管理则不能顺利开展，即使开展了也不能坚持。因此，6S 管理要始终着眼于提高人员的素质。

（6）安全

重视安全教育，每时每刻都有安全第一的观念，每个人都必须按照安全操作规程作业，防患于未然，从而建立起安全生产的环境，使所有的工作都以安全为前提。

2. 目的

6S 管理是通过规范现场、现物，为企业员工提供一个安全的作业场所，创造一个干净、整洁、舒适的工作场所和空间环境，营造企业特有的文化氛围，培养员工遵章守纪，养成良好的工作习惯，其最终目的是提高员工素养、企业整体形象和管理水平，从而达到规范化管理。

六、学习模具钳工工艺学的方法

模具钳工工艺学是模具制造和模具设计专业的一门核心专业课程，在学习中应注意以下几点：

（1）坚持理论联系实际的原则，注意工艺学与实习的结合，用所学理论去分析问题和指导实习。

（2）本课程与其他相关课程联系密切，是许多知识的综合运用，要利用已学知识进一步学好本课程。

（3）作为从事模具制造或模具设计的专业人员，应具有强烈的责任感和使命感，要不断地学习新技术、新工艺、新材料和新设备知识。

模具钳工常用测量器具

为了保证零件和产品的质量，在生产中必须用相关测量器具对零件或产品的尺寸及形状进行有效的测量和检验。根据国家标准《几何量测量器具术语　产品术语》（GB/T 17164—2008）以及测量器具的用途和特点，测量器具分为长度测量器具、角度测量器具、几何误差测量器具、表面结构质量测量器具、齿轮测量器具、螺纹测量器具以及其他测量器具七大类。

第一节　长度测量器具

长度测量器具分为量具类、卡尺类、千分尺类和指示表类等。模具钳工常用的有光滑极限量规（塞规、环规、卡规）、塞尺、游标卡尺和外径千分尺等。

一、塞规

如图 1—1—1 所示，塞规是指用于孔径检验的光滑极限量规（光滑极限量规是以孔径或轴径的上极限尺寸或下极限尺寸为标准测量面，能以包容原则反映被检孔或轴边界条件的实物量具），其测量面为外圆柱面。其中，圆柱直径具有被检孔径下极限尺寸的为孔用通规，具有被检孔径上极限尺寸的为孔用止规。

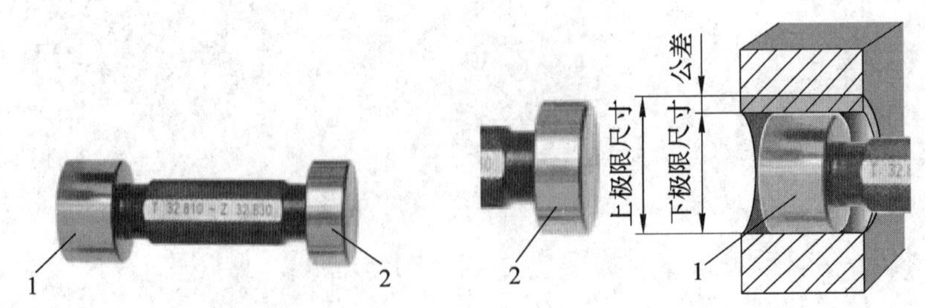

图 1—1—1　塞规

1—通规　2—止规

塞规是一种专用测量器具，它不能读出被测零件的实际尺寸值，但是能判断被测零件的尺寸是否合格。当使用塞规检验零件时，如果通规能通过，止规不能通过，说明这个零件尺寸是合格的；反之为不合格。

二、塞尺

如图 1—1—2 所示，塞尺是指具有准确厚度尺寸的单片或成组的薄片，是用于检验间隙的实物量具，其厚度尺寸系列见表 1—1—1。成组塞尺由多片厚度不同的单片塞尺组成，常用成组塞尺的规格见表 1—1—2。

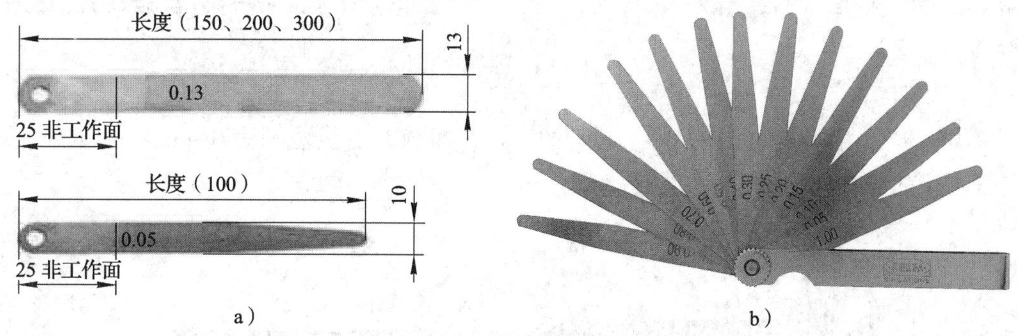

图 1—1—2 塞尺

a）单片塞尺 b）成组塞尺

表 1—1—1 塞尺厚度尺寸系列（摘自 GB/T 22523—2008）

厚度尺寸系列（mm）	间距（mm）	数量
0.02，0.03，0.04，…，0.10	0.01	9
0.15，0.20，0.25，…，1.00	0.05	18

表 1—1—2 成组塞尺的片数及组装顺序（摘自 GB/T 22523—2008）

成组塞尺的片数	塞尺的长度（mm）	厚度尺寸及组装顺序（mm）
13	100，150，200，300	0.10，0.02，0.02，0.03，0.03，0.04，0.04，0.05，0.05，0.06，0.07，0.08，0.09
14		1.00；0.05，0.06，…，0.10；0.15，0.20，0.25，0.30，0.40，0.50，0.75
17		0.50；0.02，0.03，…，0.10；0.15，0.20，…，0.45
20		1.00；0.05，0.10，0.15，…，0.95
21		0.50；0.02，0.02，0.03，0.03，0.04，0.04，0.05，0.05，0.06，0.07，0.08，0.09，0.10；0.15，0.20，…，0.45

塞尺使用前，必须先清除塞尺和工件上的污垢与灰尘。使用时可用一片或数片重叠插入间隙，以稍感拖滞为宜。测量时动作要轻，不允许硬插及测量温度较高的零件。使用完毕，应将塞尺擦拭干净，并涂上一薄层工业凡士林，然后折回夹框内，以防锈蚀、弯曲、变形而损坏。

三、游标卡尺

游标卡尺是指利用游标原理对两同名测量面相对移动分隔的距离进行读数的测量器具。它具有结构简单、使用方便、测量精度中等及测量尺寸范围大等特点，可用来测量零件的外径、内径、长度、宽度、厚度、深度和孔距等，是一种应用较为广泛的量具。

1. 结构

游标卡尺由尺身及能在尺身上滑动的游标等组成。测量范围为 0 ~ 150 mm 的普通游标卡尺的结构如图 1—1—3 所示。

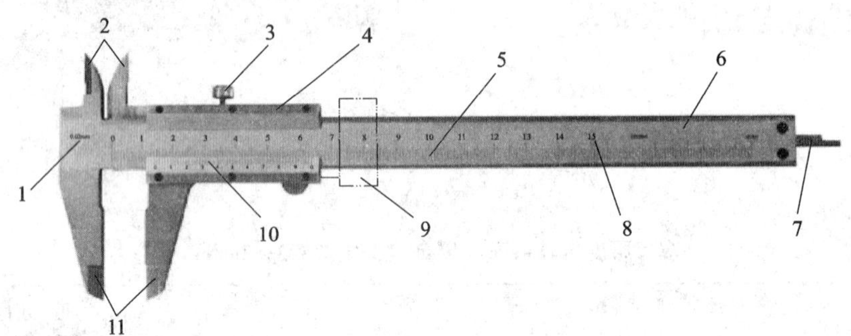

图 1—1—3　测量范围为 0 ~ 150 mm 的普通游标卡尺

1—分度值（0. 02 mm）　2—内测量爪　3—制动螺钉　4—尺框　5—主标尺　6—尺身
7—深度尺（测量范围上限不宜超过 300 mm）　8—测量范围上限值（150 mm）
9—微动装置（测量范围上限大于 200 mm）　10—游标　11—外测量爪

游标卡尺按其结构和用途的不同分类，除普通游标卡尺外，还有带台阶测量面游标卡尺、微视差游标卡尺、带圆弧内测量爪游标卡尺和单面游标卡尺等。各类游标卡尺的结构及特点见表 1—1—3。

表 1—1—3　　各类游标卡尺的结构及特点

类型	图示	特点
带台阶测量面游标卡尺	台阶测量面	在普通游标卡尺的基础上，增加了台阶测量面，可测量零件的台阶尺寸

续表

类型	图示	特点
微视差游标卡尺	主标尺标记面 游标尺标记面	此类游标卡尺是将主标尺标记表面与游标尺标记表面制作在同一平面内，以便减少视差
带圆弧内测量爪游标卡尺		在下测量爪上附加圆弧内测量爪，以便于测量孔径（读取示值应减去内测量爪的尺寸）
单面游标卡尺		此类游标卡尺示值范围的上限值一般较大，主要用于大尺寸的测量

2. 基本参数

（1）标尺间距

标尺间距是指沿着标尺长度的同一条线测得的两相邻标尺标记之间的距离。游标卡尺尺身上的标尺间距为1 mm。

（2）测量范围

测量范围是指测量器具的误差在规定极限内的被测量值的下限值至上限值的范围。模具钳工常用的游标卡尺的测量范围有0～150 mm、0～200 mm、0～300 mm等。

（3）分度值

分度值是指对应两相邻标尺标记的两个值之差。游标卡尺的分度值有0.02 mm、0.05 mm和0.10 mm三种，其中分度值为0.02 mm的游标卡尺最为常用。

分度值是测量器具所能直接读出示值的最小单位量值，它反映了该测量器具的测量精度高低。一般来说，分度值越小，测量器具的精度越高。对于数显测量器具则用分辨力（能被有效辨别的显示装置的示值间的最小差异）来表示。

（4）最大允许误差

最大允许误差又称允许误差极限，是指对于测量器具，由技术规范、规程等允许的误差极限值，它是测量器具本身各种误差的综合反映。游标卡尺外测量的最大允许误差见表1—1—4。

表 1—1—4　游标卡尺外测量的最大允许误差（摘自 GB/T 21389—2008）　mm

<table>
<tr><th rowspan="3">测量范围</th><th colspan="3">最大允许误差</th></tr>
<tr><th colspan="3">分度值</th></tr>
<tr><th>0.02</th><th>0.05</th><th>0.10</th></tr>
<tr><td>0～70</td><td>±0.02</td><td rowspan="3">±0.05</td><td rowspan="5">±0.10</td></tr>
<tr><td>0～150</td><td rowspan="2">±0.03</td></tr>
<tr><td>0～200</td></tr>
<tr><td>0～300</td><td>±0.04</td><td>±0.06</td></tr>
<tr><td>0～500</td><td>±0.05</td><td>±0.07</td></tr>
<tr><td>0～1 000</td><td>±0.07</td><td>±0.10</td><td>±0.15</td></tr>
</table>

3. 标记原理

如图 1—1—4 所示分度值为 0.02 mm 的游标卡尺，尺身上主标尺间距（每小格长度）为 1 mm，当两爪合并时，游标尺上的 50 格刚好与主标尺上的 49 mm 对齐，则游标尺间距（每小格长度）为 49/50＝0.98 mm，主标尺间距与游标尺间距相差 1－0.98＝0.02 mm，即 0.02 mm 就是该游标卡尺的分度值（最小读数值）。

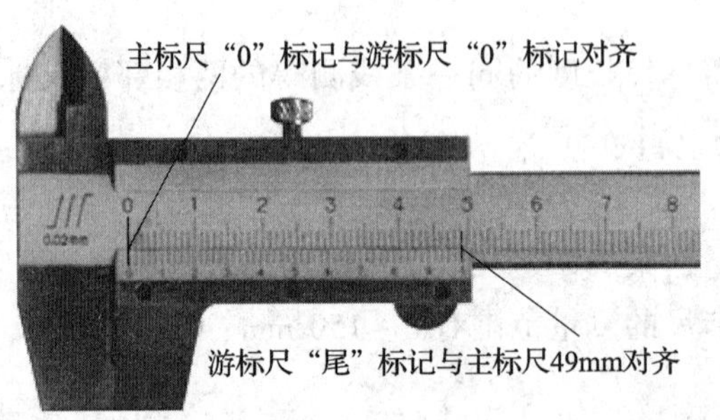

图 1—1—4　分度值为 0.02 mm 的游标卡尺的标记原理

4. 示值读取方法

读取游标卡尺上的示值时，一般分三步，即读取整数部分，读取小数点后第一位数值，读取小数点后第二位数值。

（1）整数部分

从游标卡尺的主标尺上读取。为了便于读取，主标尺上每 10 mm 标有一个数字。靠近游标尺“0”标记左边的主标尺标记就是整数值。图 1—1—5 所示尺寸的整数部分为 24 mm。

（2）小数点后第一位数值

从游标尺上读取。在游标尺上每 5 格标有一个数字，主标尺与游标尺标记对齐处左边的数字就是小数点后的第一位数值。图 1—1—5 所示尺寸小数点后的第一位数值为 5，也即 0.5 mm。

（3）小数点后第二位数值

主标尺与游标尺标记对齐处至左侧第 1 位标记数字间的格数乘以 0.02 就是小数点后的第二位数值。图 1—1—5 所示尺寸小数点后的第二位数值为 2 ×0.02 =0.04 mm。

因而，图 1—1—5 所示游标卡尺的示值为 24 +0.5 +0.04 =24.54 mm。

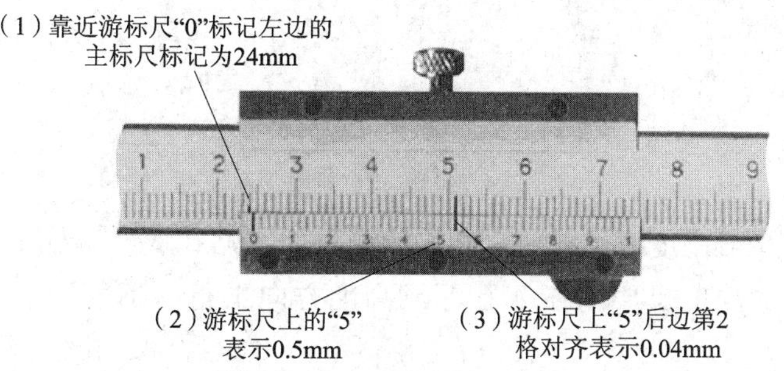

图 1—1—5 分度值为 0.02 mm 游标卡尺的示值读取方法

5. 使用注意事项

（1）根据工件的尺寸要求选用合适的游标卡尺。游标卡尺只适用于中等精度（IT10 ~ IT6）尺寸的测量和检验，不能用游标卡尺测量铸、锻件毛坯尺寸，也不能用游标卡尺测量精度要求过高的工件。

（2）使用前要检查游标卡尺量爪和测量刃口是否平直无损，两量爪贴合时有无漏光现象，主标尺与游标尺的“0”标记是否对齐。

（3）测量外尺寸时，量爪开度应略大于被测尺寸，以固定量爪贴住工件，用轻微推力把活动量爪推向工件，并使测量面的连线垂直于被测表面，如图 1—1—6 所示。

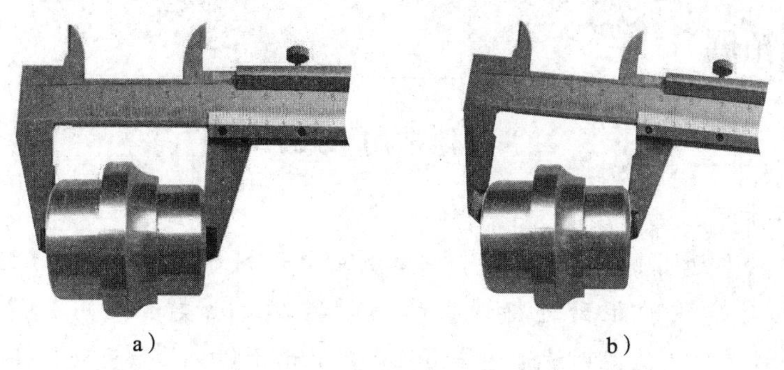

图 1—1—6 测量外尺寸的方法

a）正确 b）错误

（4）测量内孔尺寸时，量爪开度应略小于被测尺寸。测量时，两量爪应在孔的直径上，不得倾斜，如图 1—1—7 所示。

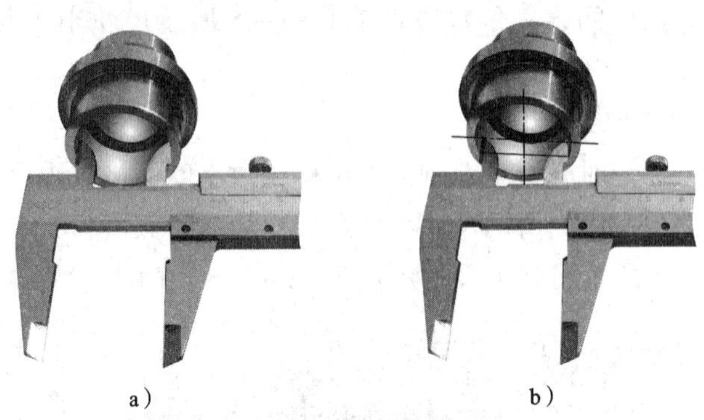

a） b）

图 1—1—7 测量内孔尺寸的方法

a）正确 b）错误

（5）测量孔深或高度时，应使深度尺的测量面紧贴孔底，游标卡尺的端面与被测件的表面接触，且深度尺要与所测孔深或高度方向平行，不可前后左右倾斜，如图 1—1—8 所示。

a） b）

图 1—1—8 测量深度的方法

a）正确 b）错误

（6）读取示值时，游标卡尺置于水平位置，视线垂直于标尺标记表面，避免视线歪斜造成视差。

知识拓展

其他常用卡尺

（1）数显卡尺

数显卡尺外形如图 1—1—9 所示。它是利用电子测量、数字显示原理，对两同名测量面相对移动分隔的距离进行读数的测量器具。此类卡尺用分辨力（一般为 0.01 mm）来代替分度值，测量时直接由显示器显示示值，读数直观，使用方便。

（2）带表卡尺

带表卡尺外形如图 1—1—10 所示。它是利用机械传动系统，将两同名测量面的相对移动转变为指示表指针的回转运动，并借助尺身标尺和指示表对两同名测量面相对移动所分隔的距离进行读数的测量器具。其分度值一般为 0.01 mm。带表卡尺由指示表标记代替游标读数，与普通卡尺相比，具有标记放大作用，读数准确、方便。

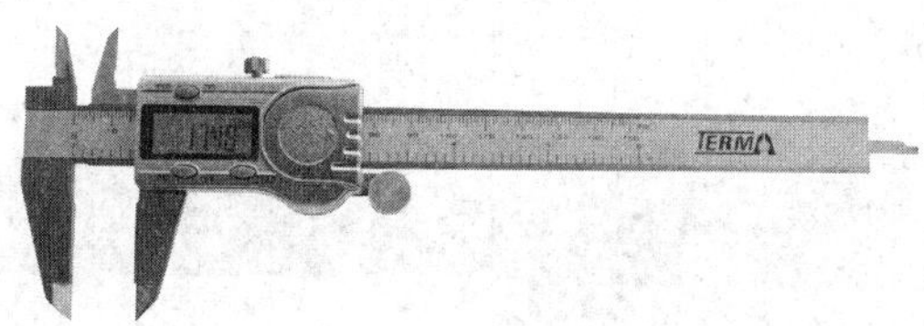

图 1—1—9 数显卡尺

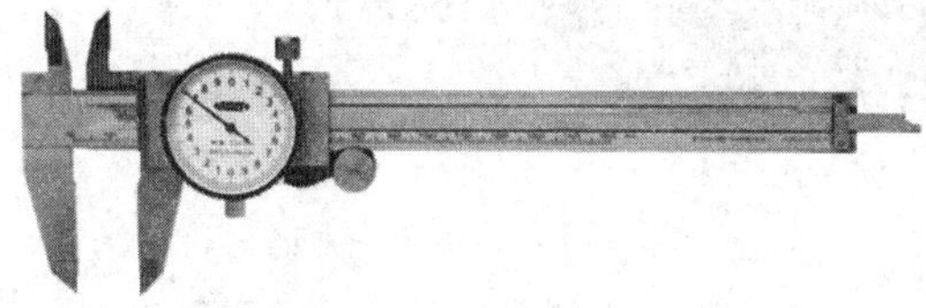

图 1—1—10 带表卡尺

（3）游标深度卡尺

游标深度卡尺外形如图 1—1—11 所示。它是利用游标原理对尺框测量面和尺身测量面（或测量爪的深度测量面）相对移动分隔的距离进行读数的测量器具。主要用来测量孔的深度、台阶的高度和沟槽深度等。

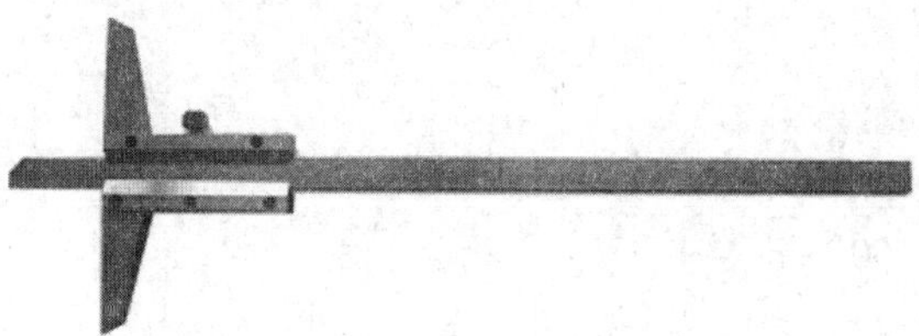

图 1—1—11 游标深度卡尺

（4）游标高度卡尺

游标高度卡尺外形如图 1—1—12 所示。它是利用游标原理对装置在尺框上的划线量爪或测量头工作面与底座工作面相对移动分隔的距离进行读数的测量器具。主要用来测量零件的高度和划线。

图 1—1—12 游标高度卡尺

四、外径千分尺

外径千分尺是指利用螺旋副原理，对尺架上两测量面间分隔的距离进行读数的外尺寸测量器具。它是一种较精密量具，用来测量加工精度要求较高的零件。

1. 结构

外径千分尺主要由尺架、测砧、测微螺杆、固定套管、微分筒和测力装置等组成，其结构如图 1—1—13 所示。

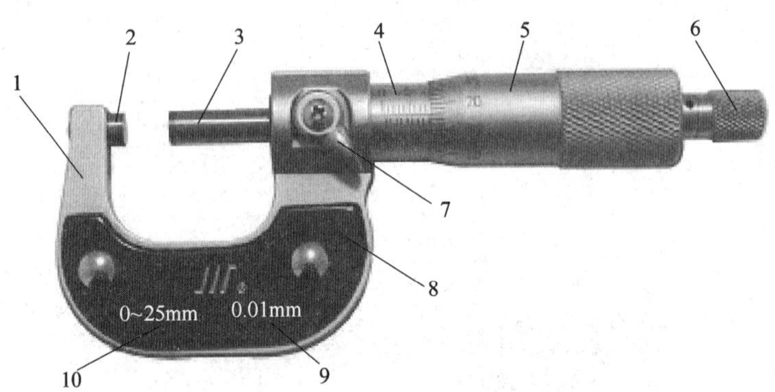

图 1—1—13　外径千分尺的结构

1—尺架　2—测砧　3—测微螺杆　4—固定套管　5—微分筒
6—测力装置（棘轮）　7—锁紧装置　8—隔热板　9—分度值　10—测量范围

2. 基本参数

（1）分度值

外径千分尺的分度值有 0.01 mm、0.001 mm、0.002 mm、0.005 mm 等（分度值为 0.001 mm、0.002 mm、0.005 mm 的称为微米千分尺），其中分度值为 0.01 mm 的外径千分尺最为常用。

（2）测量范围

常用外径千分尺的测量范围有 0 ~ 25 mm、25 ~ 50 mm、50 ~ 75 mm、75 ~ 100 mm、100 ~ 125 mm、125 ~ 150 mm 等。

3. 标记原理

如图 1—1—14 所示，在固定套管的基准线两侧分别有两排标记，标有数字的一排间距为 1 mm，另一排为每毫米标记的中分线，即上、下两相邻标记的间距为 0.5 mm。在微分筒圆锥面的圆周上有 50 个等分标记。由于外径千分尺测微螺杆的螺距为 0.5 mm，因此，当微分筒（与测微螺杆相连接）旋转 1 周时，测微螺杆就轴向移动 0.5 mm。若微分筒旋转 1/50 周（转过 1 格），则测微螺杆移动的轴向距离为 $0.5 \div 50 = 0.01$ mm。

由此可知，外径千分尺的分度值为 0.01 mm。

4. 示值读取方法

外径千分尺的示值读取可分三步，以图 1—1—15 所示示值的读取为例进行说明。

（1）读出固定套管上标尺所显示的最大数值（38.5 mm）。

（2）在微分筒上找到与基准线对齐的标记，再乘以分度值（$45 \times 0.01 = 0.45$ mm）。当微分筒上的标尺标记与基准线不对齐时，应估读到小数点第三位数。

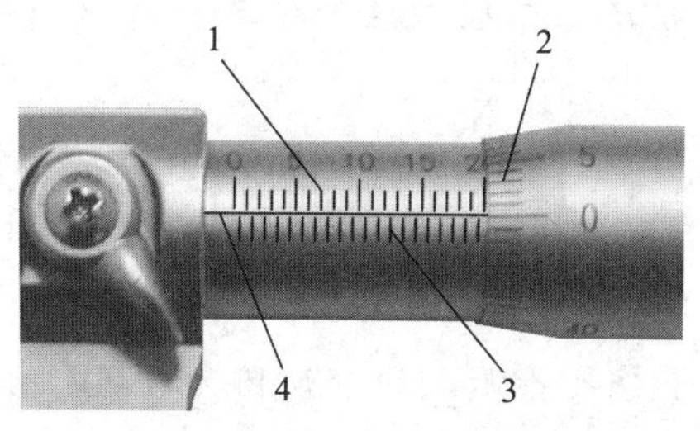

图 1—1—14　外径千分尺的标记原理

1—固定套管标尺（间距为 1 mm）

2—微分筒标尺（有 50 个标尺分度）

3—毫米中分线　4—基准线

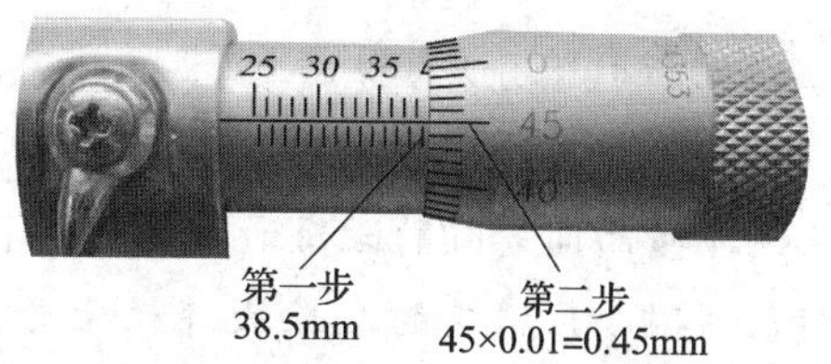

图 1—1—15　外径千分尺的示值读取方法

（3）把两个读数相加即得到该千分尺所显示的示值（38.5 + 0.45 = 38.95 mm）。

5. 使用注意事项

（1）外径千分尺的测量面应保持干净，使用前应校对零位（测量范围大于 0 ~ 25 mm 的外径千分尺均有对应校对量杆），如图 1—1—16 所示。

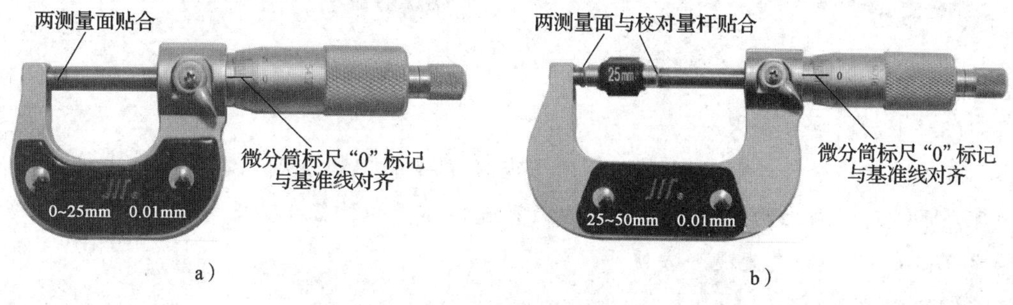

a）　　b）

图 1—1—16　外径千分尺校对零位

a）测量范围 0 ~ 25 mm　b）测量范围 25 ~ 50 mm

（2）测量时，先转动微分筒，当测量面接近工件时，改用棘轮，直到棘轮发出“吱吱”声音为止。

（3）测量时，外径千分尺要放正，并注意温度的影响。

（4）不能用外径千分尺测量毛坯或转动的工件。

（5）使用完毕，应将外径千分尺擦净放置在专用盒内。若长时间不用，应涂上专用防锈油保存以防生锈。

知识拓展

其他常用千分尺

千分尺的种类很多，除外径千分尺外，常用的还有杠杆千分尺、带计数器千分尺、数显外径千分尺、深度千分尺、两点内径千分尺、三爪内径千分尺和内测千分尺等。

(1) 杠杆千分尺

杠杆千分尺外形如图 1—1—17 所示。它是利用杠杆传动机构及螺旋副原理，对尺架上两测量面间分隔的距离通过指示表和微分筒标尺进行读数，并可由指示表读取两测量面间微小位移量的微米级外径千分尺。杠杆千分尺指示表的分度值为 0. 001 mm 或 0. 002 mm。

(2) 带计数器千分尺

带计数器千分尺外形如图 1—1—18 所示。它是利用螺旋副原理，对尺架上两测量面间分隔的距离用机械式数字显示装置进行读数的外尺寸测量器具。

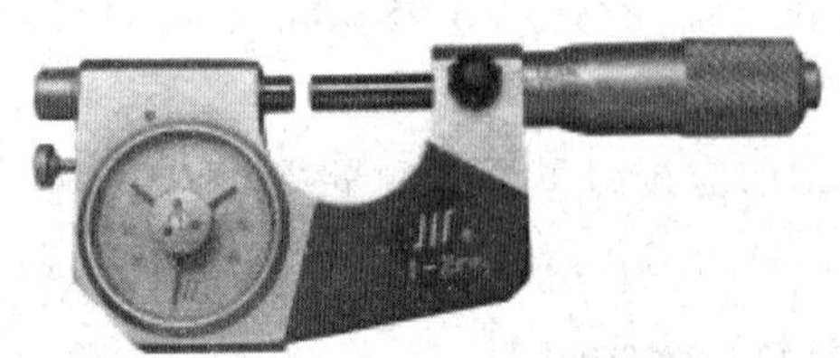

图 1—1—17　杠杆千分尺

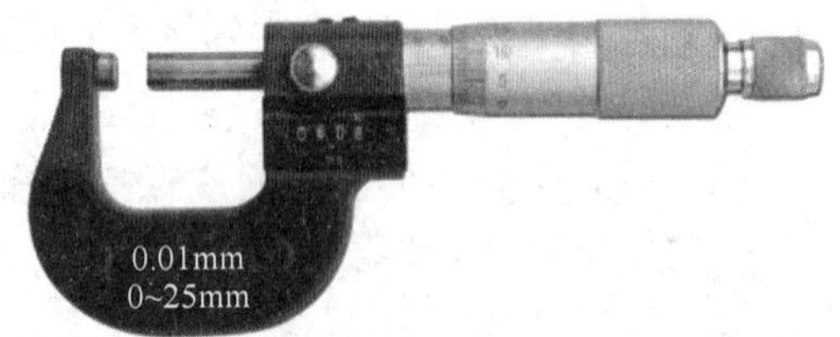

图 1—1—18　带计数器千分尺

(3) 数显外径千分尺

数显外径千分尺外形如图 1—1—19 所示。它是利用螺旋副原理，通过电子测量、数字显示，对尺架上两测量面间分隔的距离进行读数的外径千分尺。其分辨力高于或等于 0. 001 mm，测量直观、方便。

(4) 深度千分尺

深度千分尺外形如图 1—1—20 所示。它是利用螺旋副原理，对底板基准面与测量杆测量面间分隔的距离进行读数的深度测量器具。主要用来测量孔的深度、台阶的高度和沟槽深度。

图 1—1—19　数显外径千分尺

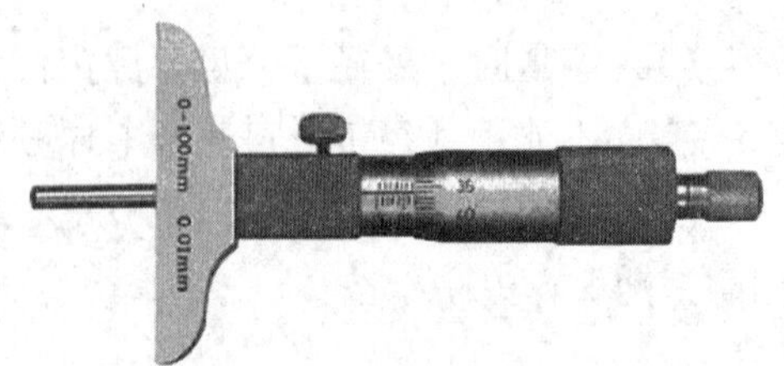

图 1—1—20　深度千分尺

(5) 两点内径千分尺

两点内径千分尺外形如图 1—1—21 所示。它是利用螺旋副原理，对主体两端球形测量面间分隔的距离进行读数的内尺寸测量器具。主要用来测量孔径尺寸。

(6) 三爪内径千分尺

三爪内径千分尺外形如图1—1—22所示。它是利用螺旋副原理，通过旋转塔形阿基米德螺旋体或移动锥体使三个测量爪做径向位移，与被测量内孔接触，对内孔尺寸进行读数的内径千分尺。

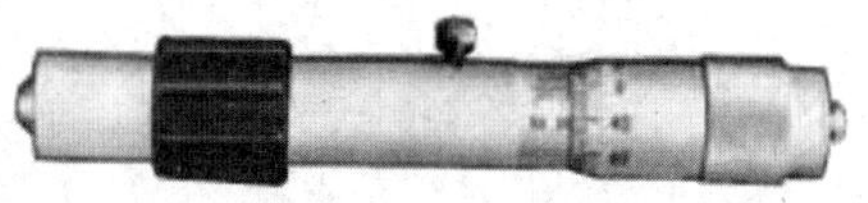

图1—1—21 两点内径千分尺

图1—1—22 三爪内径千分尺

(7) 内测千分尺

内测千分尺外形如图1—1—23所示。它是具有两个圆弧测量面，适用于测量内尺寸的千分尺。

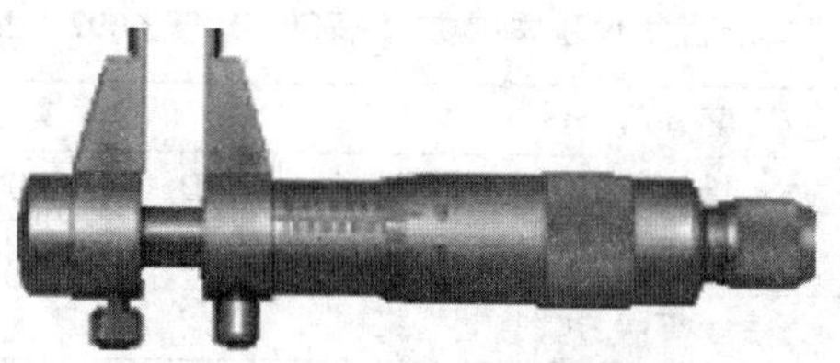

图1—1—23 内测千分尺

第二节 角度测量器具

角度测量器具按制造原理和测量方式可分为固定式角度测量器具（如角度块、直角尺、圆锥量规等）、可调式角度测量器具（如游标万能角度尺、正弦规）以及光学类角度测量器具（如光学分度头）等。其中，直角尺和游标万能角度尺是模具钳工最常用的角度测量器具。

一、直角尺

直角尺是指测量面与基面相互垂直，用以检验直角、垂直度和平行度误差的测量器具。它具有结构简单、使用方便、制造精度高、稳定性好等特点。

1. 常用直角尺

常用直角尺有刀口形直角尺、平面形直角尺和宽座直角尺等。

(1) 刀口形直角尺

如图1—2—1所示，刀口形直角尺是指两测量面为刀口形的直角尺，其基本参数见表1—2—1。

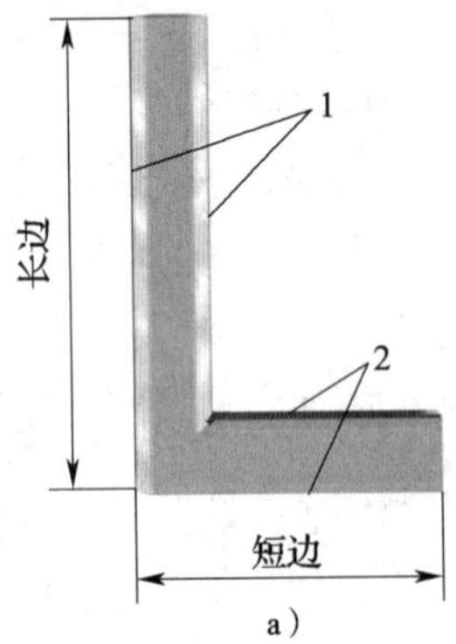

a）

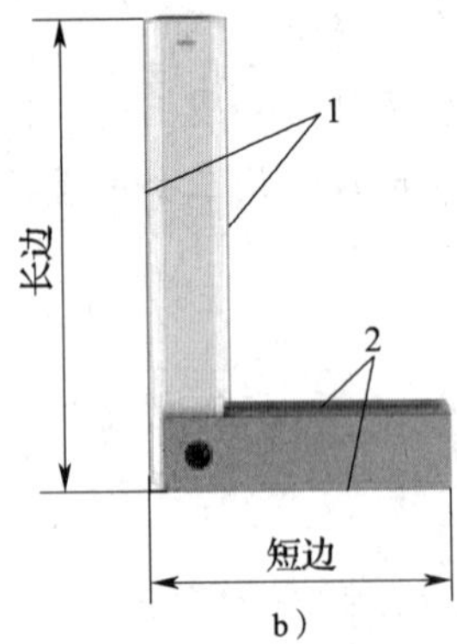

b）

图 1—2—1　刀口形直角尺

a）平面刀口形直角尺　b）宽座刀口形直角尺

1—刀口测量面　2—基面

表 1—2—1　　常用刀口形直角尺基本参数（摘自 GB/T 6092—2004）　　mm

平面刀口形直角尺	精度等级	0 级、1 级						
	长边	50	63	80	100	125	160	200
	短边	32	40	50	63	80	100	125
宽座刀口形直角尺	精度等级	0 级、1 级						
	长边	50	75	100	150	200	250	300
	短边	40	50	70	100	130	165	200

（2）平面形直角尺

如图 1—2—2 所示，平面形直角尺是指测量面与基面宽度相等的直角尺，其基本参数见表 1—2—2。

（3）宽座直角尺

如图 1—2—3 所示，宽座直角尺是指基面宽度大于测量面宽度的直角尺，其基本参数见表 1—2—2。

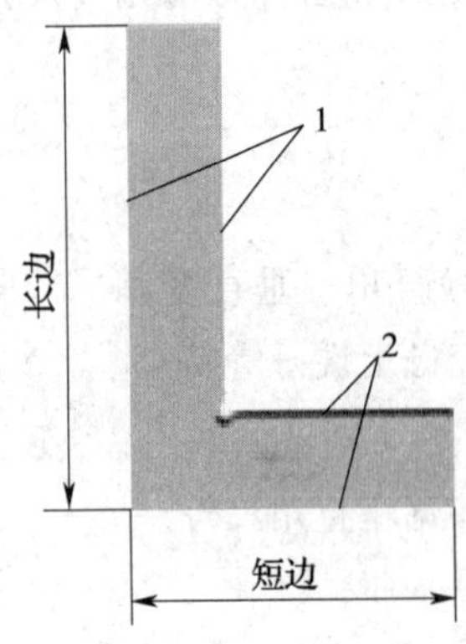

图 1—2—2　平面形直角尺

1—测量面　2—基面

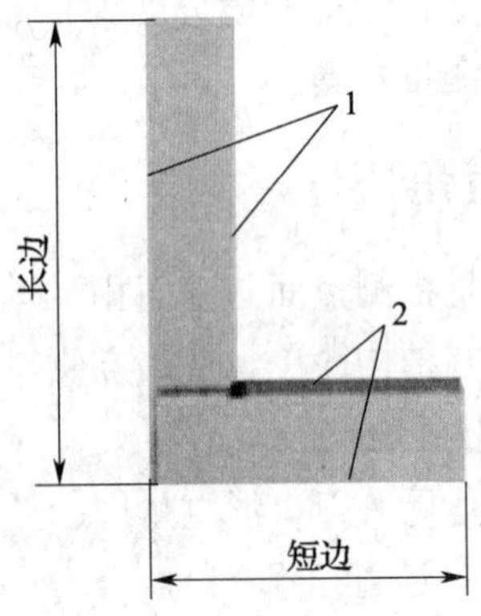

图 1—2—3　宽座直角尺

1—测量面　2—基面

表 1—2—2　　常用平面形和宽座直角尺基本参数（摘自 GB/T 6092—2004）　　mm

<table>
<tr><td rowspan="3">平面形直角尺</td><td>精度等级</td><td colspan="7">0 级、1 级、2 级</td></tr>
<tr><td>长边</td><td>50</td><td>75</td><td>100</td><td>150</td><td>200</td><td>250</td><td>300</td></tr>
<tr><td>短边</td><td>40</td><td>50</td><td>70</td><td>100</td><td>130</td><td>165</td><td>200</td></tr>
<tr><td rowspan="3">宽座直角尺</td><td>精度等级</td><td colspan="7">0 级、1 级、2 级</td></tr>
<tr><td>长边</td><td>63</td><td>80</td><td>100</td><td>125</td><td>160</td><td>200</td><td>250</td></tr>
<tr><td>短边</td><td>40</td><td>50</td><td>63</td><td>80</td><td>100</td><td>125</td><td>160</td></tr>
</table>

2. 直角尺的精度等级

直角尺的精度等级分为 00 级、0 级、1 级和 2 级共四个级别。其中，00 级直角尺主要用于检验量具，0 级一般用于检验较精密零件，1 级和 2 级用于检验一般精度的零件。常用直角尺的最大允许几何误差值见表 1—2—3。

表 1—2—3　　常用直角尺的最大允许几何误差值（摘自 GB/T 6092—2004）

<table>
<tr><td rowspan="2">长边
（测量面长度，mm）</td><td colspan="4">测量面相对于基面的垂直度
最大允许误差（μm）</td><td colspan="4">测量面的平面度或直线度
最大允许误差（μm）</td></tr>
<tr><td>00 级</td><td>0 级</td><td>1 级</td><td>2 级</td><td>00 级</td><td>0 级</td><td>1 级</td><td>2 级</td></tr>
<tr><td>40、50</td><td>1</td><td>2</td><td>4</td><td>8</td><td rowspan="5">1</td><td rowspan="2">1</td><td rowspan="2">2</td><td rowspan="2">4</td></tr>
<tr><td>63、75、80、100</td><td>1.5</td><td>3</td><td>6</td><td>12</td></tr>
<tr><td>125</td><td rowspan="2">2</td><td rowspan="2">4</td><td rowspan="2">8</td><td rowspan="2">16</td><td>1.5</td><td>3</td><td>6</td></tr>
<tr><td>150、160、200、250</td><td rowspan="2">2</td><td rowspan="2">4</td><td rowspan="2">8</td></tr>
<tr><td>300、315</td><td>3</td><td>6</td><td>12</td><td>24</td></tr>
</table>

3. 直角尺的使用注意事项

（1）使用前，必须将直角尺和工件被测面擦干净。

（2）如图 1—2—4 所示，先将直角尺的基面紧贴工件的测量基准面，然后慢慢向下移动（直角尺基面不可与工件基准面分离），使直角尺的测量面与工件的被测表面接触，用眼睛平视观察透光情况，凭经验根据光隙强弱进行估测，或用塞尺在最大间隙处试塞。

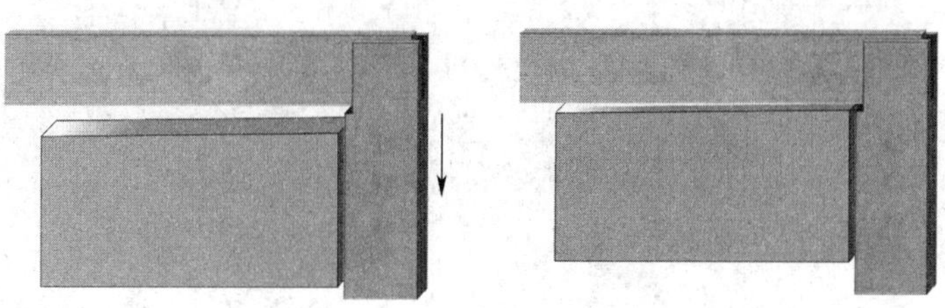

图 1—2—4　直角尺的使用方法

（3）直角尺要轻拿、轻放，不允许与其他工、量具堆放。

（4）使用完毕，应将直角尺擦净放置在专用盒内。若长时间不用，应涂上专用防锈油保存以防生锈。

二、游标万能角度尺

游标万能角度尺是指利用活动直尺测量面相对于基尺测量面的旋转，对两测量面间分隔的角度利用游标原理进行读数的角度测量器具。游标万能角度尺主要用来测量工件的内、外角度，其测量范围为0°～320°，分度值有2′和5′两种（常用2′）。

1. 结构

如图1—2—5所示，游标万能角度尺主要由主尺、游标尺、直角尺、直尺、基尺和扇形板等组成，其游标尺固定在扇形板上，基尺和主尺连成一体，游标尺与主尺可做相对回转运动，直角尺和直尺可根据需要通过卡块安装到扇形板上。

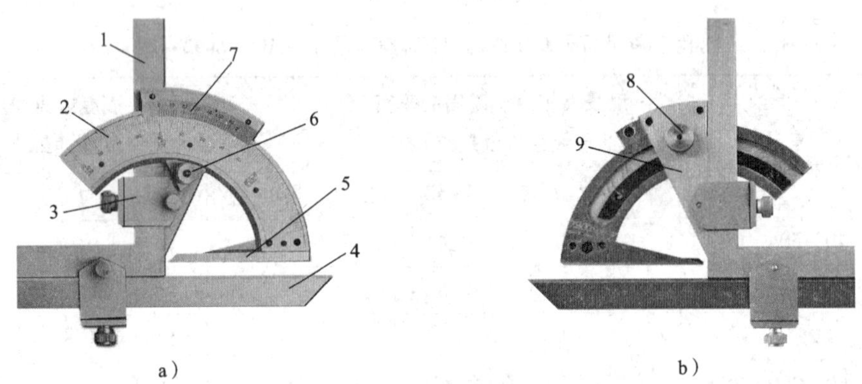

图1—2—5　游标万能角度尺结构

a）正面　b）反面

1—直角尺　2—主尺　3—卡块　4—直尺　5—基尺　6—锁紧装置　7—游标尺　8—调节旋钮　9—扇形板

2. 标记原理

如图1—2—6所示，主尺每格标记的弧长对应的角度为1°，游标尺标记是将主尺上29°所占的弧长等分为30格（每格所对的角度为29°/30），因此游标尺1格与主尺1格相差：

$$1° - \frac{29°}{30} = \frac{1°}{30} = 2'$$

图1—2—6　游标万能角度尺的标记原理

即游标万能角度尺的分度值为 2′。

3. 示值读取方法

游标万能角度尺的示值读取方法与游标卡尺相似，即先从主尺上读出游标尺“0”标记前的整“度”数，然后在游标尺上分别读出“分”的十位数值和个位数值。如图 1—2—7 所示的示值为 16°18′。

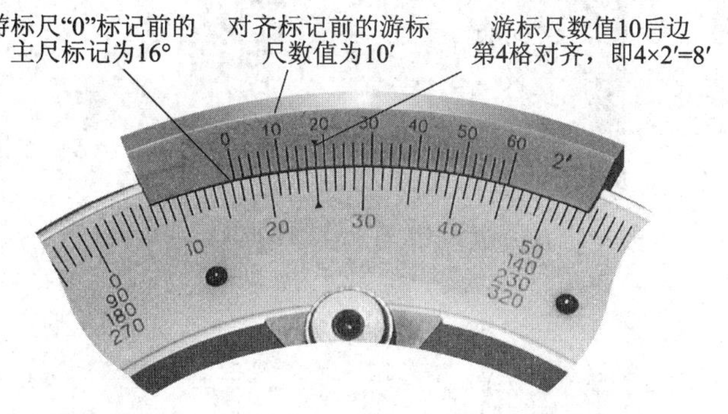

图 1—2—7 游标万能角度尺的示值读取示例

4. 使用方法

使用游标万能角度尺时，可通过主尺与直角尺和直尺的不同组合形式，将测量范围（0°～320°）划分为四个测量段，其组合形式和测量方法如图 1—2—8 所示。

5. 使用注意事项

（1）根据被测量工件的不同角度，正确组合其测量范围。

（2）使用前，必须将游标万能角度尺和工件被测面擦干净，并检查主尺和游标尺的“0”标记是否对齐，基尺和直尺是否有间隙。

（3）使用完毕，应将游标万能角度尺擦净放置在专用盒内。若长时间不用，应涂上专用防锈油保存以防生锈。

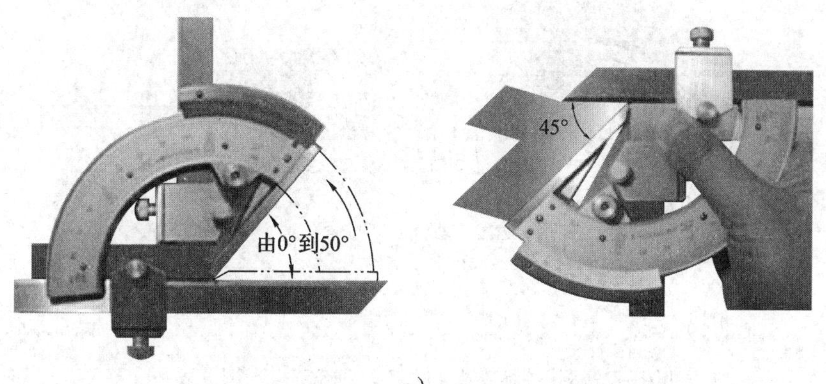

a）

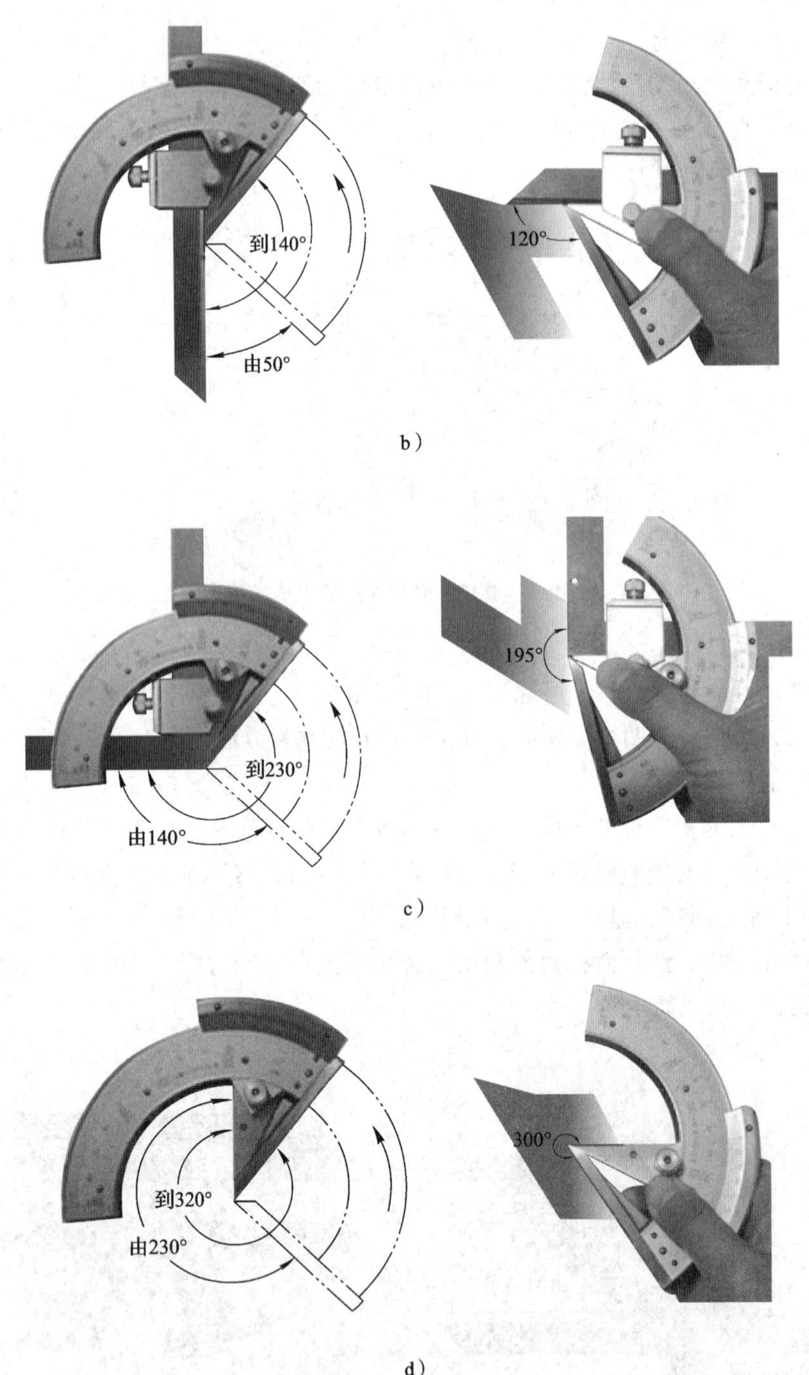

图 1—2—8　游标万能角度尺的组合形式和测量方法

a）测量范围 0°～50°　b）测量范围 50°～140°　c）测量范围 140°～230°　d）范围测量 230°～320°

第三节 几何误差和表面结构质量测量器具

几何误差测量器具主要是指用来测量零件几何误差的测量器具，包括刀口形直尺（刀口尺）、平尺、水平仪、直线度测量仪、圆度测量仪等。表面结构质量测量器具是指用来检测零件表面粗糙度参数值的测量器具，主要有表面粗糙度比较样块、便携式表面粗糙度测量仪和轮廓测量仪。其中，刀口尺和表面粗糙度比较样块是模具钳工最常用的几何误差和表面结构质量测量器具。

一、刀口尺

如图 1—3—1 所示，刀口尺是指测量面（只有一个测量面）呈刃口状，用于测量工件平面形状误差的实物量具，主要用来测量工件的直线度或平面度误差。它具有结构简单、操作方便、测量效率高等优点，是机械加工常用的测量器具。

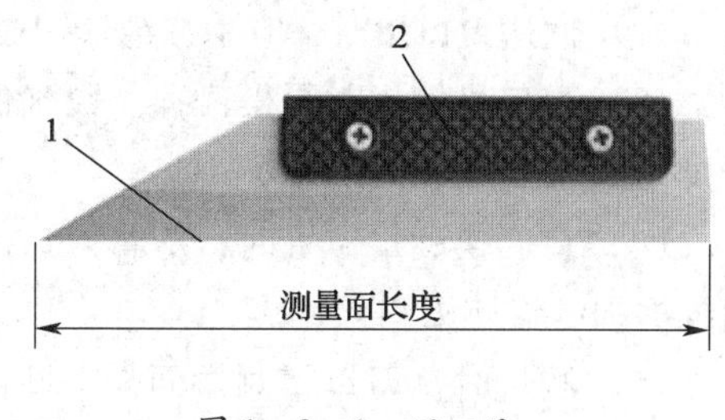

图 1—3—1 刀口尺

1—测量面 2—绝热护板

1. 精度等级

刀口尺的精度等级分为 0 级和 1 级两个级别。常用刀口尺的最大允许直线度误差见表 1—3—1。

表 1—3—1 常用刀口尺的最大允许直线度误差（摘自 GB/T 6091—2004）

规格（测量面长度，mm）	测量面直线度最大允许误差（μm）	
	0 级	1 级
75	0.5	1.0
125	0.5	1.0
200	1.0	2.0
300	1.5	3.0
400	1.5	3.0
500	2.0	4.0

2. 用刀口尺测量平面度的方法

测量时，手握刀口尺的绝热护板，使测量面轻轻地（凭刀口尺的自重）与工件被测表面接触，观察刀口尺测量面与被测线之间的光隙情况。当光隙较大时，可借助于塞尺试塞其间隙值；当光隙较小时，可根据透光强弱估读其间隙值。若透光均匀一致，

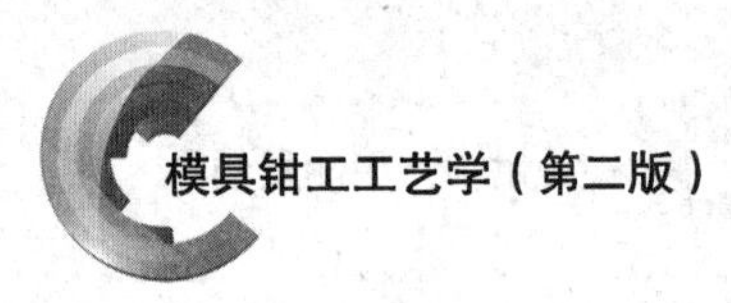

说明该处较平直。间隙大于 2.5 μm 时，透光颜色为白色；间隙为 1 ~ 2.5 μm（不含 1 μm）时，透光颜色为红色；间隙为 1 μm 时，透光颜色为蓝色；间隙小于 1 μm 且不小于 0.5 μm 时，透光颜色为紫色；间隙小于 0.5 μm 时，则不透光。

为了确保测量结果的准确性，刀口尺应垂直放在工件表面上，并在纵向、横向、对角方向多处逐一进行测量，取所有测量处的最大直线度误差为该测量面的平面度误差，如图 1—3—2 所示。

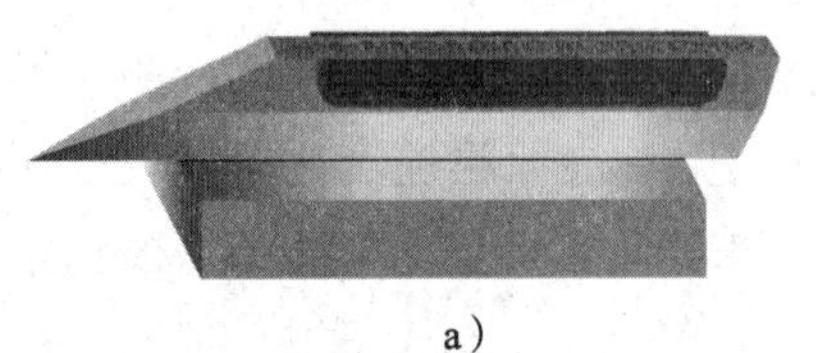
a）

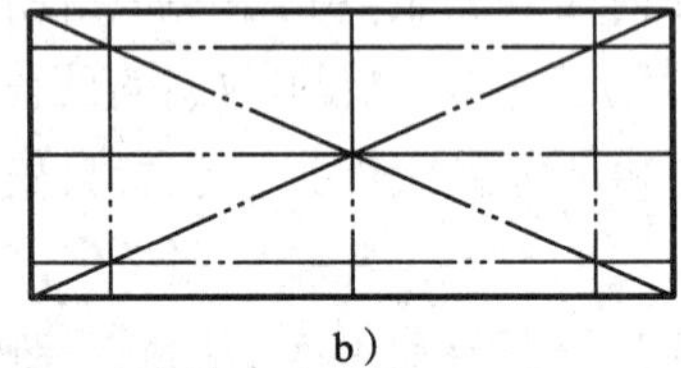
b）

图 1—3—2　用刀口尺测量平面度的方法

3. 使用注意事项

（1）测量前，应检查刀口尺测量面是否清洁，不得有划痕、碰伤、锈蚀等缺陷。

（2）使用刀口尺时，应手握绝热护板，以避免温度对测量结果的影响和产生锈蚀。

（3）刀口尺使用时不得碰撞，以确保其工作棱边的完整性，否则将影响测量的准确度。

（4）在变换测量位置时，应将刀口尺提起，不得在工件表面上拖动，以免刀口测量面磨损，影响刀口尺精度。

（5）测量时，刀口尺测量面与工件被测表面的接触位置应符合最大光隙为最小条件。

（6）使用完毕，应将刀口尺擦净放置在专用盒内。若长时间不用，应涂上专用防锈油并用防锈纸包好以防生锈。

二、表面粗糙度比较样块

表面粗糙度比较样块是指采用特定合金材料和加工方法，具有不同的表面粗糙度参数值，通过触觉和视觉与其所表征的材质和加工方法相同的被测件表面做比较，以确定被测件表面粗糙度的实物量具。

1. 分类

根据加工方法的不同，表面粗糙度比较样块分为铸造、机械加工（包括磨、车、镗、铣、插和刨）、抛丸喷砂加工、电火花加工和抛光加工（含研磨和锉削）表面粗糙度比较样块等几大类。各类按加工工艺和表面特征的不同，又分为多种，如磨外圆、磨平面、磨内孔等。

为了便于使用和管理，表面粗糙度比较样块分为组合式和单组式包装，如图 1—3—3 所示。其中，钳工常用的有锉削表面粗糙度比较样块和手研表面粗糙度比较样块，具体参数见表 1—3—2。

a）

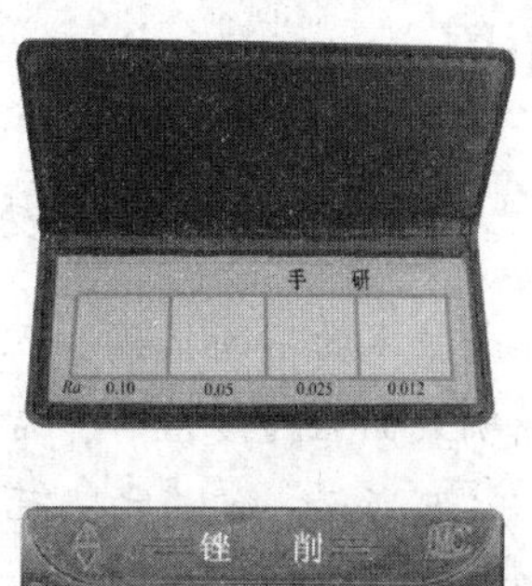

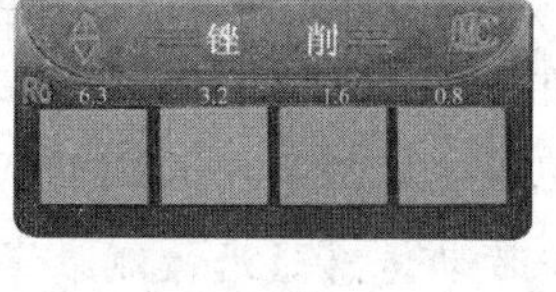

b）

图 1—3—3 表面粗糙度比较样块

a）组合式（研磨、外圆磨、平磨、车、刨、立铣和平铣） b）单组式（手研和锉削）

表 1—3—2 锉削和手研表面粗糙度比较样块参数公称值（摘自 GB/T 6060.3—2008）

表面粗糙度比较样块分类	块数	表面粗糙度参数公称值 *Ra*（μm）			
手研	4	0.10	0.05	0.025	0.012
锉削	4	6.3	3.2	1.6	0.8

2. 使用方法

表面粗糙度比较样块的使用方法是以样块工作面的表面粗糙度为标准，凭触觉（如手摸）或视觉（可借助放大镜、比较显微镜等）与待检查的工件表面进行比对，根据工件加工痕迹的深浅来确定表面粗糙度是否符合图样（或工艺）要求。当被检查工件表面的加工痕迹深浅程度相当或者小于样块工作面加工痕迹时，则被检查工件的表面粗糙度值一般不大于样块的标记公称值。

3. 使用注意事项

（1）所选用的样块和被检查工件的加工方法必须相同，同时，样块的材料、纹理、表面色泽等应尽可能与被检查工件一致，如图 1—3—4 所示。

（2）用表面粗糙度比较样块进行比对，只能定性测量，无法得到表面粗糙度的定量值。因此，要求检验者具有丰富的实践经验。

（3）表面粗糙度比较样块一般用于检查表面质量要求不严格的工件。

图 1—3—4 锉削表面粗糙度对比

知识拓展

便携式表面粗糙度测量仪

随着加工制造技术的不断提高，人们对所加工的工件表面质量要求越来越高，当工件需要获得精确表面粗糙度值时，常采用便携式（手持式）表面粗糙度测量仪进行测量，如图 1—3—5 所示。便携式表面粗糙度测量仪具有体积小、测量精确、迅速方便等特点，适用于生产现场、实验室、计量室等场合。

便携式表面粗糙度测量仪的测量原理是：将传感器放在工件被测表面上，由仪器内部的驱动机构带动传感器沿被测表面做等速滑行，传感器通过内置的锐利触针感受被测表面的表面粗糙度，此时工件被测表面的表面粗糙度引起触针产生位移，该位移使传感器电感线圈的电感量发生变化，从而在传感器输出端产生与被测表面粗糙度成比例的模拟信号，该信号经过放大之后进入数据采集系统，再对采集的数据进行数字滤波和参数计算，将测量结果以数字和图形方式在液晶显示器上读出，也可在打印机上输出（图 1—3—5 所示的便携式表面粗糙度测量仪自带打印装置），还可以与计算机进行通信并提供强大的高级分析功能。

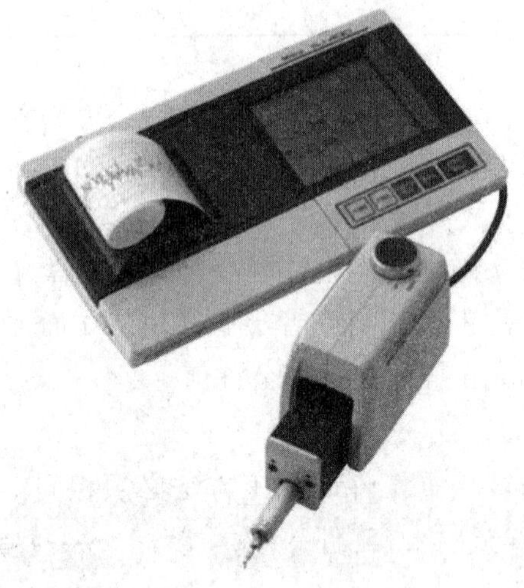

图 1—3—5　便携式表面粗糙度测量仪

第二章 模具钳工基本操作

第一节 划　　线

一、划线概述

划线是指在毛坯或工件上，用划线工具划出待加工部位的轮廓线或作为基准的点和线（见图 2—1—1），这些点和线标明了工件某部分的尺寸、位置和形状特征。

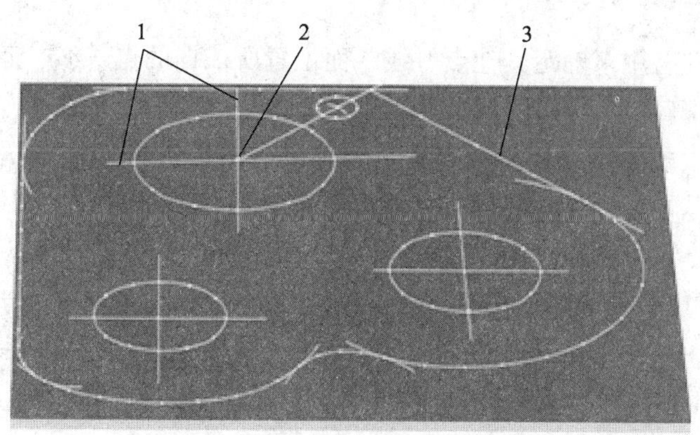

图 2—1—1　划线

1—基准线　2—基准点　3—加工界线

划线分为平面划线和立体划线两种：只需要在工件一个表面上划线即能明确表示加工界线的，称为平面划线，如图 2—1—1 和图 2—1—2 所示；需要在工件几个互成不同角度（通常是互相垂直）的表面上划线才能明确表示加工界线的，称为立体划线，如图 2—1—3 所示。

划线的主要作用是：

(1) 确定工件的加工余量，使机械加工有明确的尺寸界线。

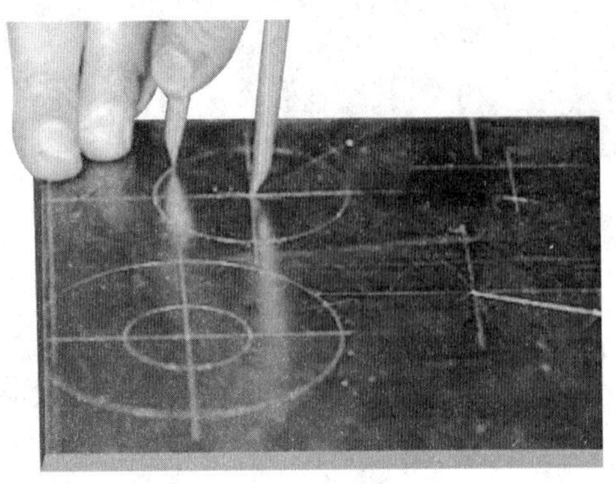

图 2—1—2　平面划线

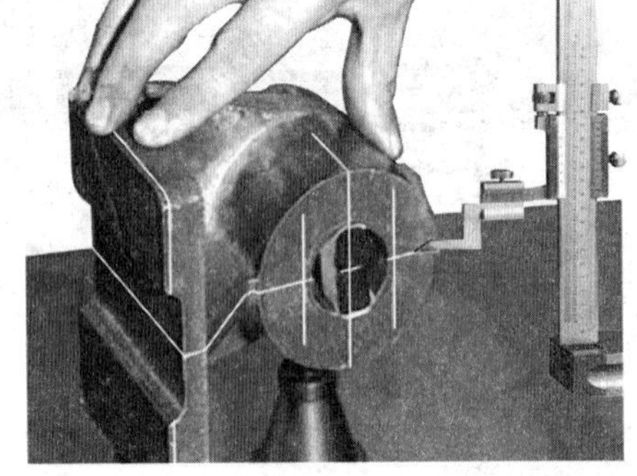

图 2—1—3　立体划线

（2）便于在机床上安装复杂工件，可以按划线找正定位。

（3）能够及时发现和处理不合格的毛坯，避免加工后造成损失。

（4）采用借料划线可以使误差不大的毛坯得到补救，使加工后的零件仍能符合要求。

划线是机械加工的重要工序之一，广泛用于单件和小批量生产。划线除要求划出线条清晰、均匀外，最重要的是保证尺寸准确。划线精度一般为 0.25 ~ 0.5 mm，因此，工件的最后加工精度必须通过测量来保证。

二、划线基准的选择

划线时，工件上用来确定其他点、线、面位置所依据的点、线、面称为划线基准。在零件图上，用来确定其他点、线、面位置的基准，称为设计基准。

划线时，为了减少不必要的尺寸换算，使划线方便、准确，应从划线基准开始。选择划线基准的基本原则是：尽可能使划线基准和设计基准重合。划线基准的类型见表 2—1—1。

表 2—1—1　　划线基准的类型

序号	基准类型	图示
1	以两个互相垂直的平面（或直线）为基准	20　10　划线基准　22.5　5　10　划线基准

续表

序号	基准类型	图示
2	以两条互相垂直的中心线为基准	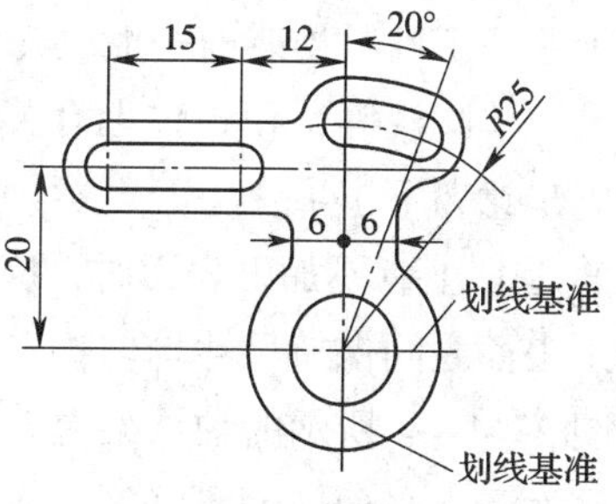
3	以一个平面和一条中心线为基准	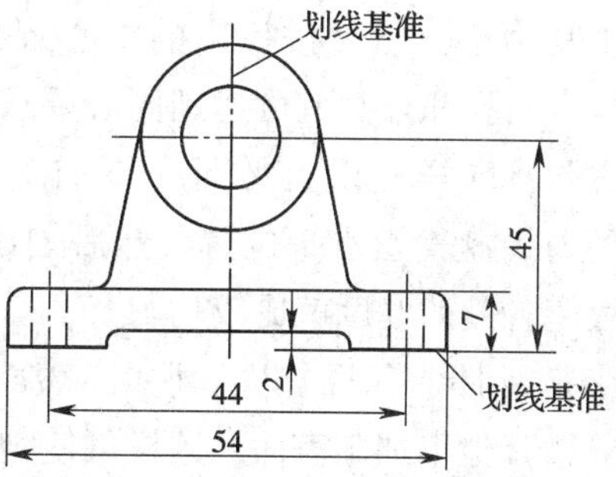

划线时，在工件的每一个方向上都要选择一个基准，因此，平面划线时一般要选择两个划线基准，立体划线时一般要选择三个划线基准。

三、划线前的准备工作

（1）清理工件。对铸、锻毛坯件，应将型砂、毛刺、氧化皮除掉，并用钢丝刷刷净；对已生锈的半成品，应将浮锈刷掉。

（2）对于有孔的工件，应在工件孔中安装中心塞块，以便于确定孔的中心位置。

（3）为了使划出的线条清晰，一般应在工件的划线部位薄而均匀地涂上一层涂料。常用的划线涂料见表2—1—2。

表2—1—2　　常用的划线涂料

名称	配制方法	应用
石灰水	石灰水加适量牛皮胶	用于铸件、锻件等表面较为粗糙的毛坯（白底黑线）
划线蓝油	2%～4%龙胆紫加3%～5%虫胶漆和91%～95%酒精混合而成	用于已加工表面或黄铜等有色金属（蓝底白线）

四、划线时的找正和借料

1. 找正

对于毛坯工件，划线前一般应先做好找正工作。找正就是利用划线工具（如划线盘、角尺、单脚规等）使工件上有关毛坯表面处于合适位置，加工余量得到合理分配。找正时应注意以下事项：

（1）毛坯上有不加工表面时，应按不加工表面找正后再划线，这样可使加工表面和不加工表面之间保持尺寸均匀。

如图 2—1—4 所示的轴承架毛坯，内孔和外圆不同心，底面和上平面 A 面不平行，划线前应找正。在划内孔加工线之前，应先以外圆为找正依据，用单脚规找正其中心，然后按找出的中心划出内孔的加工线，这样内孔和外圆就可达到同心要求。在划轴承座底面之前，同样应以上平面（不加工表面 A）为依据，用划线盘找正水平位置，然后划出底面加工线，这样底座各处的厚度就比较均匀。

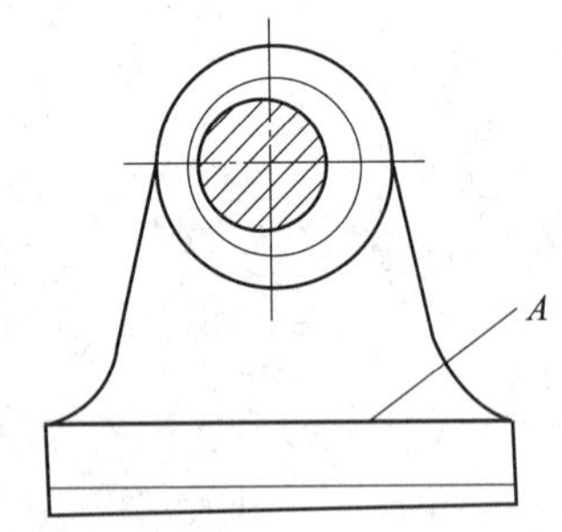

图 2—1—4　轴承架毛坯的找正

（2）工件上有两个以上不加工表面时，应选重要的或较大的不加工表面为找正依据，兼顾其他不加工表面，这样可使划线后的加工表面与不加工表面之间尺寸比较均匀，将误差集中到次要或不明显的部位。

（3）工件上没有不加工表面时，可通过对各自需要加工的表面自身位置找正后再划线。这样可使各加工表面的加工余量均匀，避免加工余量相差悬殊。

由于毛坯各表面的误差和工件结构形状不同，因此划线时的找正要按工件的实际情况进行。

2. 借料

如图 2—1—5 所示是内孔、外圆偏心量较大的锻件毛坯。当不考虑孔而先划外圆再划内孔时，内孔加工余量不足（见图 2—1—5a）；当不考虑外圆先划内孔时，则划

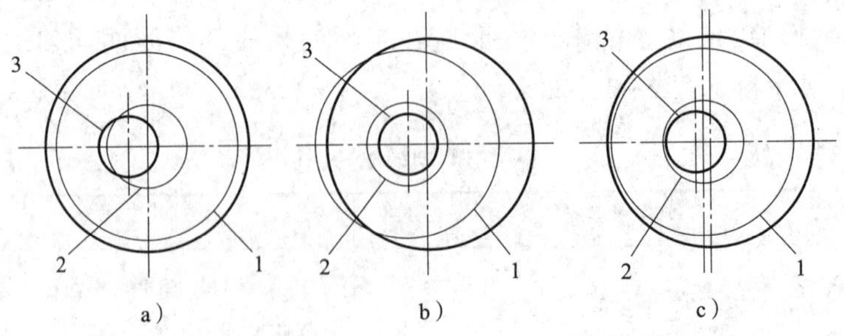

图 2—1—5　圆环的借料划线

a）以外圆找正　b）以内孔找正　c）借料划线

1—外圆　2—内孔　3—毛坯孔

外圆时加工余量不足（见图 2—1—5b）。只有内孔、外圆同时考虑，相互借用，才能保证内孔、外圆均有足够的加工余量（见图 2—1—5c）。这种划线补救方法称为借料。

一些铸、锻毛坯件，在尺寸、形状和位置上都存在一定的误差和缺陷，当误差和缺陷不大时，通过试划和调整可以使各加工表面都有足够的加工余量，并得到恰当的分配，而误差和缺陷完全可由加工消除。

五、划线的步骤

（1）分析图样，了解需要划线的尺寸、部位、作用、要求及有关的加工工艺。

（2）清理，涂色。

（3）确定划线基准。

（4）初步检查毛坯的误差情况。

（5）正确安放工件和选用划线工具。

（6）进行划线。

（7）详细检查划线的准确性以及是否有漏划的线条。

（8）在加工界线上打样冲眼。

知识拓展

打样冲眼的方法及要求

（1）样冲尖要对准线条正中，不能偏离所划的线条。

（2）样冲眼的间距应根据线条的长短、曲直而定。一般在直线段上的间距可大些，在曲线段上应小些，而在线条的交叉或转折处必须打样冲眼。

（3）样冲眼的深浅要适当，薄壁件或较光滑表面要浅些，而粗糙表面应深些。

六、分度头等分圆周划法

1. 分度头概述

分度头是铣床上等分圆周用的附件，钳工在划线时也常用分度头对工件进行分度和划线。利用分度头可在工件上划出水平线、垂直线、倾斜线和圆的等分线或不等分线。分度头的外形如图 2—1—6a 所示。

（1）主要规格

分度头的主要规格是以顶尖（主轴）中心线到底面的高度（mm）来表示。常用的分度头有 FW100、FW125、FW160 等。

（2）传动系统

分度头的传动系统如图 2—1—6b 所示。分度前应先将分度盘 6 固定（使之不能转动），再调整定位插销 9，使它对准所选分度盘 6 的孔圈。分度时先拔出定位插销

9，转动手柄8，带动分度主轴15转至所需要分度的位置，然后将定位插销9重新插入分度盘6中。

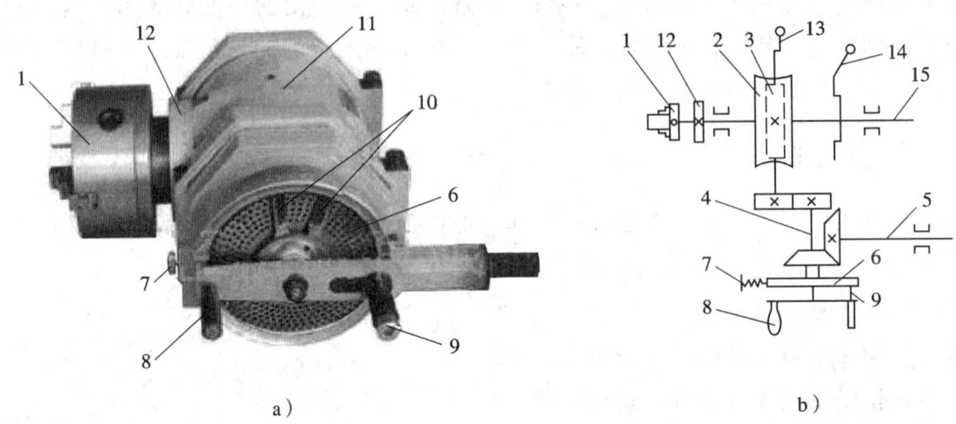

a）　　　b）

图2—1—6　分度头的结构

a）外形　b）传动系统

1—卡盘　2—蜗轮　3—单头蜗杆　4—轴　5—挂轮轴　6—分度盘　7—分度盘锁紧螺钉　8—手柄　9—定位插销　10—分度叉　11—回转体　12—刻度盘　13—蜗杆脱落手柄　14—主轴锁紧手柄　15—主轴

2．分度头分度原理

当手柄转一周，单头蜗杆也转一周，与蜗杆啮合的40齿的蜗轮转过一个齿，即转1/40周，被卡盘夹持的工件也转1/40周。如果工件做z等分，即每次分度主轴应转$1/z$周，手柄每次分度应转过的圈数为：

$$n = \frac{40}{z}$$

式中　n——工件转过每一等分时，分度头手柄转过的圈数；

z——工件的等分数。

例2—1—1　在工件某一圆周上划出均匀分布的8个孔，试求每划完一个孔的位置后，手柄应转多少圈？

解：由$n=\frac{40}{z}$得

$$n = \frac{40}{8} = 5$$

即每划完一个孔的位置后，手柄应转5圈后再划另一个孔的位置。

有时，由工件等分数计算出来的手柄转数不是整数。例如，要把一圆周12等分，手柄转过的圈数$n=\frac{40}{12}=3\frac{1}{3}$，这时就要利用分度盘，根据分度盘各孔圈的孔数（见表2—1—3），将$\frac{1}{3}$的分子、分母同时扩大相同的倍数，使扩大后的分母数等于某一孔圈的孔数，而扩大后的分子数就是手柄转过的孔距数。根据表2—1—3，若将$\frac{1}{3}$分母、分子同时扩大相同的倍数，则分度手柄的转数有 $n=\frac{40}{12}=3\frac{1}{3}=3\frac{8}{24}=3\frac{10}{30}=3\frac{14}{42}=3\frac{17}{51}=3\frac{18}{54}=3\frac{19}{57}=3\frac{22}{66}$ 等多种选择。一般情况下，应尽可能选用孔数较多的孔圈，因为孔圈的孔数越多，分度误差越小。所以此例应尽量选用 66 孔的孔圈进行分度，即分度手柄应在 66 孔的孔圈上转 3 圈后再转过 22 个孔距。

表 2—1—3 分度盘的孔数

分度头形式	分度盘的孔数
带一块分度盘	正面：24，25，28，30，34，37，38，39，41，42，43 反面：46，47，49，51，53，54，57，58，59，62，66
带两块分度盘	第一块 正面：24，25，28，30，34，37 反面：38，39，41，42，43 第二块 正面：46，47，49，51，53，54 反面：57，58，59，62，66

知识拓展

（1）用分度盘分度时，为使分度准确而迅速，避免每分度一次要数一次孔距数，可利用分度叉进行计数，即分度时先根据计算的孔距数调整好分度叉，在每次转动手柄前应拨动调整好的分度叉到达定位插销的初始位置。

（2）对于分度精度要求不高的工件，可利用装在主轴上的刻度盘直接分度。

课堂讨论

由于分度头采用齿轮和蜗轮蜗杆传动，使手柄有空行程存在。在分度时，如何克服空行程以提高分度精度？

七、划线的注意事项

（1）保持划线平板整洁，对暂不使用的平板应涂油并加盖保护。

（2）划针不用时，应套上塑料套，以防伤人。

（3）工具要合理放置，左手用的工具放在操作位置的左边，右手用的工具放在操作位置的右边。

（4）较大工件的立体划线在安放工件时，应在工件下垫木块，以免发生事故。

（5）划线完毕，收好工具，清理工作场地。

第二节　錾　　削

一、錾削概述

用锤子打击錾子对金属工件进行切削加工的方法称为錾削，如图 2—2—1 所示。錾削是一种粗加工，目前主要用于不便于机床加工或机床加工不经济的场合，如去除毛坯上的毛刺、分割材料、錾削沟槽及油槽等。通过錾削，可以提高锤击的准确性，为模具装拆或其他敲击性工作做好准备。錾削是模具钳工一项较为重要的基本操作。

图 2—2—1　錾削

錾削时所使用的工具主要是錾子和锤子。

二、錾子

錾子一般用优质碳素工具钢（T7A）锻成，由头部、錾身及切削部分组成。头部顶端略带球形，以便锤击时作用力容易通过錾子的中心线；錾身多呈八棱形，以防錾削时錾子转动；切削部分刃磨成楔形，经热处理使其硬度达到 56～62HRC。

1. 錾子的种类、特点及用途

常用的錾子种类有扁錾（阔錾）、尖錾（狭錾）和油槽錾，其种类、特点及用途见表2—2—1。

表 2—2—1　　錾子的种类、特点及用途

种类	图示	特点	用途
扁錾		切削部分扁平，刃口略带弧形	主要用来錾削毛刺、平面和分割板材
尖錾		切削刃两侧面略带倒锥，以防錾削沟槽时錾子被槽卡住	主要用于錾削沟槽和分割曲线形板材
油槽錾		切削刃较短并呈圆弧形，且与油槽截面一致。切削部分制成弯曲状	主要用于在内曲面上（如轴瓦）錾削油槽

2. 錾削时的几何角度

如图 2—2—2 所示为錾削平面时所形成的几何角度。錾子切削部分由前面、后面以及它们的交线所形成的切削刃组成。

（1）楔角（β_o）

錾子前面与后面之间的夹角称为楔角。楔角由刃磨形成，其大小对切削性能有着直接影响。楔角越大，切削部分的强度越高，但錾削阻力也越大。因此，选择楔角大小时应在保证足够强度的前提下，尽量取小的数值。通常錾削硬钢或铸铁等硬度较高材料时，楔角取 60°～70°；錾削铜或铝等软材料时，楔角取 30°～50°；錾削中等硬度的材料时，楔角取 50°～60°。

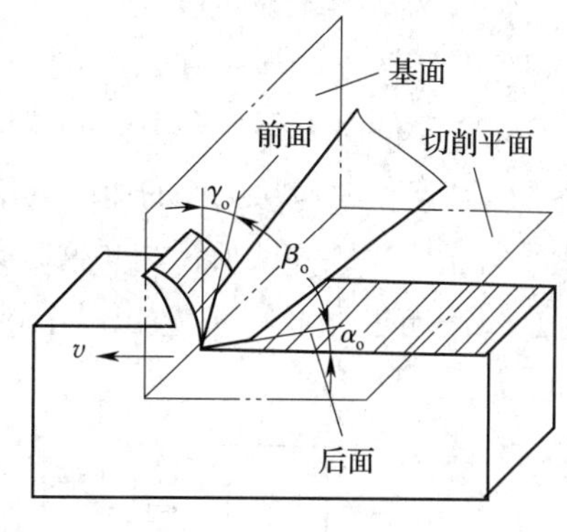

图 2—2—2 錾削平面时的几何角度

（2）后角（α_o）

錾子后面与切削平面之间的夹角称为后角。后角大小取决于錾子被握持的方向，其作用是减小后面与切削表面之间的摩擦。后角太大会使錾子切入过深，錾削困难；后角太小，易使錾子从切削表面滑出。錾削时后角一般取 5°～8°为宜。

（3）前角（γ_o）

錾子前面与基面之间的夹角称为前角。前角的作用是减小錾削时的切屑变形。前角越大，切屑变形越小，切削越省力。由于各几何角度之间存在 $\beta_o+\alpha_o+\gamma_o=90°$ 的关系，所以当楔角 β_o 和后角 α_o 确定之后，前角 γ_o 就自然形成了。

三、锤子

钳工常用的锤子（圆头锤）又称榔头，它由锤体、锤柄和倒楔组成，如图 2—2—3 所示。锤体通常用碳素工具钢锻成，并经淬硬处理。锤柄用硬而不脆的木材制成，截面为椭圆形，以便锤体定向，准确敲击。锤柄装入锤孔后，打入倒楔，以防锤体脱落。锤子的规格用锤体的质量来表示，常用的有 0.22 kg、0.34 kg、0.45 kg、0.68 kg 和 0.91 kg 等。

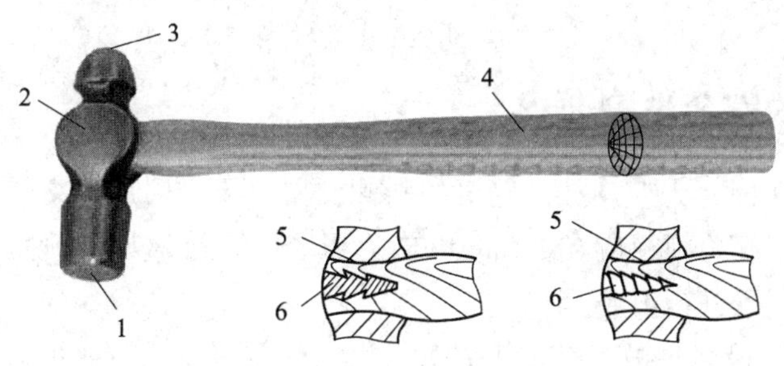

图 2—2—3 锤子结构

1—锤击面 2—锤体 3—锤顶 4—锤柄 5—锤孔 6—倒楔

四、錾削的操作要点

（1）刃磨錾子时，应使切削刃上各点的楔角一致。

（2）工件尽量装夹在钳口的中间位置，夹持要牢固，必要时在工件下面垫一木块。夹紧工件时不得在台虎钳的手柄上施加套管或用锤子敲击手柄。

（3）起錾时应从工件的边缘尖角处轻轻地起錾，将錾子头部向下倾斜，先錾出一小斜面，如图 2—2—4a 所示。錾槽时必须从正面起錾，此时錾子切削刃要抵紧起錾位置，錾子头部仍向下倾斜，待錾出一小斜面后，再按正常角度錾削，如图 2—2—4b 所示。

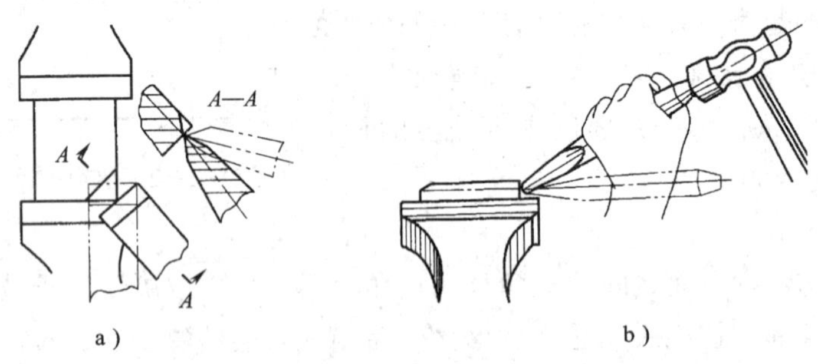

图 2—2—4　起錾方法

a）尖角处起錾　b）正面起錾

（4）錾削时要保持正确的操作姿势，錾子倾斜角度应尽量控制一致，锤击力要适当。

（5）当錾削距完工位置约 10 mm 时，必须调头錾去余下的部分，以防材料崩裂，如图 2—2—5 所示。

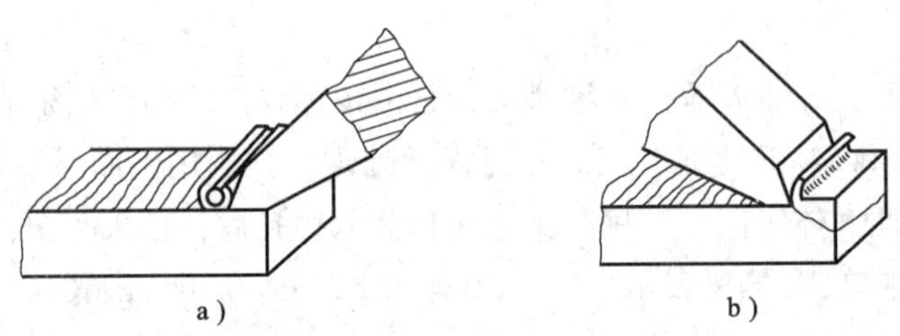

图 2—2—5　收錾方法

a）正确　b）错误

五、錾削的安全生产要求

（1）刃磨錾子时，人应站在砂轮机的斜侧位置，刃磨时应戴好防护眼镜。采用砂轮搁架时，搁架与砂轮相距应在 3 mm 以内。刃磨时不能对砂轮施加太大的压力，不允许用棉纱裹住錾子进行刃磨。

（2）錾削时应设立防护网以防切屑飞出伤人。錾屑要用刷子刷掉，不得用手擦或用嘴吹。

（3）錾子头部、锤子头部和柄部都不应沾油，以防滑出。发现锤柄有松动或损坏时，要立即装牢或更换，以免锤体脱落，飞出伤人。

（4）錾子头部有明显的毛刺时要及时磨掉，避免碎裂伤人。

知识拓展

如图 2—2—6 所示组合工具是模具钳工必备的常用工具之一，主要用来对模具型腔、型芯的细小部位进行修整、雕琢、凿碾或雕刻等。它一般用高速钢制成，长度为 60 ~ 80 mm，刃口根据工件实际需要磨出各种形状，以备选用。敲击时通常选用 0.25 kg 以下的小锤，腕挥即可。

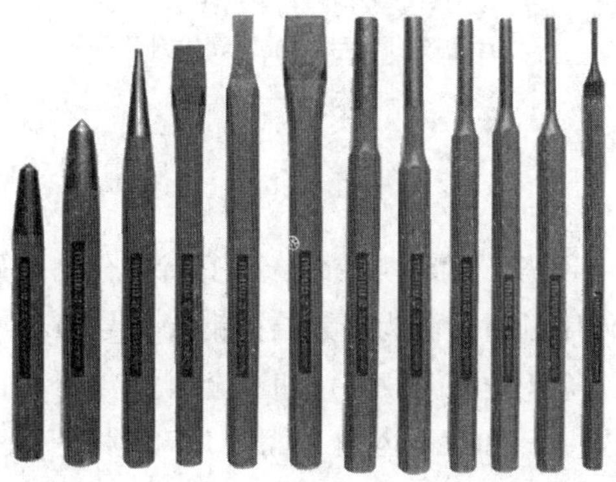

图 2—2—6 冲、凿、碾组合工具

第三节 锯 削

一、锯削概述

用手锯对材料或工件进行切断或切槽的加工称为锯削，如图 2—3—1 所示。锯削是一种粗加工方式，平面度一般可控制在 0.5 mm 之内。锯削具有操作方便、简单、灵活、不受设备和场地限制等特点，应用广泛，是钳工较为重要的基本操作之一。

图 2—3—1 锯削

二、手锯

手锯由锯弓和锯条两部分组成，如图 2—3—2 所示。

1．锯弓

锯弓用于安装和张紧锯条，有固定式和可调式两种，如图 2—3—2 所示。其中可调式锯弓可安装不同长度规格的锯条。

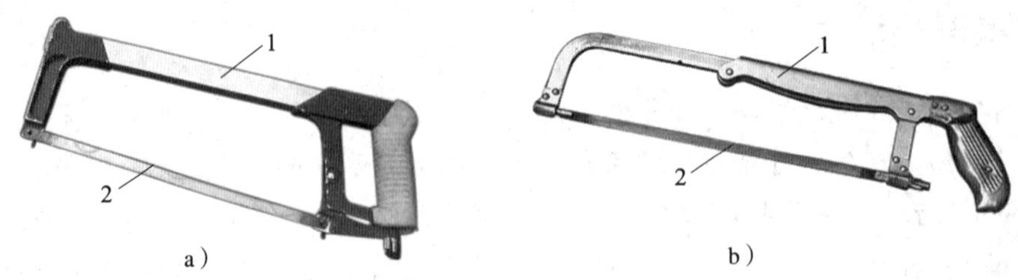

图 2—3—2　手锯

a）固定式锯弓　b）可调式锯弓

1—锯弓　2—锯条

2．锯条

（1）种类

锯条（全称为手用钢锯条）的种类较多，按其特性分为全硬型（代号 H）和挠性型（代号 F）两种；按使用的材质分为碳素结构钢（代号 D）、碳素工具钢（代号 T）、合金工具钢（代号 M）、高速钢（代号 G）和双金属复合钢（代号 Bi）五种；按锯齿形式分为单面齿型（代号 A）和双面齿型（代号 B）两种。

（2）结构

钳工常用单面全硬型锯条，其结构如图 2—3—3 所示。

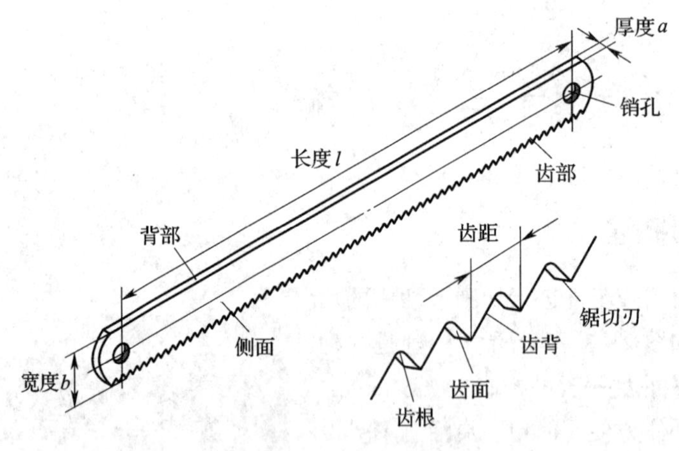

图 2—3—3　锯条结构

（3）规格及标记

1）规格。锯条的规格包括长度规格和粗细规格两部分：长度规格用两销孔中心距表示（钳工常用长度为 300 mm 的锯条）；粗细规格用 25 mm 长度内的锯齿数或齿距（两相邻锯切刃之间的距离）表示。锯条的规格及基本尺寸见表 2—3—1。

2）标记示例。全硬型、碳素工具钢、单面齿型、长度 l = 300 mm、宽度 a =

12 mm、齿距 $p=1.0$ mm 的钢锯条应标记为：手用钢锯条 GB/T 14764—2008 HTA300 × 12 × 1.0。

表 2—3—1　　锯条的规格及基本尺寸（摘自 GB/T 14764—2008）

锯条型式	长度规格 l（mm）	粗细规格		宽度 a（mm）	厚度 b（mm）
		每 25 mm 内的齿数	齿距 p（mm）		
单面齿型（A 型）	300	32	0.8	12.0 或 10.7	0.65
		24	1.0		
		20	1.2		
	250	18	1.4		
		16	1.5		
		14	1.8		
双面齿型（B 型）	296	32	0.8	22	
		24	1.0		
	292	18	1.4	25	

（4）分齿

锯条的分齿是指锯条在制造时，使锯齿按一定的规律左右错开，排成一定的形状，以提供锯切间隙。锯条分齿的目的是减小锯缝对锯条的摩擦，使锯条在锯削时不被锯缝夹住或折断，以确保锯削顺利进行。锯条的分齿形式有交叉形和波浪形两种，如图 2—3—4 所示。

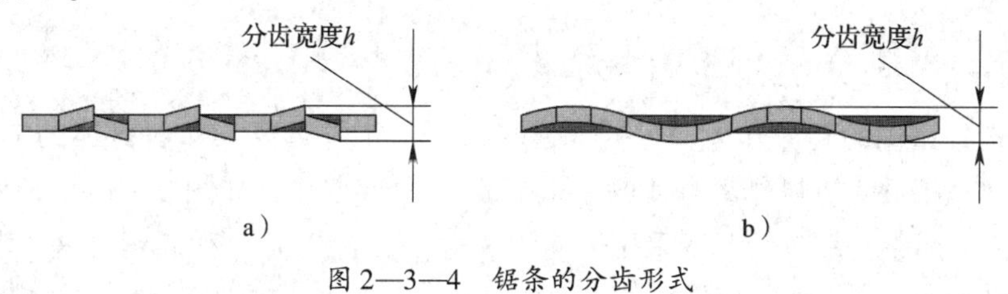

图 2—3—4　锯条的分齿形式

a）交叉形　b）波浪形

（5）锯齿的几何参数

锯齿的几何角度如图 2—3—5 所示，其参数见表 2—3—2。

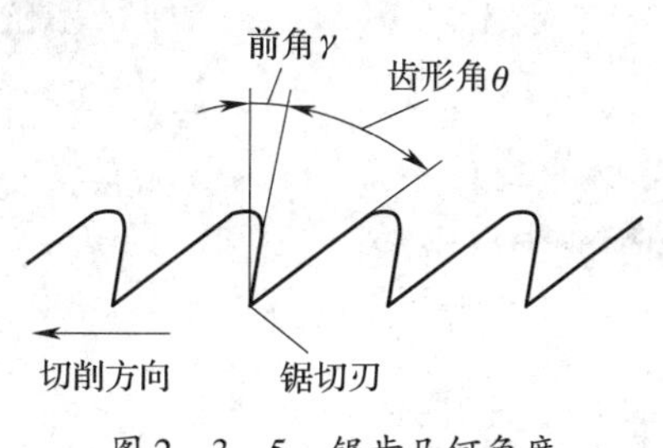

图 2—3—5　锯齿几何角度

表 2—3—2　　锯齿的几何参数（摘自 GB/T 14764—2008）

<table>
<tr><th>齿距 p（mm）</th><th>分齿宽度 h（mm）</th><th>齿形角 θ</th><th>前角 γ</th></tr>
<tr><td>0.8</td><td rowspan="2">0.90</td><td rowspan="3">46°～53°</td><td rowspan="6">−2°～2°</td></tr>
<tr><td>1.0</td></tr>
<tr><td>1.2</td><td>0.95</td></tr>
<tr><td>1.4</td><td rowspan="3">1.00</td><td rowspan="3">50°～58°</td></tr>
<tr><td>1.5</td></tr>
<tr><td>1.8</td></tr>
</table>

三、锯削的操作要点

（1）工件夹持要牢靠，同时应防止工件被夹变形或夹坏已加工表面。

（2）合理选择锯条的粗细规格。通常锯削软材料或锯削面较大的工件时，应选用齿距较大的锯条；锯削硬材料或锯削面较小的工件时，则应选用齿距较小的锯条；锯削管子或薄板材料时，必须选用齿距小的锯条，以防锯齿卡住或崩裂。

（3）锯条的安装应正确（齿面朝前），松紧要适当，如图 2—3—6 所示。

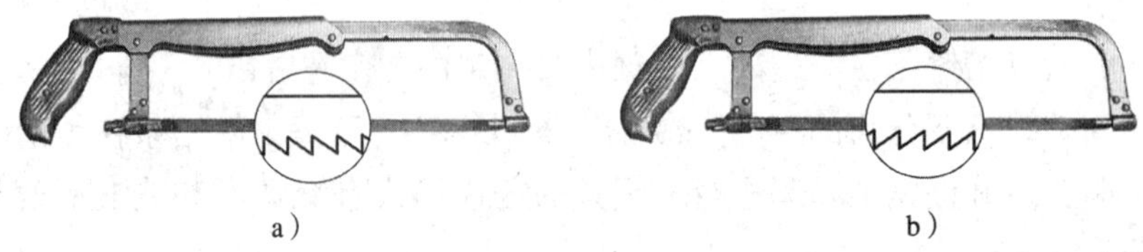

图 2—3—6　锯条安装
a）正确　b）错误

（4）选择正确的起锯方法。起锯有远起锯（从工件远离操作者身体的一端起锯）和近起锯（从工件靠近操作者身体的一端起锯）两种方法，如图 2—3—7 所示。为避免锯齿卡住或崩裂，一般情况下采用远起锯较好。无论用哪一种起锯方法，起锯角度都不应超过 15°。

（5）锯削姿势要正确，压力和速度应适当。一般锯削速度为 40 次/min 左右。

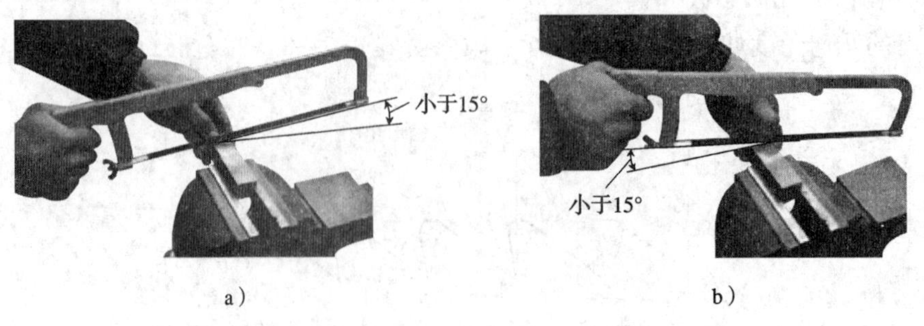

图 2—3—7　起锯方法
a）近起锯　b）远起锯

四、锯削的安全生产要求

（1）锯削时要防止锯条折断从锯弓上弹出伤人。

（2）要防止工件被锯下的部分跌落砸脚。

课堂讨论

锯条反装后，锯削时的几何角度有何变化？

第四节 锉 削

一、锉削概述

用锉刀对工件表面进行切削加工，使工件达到所要求的尺寸、形状和表面粗糙度值的操作方法称为锉削，如图 2—4—1 所示。锉削一般是在錾、锯之后对工件进行的精度较高的加工，其精度可达 0.01 mm，表面粗糙度值可达 Ra0.8 μm。锉削的应用范围较广，可以去除工件上的毛刺，锉削工件的内、外表面，各种沟槽和形状复杂的表面，还可以配键、制作样板以及对零件的局部进行修整等。

图 2—4—1 锉削

二、锉刀

1. 结构

锉刀由碳素工具钢 T12、T13 或优质碳素工具钢 T12A、T13A 制成，经热处理后切削部分硬度达 62 ~ 72HRC。锉刀由锉身和锉柄两部分组成，各部分的名称如图 2—4—2 所示。锉刀面是锉刀的主要工作面，其中主锉纹起主要切削作用，辅锉纹起分屑作用。锉刀边分有齿和无齿（又称光边）两种。

锉刀有大量锉齿，按锉齿的排列方式分单齿纹和双齿纹两种，如图 2—4—3 所示。一般单齿纹采用铣齿加工，双齿纹采用剁齿加工。

2. 种类、特点及用途

锉刀的种类很多，按用途不同，可分为普通锉、整形锉（什锦锉）和异形锉三类，其特点及应用见表 2—4—1。

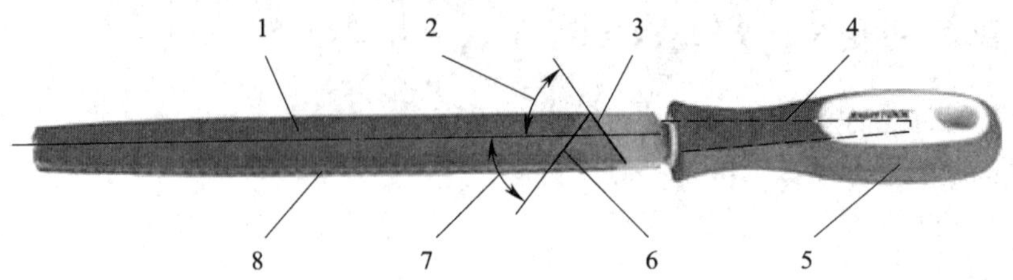

图 2—4—2 普通平锉的结构

1—锉刀面 2—主锉纹斜角 3—主锉纹 4—锉刀舌 5—锉刀柄 6—辅锉纹 7—辅锉纹斜角 8—锉刀边

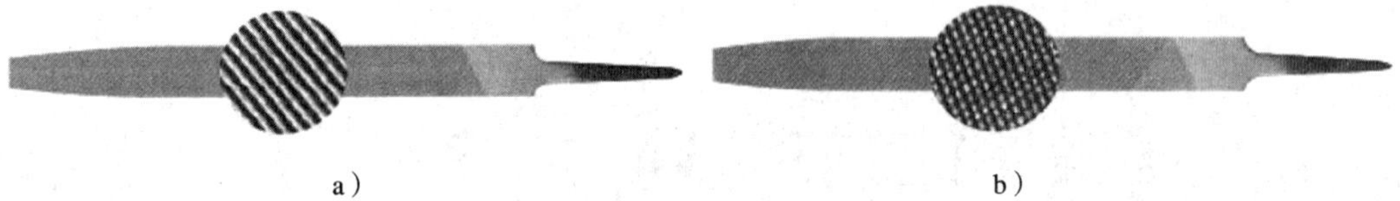

图 2—4—3 锉刀的齿纹

a）单齿纹 b）双齿纹

表 2—4—1 锉刀的种类、特点及应用

种类	图示	特点及应用
普通锉		该类锉刀按其断面形状分为平锉、方锉、三角锉、半圆锉和圆锉五种，是钳工最常用的锉削工具
整形锉		由多支不同断面形状的锉刀组成，常用的有 5、8、10、12 支为一组。按断面形状有平锉、方锉、三角锉、圆锉、半圆锉、菱形锉、刀形锉、椭圆锉、单边三角锉、双半圆锉等多种。主要用于修整工件上的细小部分

续表

种类	图示	特点及应用
异形锉	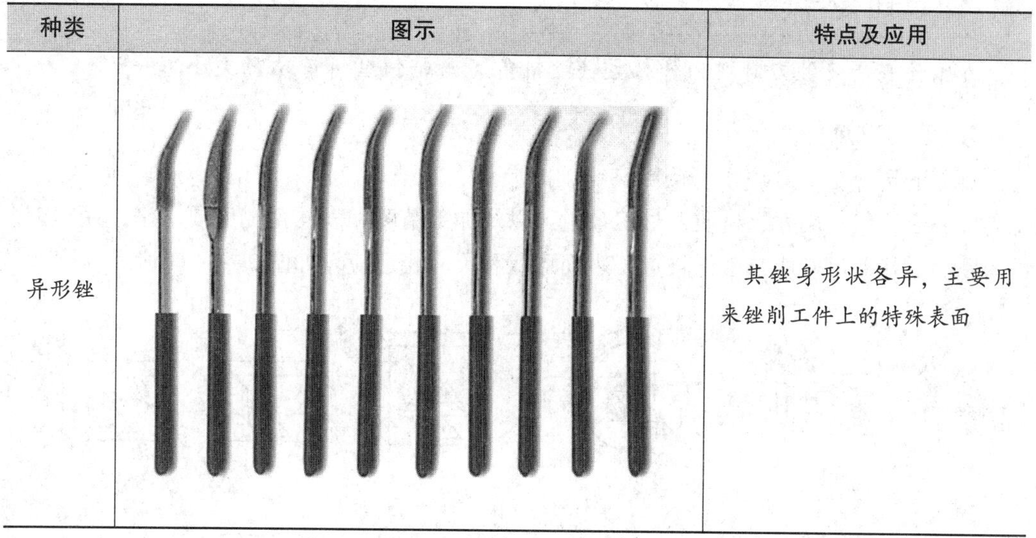	其锉身形状各异，主要用来锉削工件上的特殊表面

3. 规格

普通锉刀的规格分尺寸规格和锉纹的粗细规格。

对于尺寸规格来说，圆锉为断面直径，方锉为边长，其他锉刀为锉身长度（常用的有 100 mm、150 mm、200 mm、250 mm、300 mm 和 350 mm 等）。

普通锉刀锉纹的粗细规格以锉刀每 10 mm 轴向长度内主锉纹的条数来表示，共分为 1 ~ 5 号，具体参数见表 2—4—2。

表 2—4—2　　普通锉刀的锉纹参数（摘自 GB/T 5806—2003）

<table>
<tr><th rowspan="3">长度规格（mm）</th><th colspan="5">每 10 mm 轴向长度内主锉纹条数</th><th rowspan="3">辅锉纹条数</th><th rowspan="3">边锉纹条数</th><th colspan="2">主锉纹斜角 λ</th><th colspan="2">辅锉纹斜角 ω</th><th rowspan="3">边锉纹斜角 θ</th></tr>
<tr><th colspan="5">锉纹号</th><th rowspan="2">1 ~ 3 号锉纹</th><th rowspan="2">4 ~ 5 号锉纹</th><th rowspan="2">1 ~ 3 号锉纹</th><th rowspan="2">4 ~ 5 号锉纹</th></tr>
<tr><th>1</th><th>2</th><th>3</th><th>4</th><th>5</th></tr>
<tr><td>100</td><td>14</td><td>20</td><td>28</td><td>40</td><td>56</td><td rowspan="9">为主锉纹条数的 75% ~ 95%</td><td rowspan="9">为主锉纹条数的 100% ~ 120%</td><td rowspan="9">65°</td><td rowspan="9">72°</td><td rowspan="9">45°</td><td rowspan="9">52°</td><td rowspan="9">90°</td></tr>
<tr><td>125</td><td>12</td><td>18</td><td>25</td><td>36</td><td>50</td></tr>
<tr><td>150</td><td>11</td><td>16</td><td>22</td><td>32</td><td>45</td></tr>
<tr><td>200</td><td>10</td><td>14</td><td>20</td><td>28</td><td>40</td></tr>
<tr><td>250</td><td>9</td><td>12</td><td>18</td><td>25</td><td>36</td></tr>
<tr><td>300</td><td>8</td><td>11</td><td>16</td><td>22</td><td>32</td></tr>
<tr><td>350</td><td>7</td><td>10</td><td>14</td><td>20</td><td>—</td></tr>
<tr><td>400</td><td>6</td><td>9</td><td>12</td><td>—</td><td>—</td></tr>
<tr><td>450</td><td>5.5</td><td>8</td><td>11</td><td>—</td><td>—</td></tr>
</table>

课堂讨论

在制作双齿纹锉刀时，为什么主锉纹斜角 λ 与辅锉纹斜角 ω 的大小不一致？

4. 锉刀的选择

锉刀的选择是否合理，直接影响锉削的质量、效率以及锉刀的使用寿命。通常应根据工件表面形状、尺寸、材质、加工余量，以及加工精度和表面粗糙度要求来选用锉刀。锉刀断面形状及尺寸应与工件被加工表面形状和尺寸相适应，如图2—4—4所示。

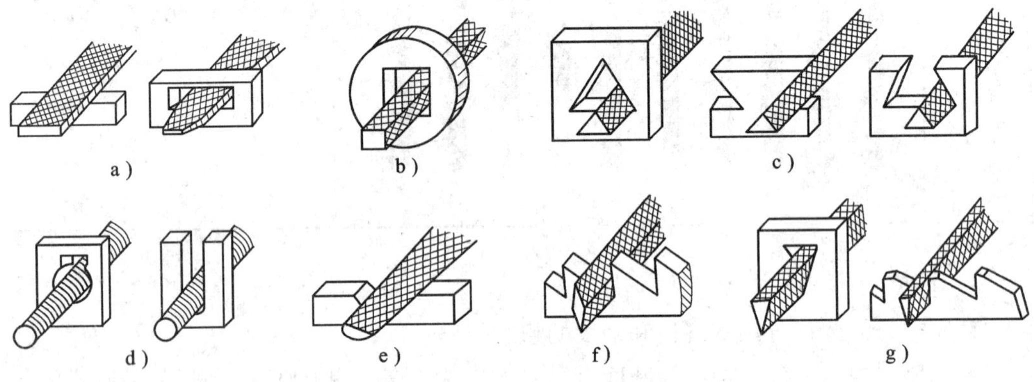

图2—4—4　锉刀的选用

a）平锉　b）方锉　c）三角锉　d）圆锉　e）半圆锉　f）菱形锉　g）刀口锉

当锉削铜、铝等软金属以及加工余量大、精度和表面质量要求较低的工件时，一般选用齿纹较粗的锉刀；当锉削钢、铸铁等较硬金属以及加工余量小、精度和表面质量要求较高的工件时，一般选用齿纹较细的锉刀。锉刀齿纹粗细规格的选择见表2—4—3。

表2—4—3　　锉刀齿纹粗细规格的选择

锉刀粗细	适用场合		
	锉削余量（mm）	尺寸精度（mm）	表面粗糙度 *Ra*（μm）
1号（粗齿锉刀）	0.5~1	0.2~0.5	100~25
2号（中齿锉刀）	0.2~0.5	0.05~0.2	25~6.3
3号（细齿锉刀）	0.1~0.3	0.02~0.05	12.5~3.2
4号（双细齿锉刀）	0.1~0.2	0.01~0.02	6.3~1.6
5号（油光锉）	0.1以下	0.01	1.6~0.8

三、锉削基本方法

锉削时应根据被加工面的形状和要求合理选择锉削方法及工艺。常用的基本锉削方法见表2—4—4。

表 2—4—4　　常用的基本锉削方法

方法		图示	特点及应用
平面锉削	顺向锉	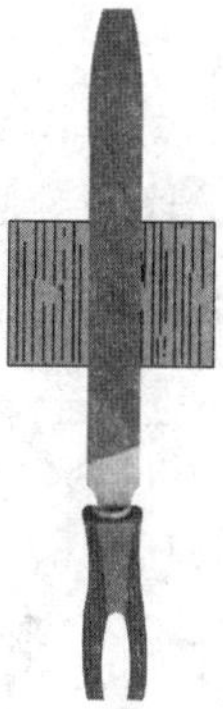	顺向锉是最普通的锉削方法，锉刀运动方向与工件夹持方向始终一致。这种方法可得到正直的锉痕，比较整齐美观，适用于面积不大的平面锉削和最后锉光
	交叉锉	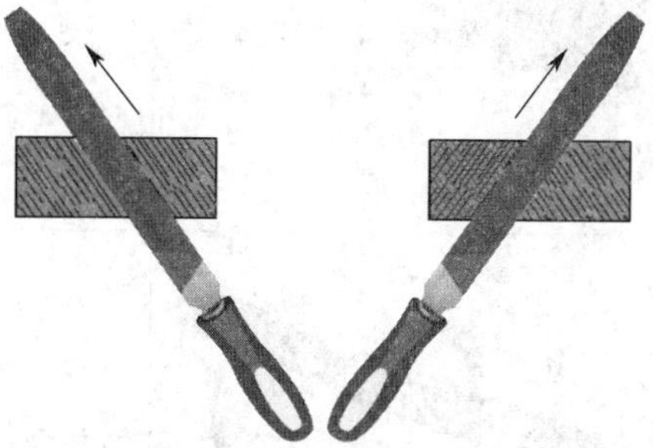	锉刀与工件夹持方向约呈35°，且锉痕交叉。交叉锉时锉刀与工件的接触面积增大，锉刀容易掌握平稳。交叉锉一般用于粗加工
	推锉	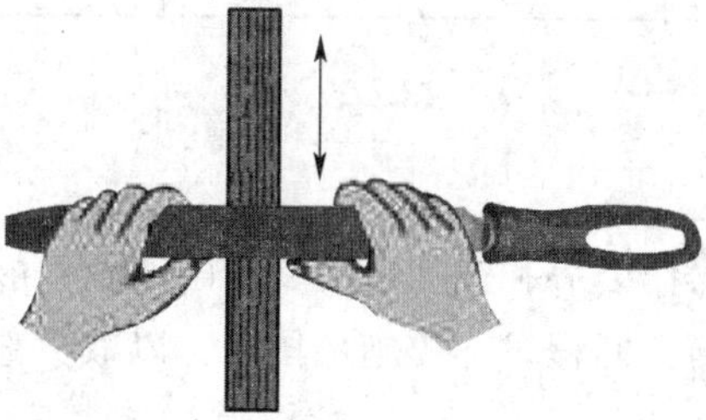	推锉一般用来锉削狭长平面，或顺向锉法锉刀受阻时使用。推锉时因锉齿的方向与锉刀的运动方向不同，故锉削效率低，只适用于加工余量较小的锉削或修整尺寸
	铲锉	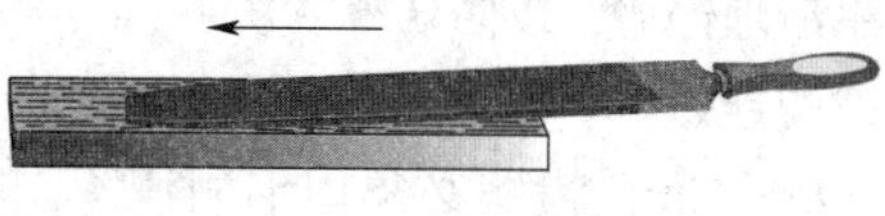	铲锉是利用锉刀前端的弧度对工件表面的局部进行锉削，主要用于锉削面的修整

续表

方法		图示	特点及应用
曲面锉削	锉削外圆弧面	横向锉法 顺圆弧锉法	常见的外圆弧面锉削方法有横向锉法和顺圆弧锉法。锉削时要同时完成两种运动，即横向锉法是锉刀的前进和转动，顺圆弧锉法是锉刀的前进和上下摆动。横向锉法切削效率高，适用于粗加工；顺圆弧锉法锉出的圆弧面不会出现棱角现象，一般用于圆弧面的精加工阶段
	锉削圆球面		锉削圆球面时要同时完成三种运动，即锉刀的前进、转动和摆动

四、锉削的操作要点

（1）锉削时要保持正确的操作姿势和锉削速度。锉削速度一般为 40 次/min 左右。

（2）锉削时两手用力要平衡，回程时不要施加压力，以减少锉齿的磨损。

五、锉削的安全生产要求

（1）锉刀放置时不要露出钳工工作台的台边，以防跌落伤人。

（2）不能用嘴吹锉屑或用手清理锉屑，以防伤眼或伤手。

（3）不使用无柄或手柄开裂的锉刀。

（4）锉刀不得沾油和沾水。锉屑嵌入齿缝必须用钢刷清除，不允许用手直接清除。

知识拓展

图 2—4—5 所示为电镀超硬磨料锉刀，它是用电镀方法将人造金刚石或立方氮化硼超硬磨料镀在钢制基体上，利用磨料代替锉齿来切削工件，可用于较硬材质的锉削加工，如淬火后工件、玻璃制品、陶瓷制品以及各类模具的抛光加工等。

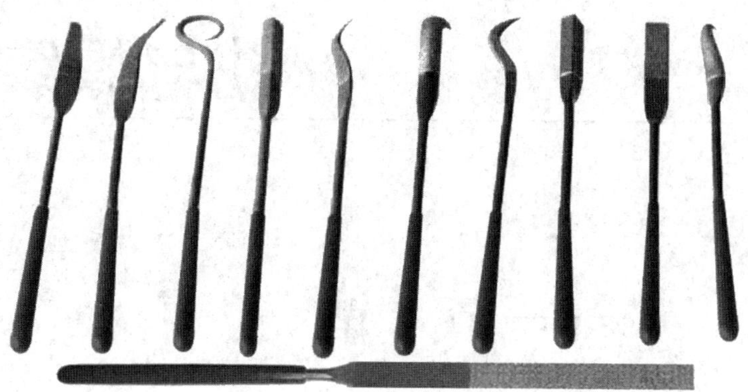

图 2—4—5 电镀超硬磨料锉刀

孔与螺纹加工

第一节 钻　床

钻床是钳工常用的孔加工机床，在钻床上可进行钻孔、扩孔、锪孔、铰孔和攻螺纹等多项操作，如图3—1—1所示。模具钳工常用的钻床有台式钻床、立式钻床和摇臂钻床等。

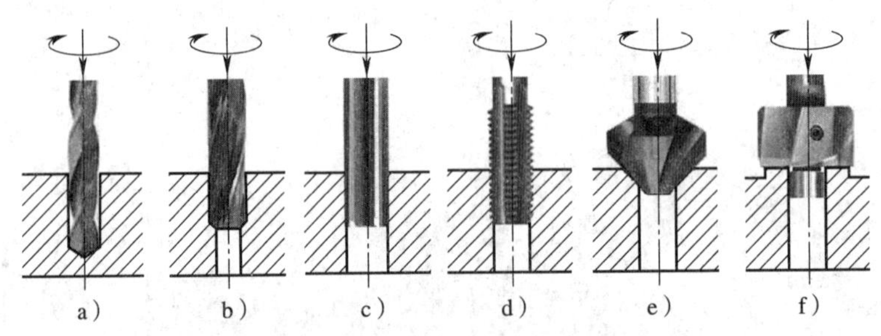

图3—1—1　钻床的应用

a）钻孔　b）扩孔　c）铰孔　d）攻螺纹　e）锪孔　f）锪平面

一、台式钻床

台式钻床简称台钻，是一种小型钻床。它具有结构简单、操作方便、生产效率高、灵活性强、易于维修等特点，应用较为广泛。其规格用最大钻孔直径来表示，常用的最大钻孔直径有 ϕ12 mm、ϕ6 mm 等。下面以Z4112型（台钻型号的含义可查阅附表1）台钻为例进行介绍。

1. Z4112型台钻的技术规格

Z4112型台钻的技术规格见表3—1—1。

表 3—1—1　　Z4112 型台钻的技术规格

项目	参数
最大钻孔直径	ϕ12 mm
立柱直径	ϕ70 mm
主轴最大行程	100 mm
主轴中心线至立柱表面距离	193 mm
主轴端面至工作台最大距离	332 mm
主轴端面至底座最大距离	565 mm
主轴锥度	莫氏 B16
主轴转速范围	480 ~4 100 r/min
主轴转速级数	5 级
电动机功率	370 W
工作台面尺寸	256 mm×256 mm
底座工作台面尺寸	528 mm×360 mm
总高	1 037 mm

2. Z4112 型台钻的结构

如图 3—1—2 所示，Z4112 型台钻由底座、立柱、工作台、机头、主轴、主轴变速机构、进给机构、电气控制部分以及电动机等组成。

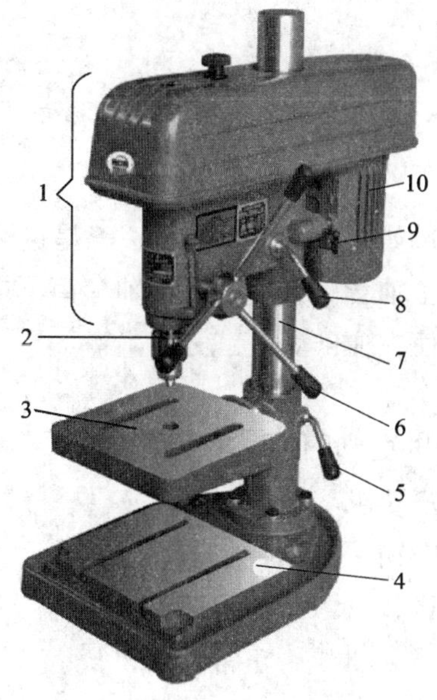

图 3—1—2　Z4112 型台钻

1—机头　2—主轴　3—工作台　4—底座　5—工作台锁紧手柄　6—三星进给手柄　7—立柱　8—机头锁紧手柄　9—传动带调整锁紧手柄　10—电动机

（1）底座（下工作台）

中间有两条T形槽，用来固定工件或夹具。

（2）立柱

立柱截面为圆形，用来支承工作台和机头。

（3）工作台

工作台主要用来安放工件，它可沿立柱上下移动，并能绕立柱转动到任意位置，同时工作台自身还可左右倾斜45°。

（4）机头

机头安装在立柱上，可沿立柱上下调整所需高度，并能绕立柱转动。在机头下面有一支承保险环。

（5）主轴

主轴是钻床的最重要部件，在下端装有钻夹头，主要用来安装孔加工刀具和传递扭矩。

（6）主轴变速机构

该机构采用塔轮变速方法，如图3—1—3所示。通过改变V带的位置，可得到五种不同的转速。V带张紧力的调整靠前后移动电动机来完成。

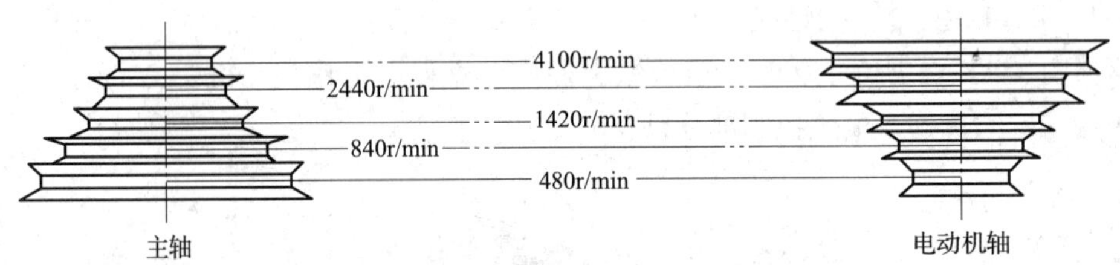

图3—1—3　台钻主轴变速机构

（7）进给机构

台钻通常只有手动进给。如图3—1—4所示，三星进给手柄带动齿轮轴转动，再由齿轮轴上的齿轮齿条副使主轴套筒移动。在主轴套筒下端的侧面装有进给标尺。在齿轮轴的另一端装有弹簧，使主轴自动抬起复位。

（8）电气控制部分

在机头的侧面装有控制开关，可使主轴正转或停车。

3. 台钻使用的安全生产要求

（1）操作前必须穿好工作服，扎好袖口，严禁戴手套。女生发辫应挽在工作帽内。

（2）使用前要检查钻床各部件是否正常。

（3）变速时必须切断电源总开关，V带松紧要适当。

（4）调整机头高度后，要及时将保险环移到位，并锁住机头。

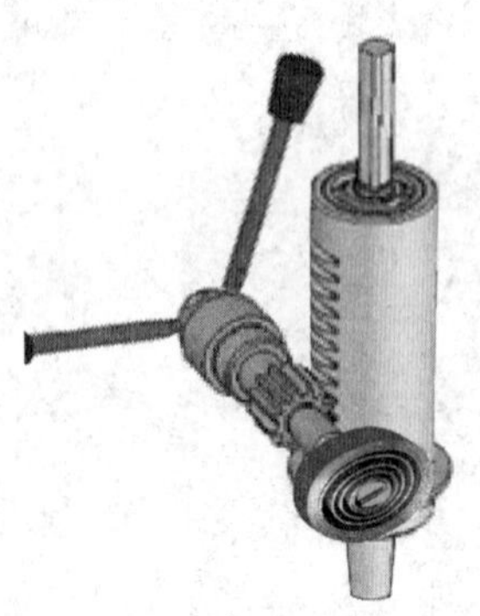

图3—1—4　台钻进给机构

（5）停车后，不能用手或其他物品止动主轴。

（6）凡两人或两人以上在同一台钻床上工作时，必须有一人负责安全，统一指挥，防止发生事故。

（7）工作完毕，关闭机床总电源，擦净机床，清扫工作地点。

二、立式钻床

立式钻床简称立钻，是一种中型钻床，其结构较为复杂，可实现自动进给，具有变速方便、使用范围广、性能全等特点，并配备了冷却系统，适用于单件、小批量的中、小型工件孔加工。下面以 Z525B 型（立钻型号的含义可查阅附表 1）立钻为例进行介绍。

1. Z525B 型立钻的技术规格

Z525B 型立钻的技术规格见表 3—1—2。

表 3—1—2　　Z525B 型立钻的技术规格

项目	参数
最大钻孔直径	ϕ25 mm
主轴锥孔	莫氏 3 号
主轴最大行程	200 mm
主轴中心线至立柱表面距离	315 mm
主轴端面至工作台最大距离	415 mm
主轴端面至底座最大距离	965 mm
主轴转速范围	85 ~ 1 500 r/min
主轴转速级数	6 级
主轴进给量范围	0. 13 ~ 0. 52 mm/r
主轴进给量级数	4 级
工作台移动行程	385 mm
工作台尺寸	ϕ400 mm
底座工作面尺寸	440 mm × 500 mm
主电动机功率	1. 5 kW
冷却泵电动机功率及流量	0. 125 kW　22 L/min
机床外形尺寸（长 × 宽 × 高）	1 050 mm × 730 mm × 2 300 mm

2. Z525B 型立钻的结构

如图 3—1—5 所示，Z525B 型立钻由底座、立柱、工作台、主轴、主轴变速机构、进给机构、冷却系统、照明和电气控制部分等组成。

（1）底座（下工作台）

底座是立钻的基础，也是机床的冷却箱。

（2）立柱

Z525B 型立钻的立柱为圆柱形，主要用来支承机床全部零部件。

（3）工作台

工作台为圆形。松开下面的锁紧手柄，工作台能自身转动；松开后面的锁紧手柄，可使工作台绕立柱转动 ±180°。利用工作台的这两种运动，能使固定在工作台上任何位置的工件对准主轴的中心。同时，通过转动工作台升降手柄，可使工作台沿立柱停留在所需高度（利用蜗轮蜗杆的自锁功能）。

图 3—1—5　Z525B 型立式钻床

1—主轴箱　2—进给箱　3—自动进给手柄　4—主轴　5—工作台　6—底座　7—工作台升降手柄　8—立柱　9—三星手动进给手柄　10—进给量调节手轮　11—主轴变速手轮　12—主电动机

（4）主轴

主轴是钻床的重要部件，对其旋转精度要求较高。在主轴的下端有内锥孔，以便于安装刀具或辅具。主轴的自重由弹簧来平衡，可使主轴停在任意高度位置。

（5）主轴变速机构

转动主轴变速手轮，可以使主轴方便地获得六种不同的转速。但变速前必须停车，以免损坏传动链中的零件。

（6）进给机构

立钻可实现手动和自动进给。采用自动进给时，如图 3—1—6 所示，首先将进给量调节手轮转到所需的进给量挡位，再将端盖拉出，压下自动进给手柄，即可实现自

图 3—1—6　Z525B 立钻的进给机构

1—自动进给手柄　2—手动进给手柄　3—深度控制标尺　4—端盖　5—撞块　6—主轴

动进给。若需要控制钻孔深度，可调节安装在刻度盘上的撞块位置，当撞块随刻度盘转动并碰到自动进给手柄座后，使自动进给手柄抬起，自动进给停止。转动三星手动进给手柄可以随时增大进给量或终止自动进给。

（7）冷却系统

冷却液由安装在底座上的冷却泵直接供给。冷却液可循环使用。

（8）照明

照明采用24 V安全电压。

（9）电气控制部分

该立钻有正转、反转和停止按钮，主轴的正、反转是靠改变电动机的转向来实现的。冷却泵由转换开关单独控制。

3. 立钻使用的安全生产要求

（1）操作钻床前，须将各操纵手柄移到正确位置，空转试车，确认各机构都能正常工作后，方可操作使用。

（2）开机前，应检查是否有钻夹头扳手或斜铁插在主轴上。

（3）变换主轴转速或进给量时，必须在停车后进行调整。

（4）调整工作台位置后，必须将工作台锁牢。

（5）严禁在主轴旋转状态下装夹、检测工件。

三、摇臂钻床

摇臂钻床是模具钳工使用的一种较为大型的钻加工设备，其内部结构复杂。目前，该类钻床大部分将机械、液压和电气控制融为一体，其自动化程度较高，适用于在中、大型零件上进行钻孔、扩孔、铰孔、锪平面及攻螺纹等工作，在有工艺装备的条件下还可以进行镗孔，是具有广泛用途的万能型机床。下面以Z3050×16（Ⅰ）型（摇臂钻床型号的含义可查阅附表1）摇臂钻床为例进行介绍。

1. Z3050×16（Ⅰ）型摇臂钻床的技术规格

Z3050×16（Ⅰ）型摇臂钻床的技术规格见表3—1—3。

表3—1—3　　Z3050×16（Ⅰ）型摇臂钻床的技术规格

项目	参数
最大钻孔直径	ϕ50 mm
主轴锥孔	莫氏5号
主轴最大行程	315 mm
主轴中心线至立柱母线距离	最大1 600 mm，最小350 mm
主轴端面至底座工作面距离	最大1 220 mm，最小320 mm

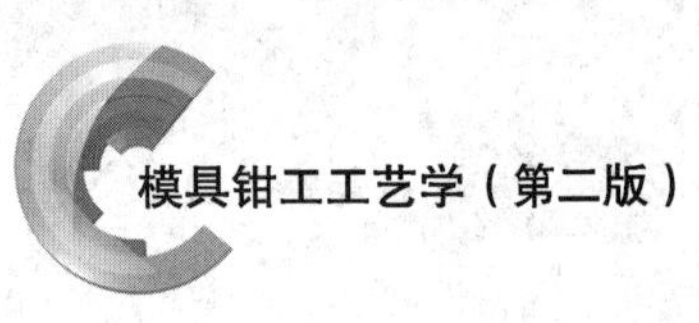

续表

项目	参数
主轴箱水平移动距离	1 250 mm
摇臂升降距离	580 mm
摇臂升降速度	1.2 m/min
摇臂回转角度	±180°
主轴转速范围	25 ~ 2 000 r/min
主轴转速级数	16 级
主轴进给量范围	0.04 ~ 3.2 mm/r
主轴进给量级数	16 级
刻度盘每转钻孔深度	122 mm
立柱外径	350 mm
主轴允许最大扭矩	500 N · m
主轴允许最大进给抗力	18 kN
主电动机功率	4 kW
摇臂升降电动机功率	1.5 kW
液压夹紧电动机功率	0.75 kW
冷却泵电动机功率	0.125 kW
机床轮廓尺寸（长×宽×高）	2 500 mm × 1 040 mm × 2 840 mm
机床质量	3 600 kg

2. Z3050 ×16（Ⅰ）型摇臂钻床的结构

Z3050×16（Ⅰ）型摇臂钻床的外形结构如图 3—1—7 所示。

3. Z3050 ×16（Ⅰ）型摇臂钻床的操作方法

Z3050×16（Ⅰ）型摇臂钻床的操纵系统主要集中在主轴箱的前面和下面，其位置和名称如图 3—1—8 所示。

（1）主轴的启动

按下主电动机启动按钮，指示灯亮时，主电动机启动。将主轴操纵手柄扳至正转（向前）或反转（向后）位置上，主轴即顺时针或逆时针方向转动，中间位置为停止，如图 3—1—9a 所示。

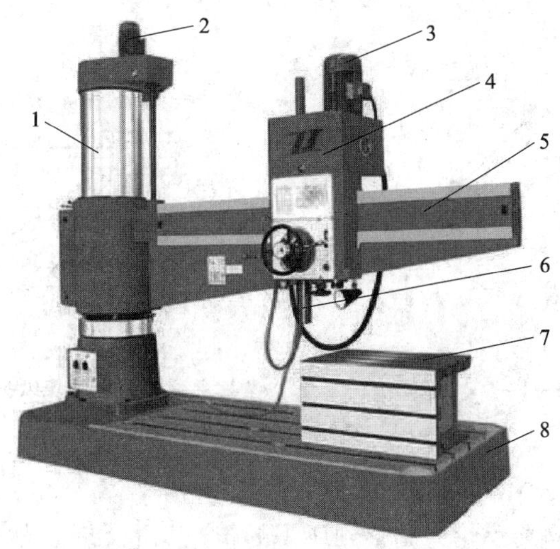

图 3—1—7 Z3050×16（Ⅰ）型摇臂钻床

1—立柱 2—升降电动机 3—主电动机 4—主轴箱
5—摇臂 6—主轴 7—工作台 8—底座

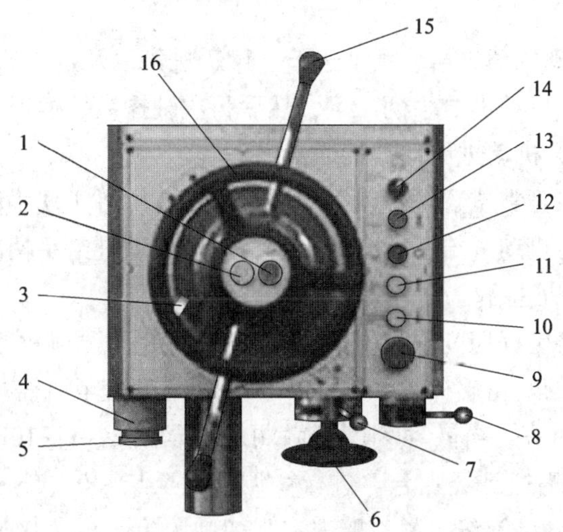

图 3—1—8 Z3050×16（Ⅰ）型摇臂钻床的操纵系统

1—锁紧按钮 2—松开按钮 3—定程旋钮 4—预选进给手轮 5—预选变速手轮 6—微进给手轮
7—机动进给手柄 8—主轴操纵手柄 9—总停止按钮 10—摇臂下降按钮 11—摇臂上升按钮
12—主电动机停止按钮 13—主电动机启动按钮 14—锁紧选择旋钮
15—手动进给手柄 16—主轴箱移动手轮

（2）主轴的空挡

如图 3—1—9b 所示，将主轴操纵手柄 1 向上抬起，即可用手轻便转动主轴；如再启动主轴，须先将主轴操纵手柄压至变速位置（离合器接通），再将主轴操纵手柄扳至正转或反转位置上。

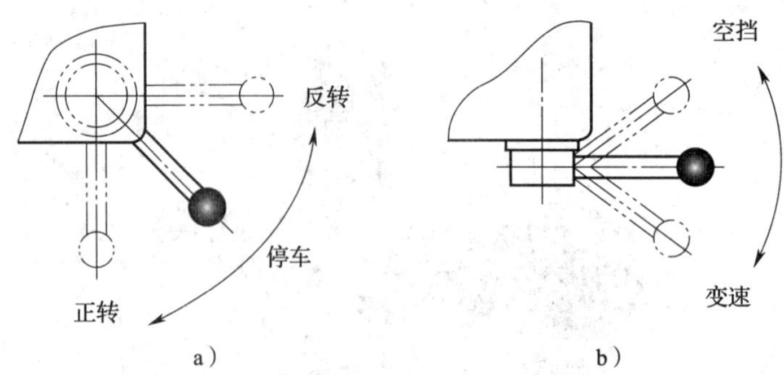

图 3—1—9　Z3050×16（Ⅰ）型摇臂钻床的主轴操纵手柄
a）主轴转向　b）空挡与变速

（3）主轴转速及进给量的变换

转动预选变速或进给手轮，调整到所需的转速及进给量，然后将主轴操纵手柄压至变速位置，即可实现转速或进给量的变换。在主轴运转过程中，也可以进行转速或进给量预选。该机床有三级高转速及三级大进给量，为保证机床和操作者的安全，两者设有互锁装置，不能同时选用。

（4）主轴的进给

摇臂钻床可以实现机动进给、手动进给、微动进给以及定程切削。

1）机动进给。将机动进给手柄压下，然后将主轴操纵手柄扳至所需位置，再将手动进给手柄向外拉出，机动进给即被接通。

2）手动进给。在正常位置时转动手动进给手柄，即可实现手动进给。

3）微动进给。将机动进给手柄向上抬起，再将手动进给手柄向外拉出，转动微进给手轮，即可实现微动进给。

4）定程切削。将定程切削限位手柄拉出，转动刻度盘微调旋钮至图 3—1—10a 所示位置，使刻度盘上的蜗轮蜗杆脱开啮合，可转动刻度盘至所需切削深度值与箱体上的副尺“0”线大致对齐，再转动刻度盘微调旋钮至图 3—1—10b 所示位置（180°），此时刻度盘上的蜗轮蜗杆已经啮合，进行微调，直至与“0”线准确对齐。用另一端的锁紧旋钮将刻度盘微调旋钮顶紧，推进定程切削限位手柄，接通机动进给。当切削深度达到所需值时，机动进给手柄自动抬起，断开机动进给，完成定程切削。

（5）主轴箱和立柱的锁紧与松开

主轴箱和立柱的锁紧与松开，既可同时进行，又可单独进行。通过转动锁紧选择旋钮至所需位置，然后按压锁紧按钮或松开按钮即可。

（6）摇臂升降

摇臂升降分别由上升、下降按钮控制。

（7）主轴箱沿摇臂导轨移动

直接转动主轴箱移动手轮，即可将主轴箱移动到所需位置。

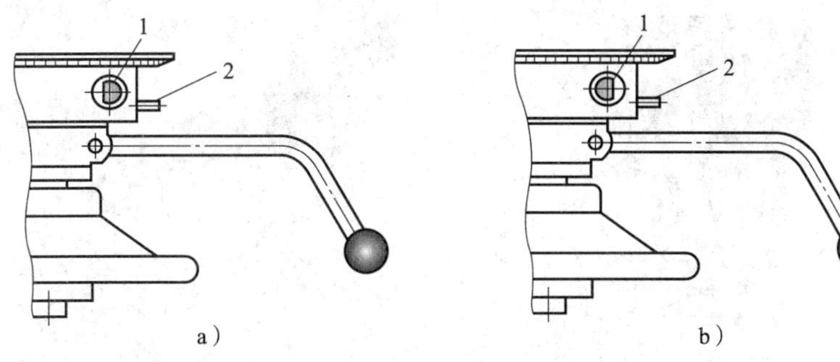

图 3—1—10 Z3050×16(Ⅰ)型摇臂钻床的定程切削

a)操纵位置(一) b)操纵位置(二)

1—刻度盘微调旋钮 2—定程切削限位手柄

4. Z3050 ×16(Ⅰ)型摇臂钻床的特点

(1)使用范围广,通用化程度较高。

(2)采用液压预选变速机构,可节省辅助时间。

(3)主轴正转、停车(制动)、变速、空挡等控制用一个手柄操纵,操纵轻便。

(4)主轴箱、摇臂、立柱采用液压驱动的菱形块夹紧机构,夹紧可靠。

(5)有完善、可靠的安全保护装置。

知识拓展

(1)主轴机动进给时,手动进给手柄同时旋转,操作者应与此手柄保持距离。

(2)在锁紧状态下,可直接按压上升、下降按钮,机床能自动完成松开—升降—再锁紧。

(3)摇臂和主轴箱位置调整结束后,都必须锁紧,以防止钻孔时产生摇晃而发生事故。

四、钻床附具

1. 扳手三爪钻夹头

扳手三爪钻夹头(俗称钻夹头,类代号用“J”表示)是钻床主要附件之一,分为重型(H)、中型(M)和轻型(L)三类,连接形式有锥孔连接和螺纹连接两种,其规格用最大夹持直径表示。在钻床上常用锥孔连接的重型钻夹头,如 J2113H—B16 型钻夹头,主要用来装夹 ϕ13 mm 以下的直柄钻头,其结构如图 3—1—11 所示。

夹头体的上端有一锥孔,用于连接钻夹头接杆或台钻主轴。钻夹头中的三个夹爪用来夹紧钻头的直柄,当用带有小圆锥齿轮的钻夹头扳手带动夹头套上的大圆锥齿轮转动时,与夹头套紧配的内螺纹圈也同时旋转,此内螺纹圈与三个夹爪上的外螺纹相配,于是三个夹爪便伸出或缩进,钻头直柄被夹紧或放松。

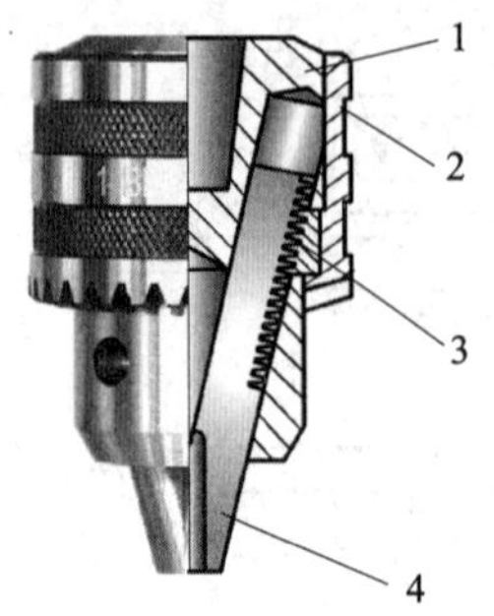

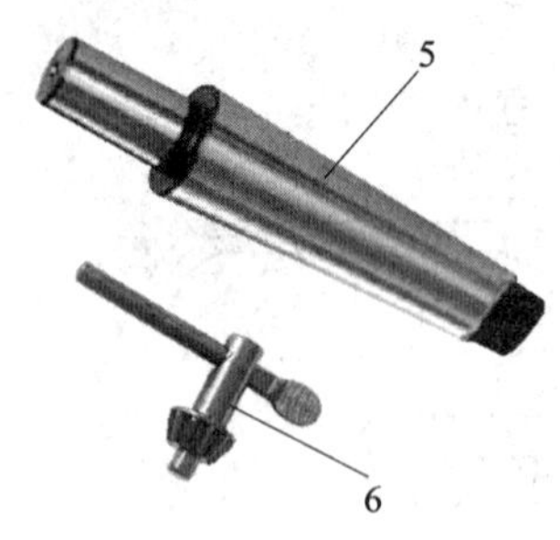

图 3—1—11　扳手三爪钻夹头结构

1—夹头体　2—夹头套　3—内螺纹圈　4—夹爪

5—钻夹头接杆　6—钻夹头扳手

2. 钻头变径套

钻头变径套用来装夹 ϕ13 mm 以上的锥柄钻头，如图 3—1—12a 所示。由于它采用的是莫氏锥度，其锥度较小，利用摩擦力也可以传递一定的扭矩，且配合定位精度高，拆卸方便。

标准钻头变径套共有五种，包括 1 号钻头变径套（内锥孔为 1 号莫氏锥度，外圆锥为 2 号莫氏锥度）、2 号钻头变径套（内锥孔为 2 号莫氏锥度，外圆锥为 3 号莫氏锥度），以下类推至 5 号钻头变径套。

使用钻头变径套时，应根据钻头锥柄莫氏锥度的号数和钻床主轴锥孔来选用相应的钻头变径套。当用较小直径钻头钻孔时，用一个钻头变径套不能直接与钻床主轴锥孔相配，此时需要把几个钻头变径套配接起来使用，这样不仅增加了装拆的麻烦，同时也加大了钻床主轴与钻头的同轴度误差值。为此可采用非标钻头变径套，即外圆锥与钻床主轴锥孔一致，内锥孔与钻头锥柄一致。如在 Z3050 × 16（Ⅰ）型摇臂钻床上使用的“内 3/外 5”非标钻头变径套等。

图 3—1—12b 所示为用斜铁将钻头从钻床主轴锥孔中拆下的方法。拆卸时斜铁带圆弧的一边要放在上面，否则会把钻床主轴（或钻头变径套）上的长圆孔挤坏，同时要用手握住钻头或在钻头与钻床工作台之间垫上木板，以防钻头跌落而损坏钻头或工作台。

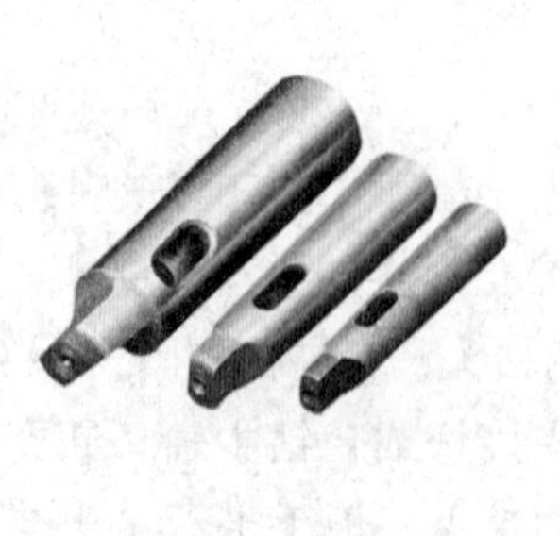

a）

b）

图 3—1—12　钻头变径套及其拆卸方法

a）钻头变径套　b）拆卸方法

3. 快换钻夹头

在钻床上加工同一工件时，往往需要调换直径不同的钻头或其他孔加工刀具。如用普通的钻夹头或钻头变径套来装夹刀具，需停车换刀，既不方便又浪费时间，而且容易损坏刀具和钻头变径套，甚至影响钻床的精度。这时可采用如图 3—1—13 所示的快换钻夹头。

夹头体的莫氏锥柄装在钻床主轴锥孔内。可换套根据孔加工的需要备有很多个，并预先装好所需的刀具。可换套的外圆表面有两个凹坑，钢球嵌入时便可传递动力。当需要更换刀具时，不必停车，只要用手把滑套向上推，两粒钢球就因受离心力作用而贴于滑套端部的大孔表面。此时另一手就可把装有刀具的可换套取出，把另一个可换套插入，放下滑套，两粒钢球被重新压入可换套的凹坑内，带动钻头继续旋转。弹簧环的作用是限制滑套上下的位置。由于使用快换钻夹头可做到不停车换装刀具，从而大大提高了生产效率，也降低了操作者的劳动强度。

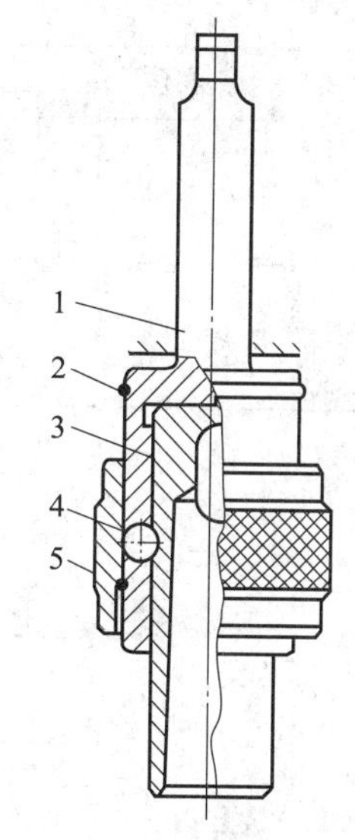

图 3—1—13 快换钻夹头
1—夹头体 2—弹簧环
3—可换套 4—钢球 5—滑套

知识拓展

为了延长钻床的使用寿命，确保机床精度，降低机床故障率，在做好日常维护与保养的基础上，应定期进行一级保养。钻床的一级保养一般每 3 ~ 6 个月进行一次，通常以操作人员为主，维修人员辅助。钻床一级保养的内容和要求见表 3—1—4。

表 3—1—4 钻床一级保养的内容和要求

序号	保养部位	保养内容及要求
1	钻床外部	（1）外表清洁、无油污、无“黄袍”、无死角，“漆见本色，铁见光” （2）检查紧固件，补齐外部缺件 （3）外露精密表面修光毛刺，清洁无锈蚀 （4）擦拭钻床附件
2	传动机构	（1）检查并清洗传动轴、齿轮、齿条等 （2）检查并清洗导轨及工作台，应清洁无锈、无毛刺 （3）检查调整手柄、手轮挡位
3	润滑系统	（1）检查油质、油量 （2）润滑装置齐全、完整、清洁 （3）油路畅通，油窗醒目

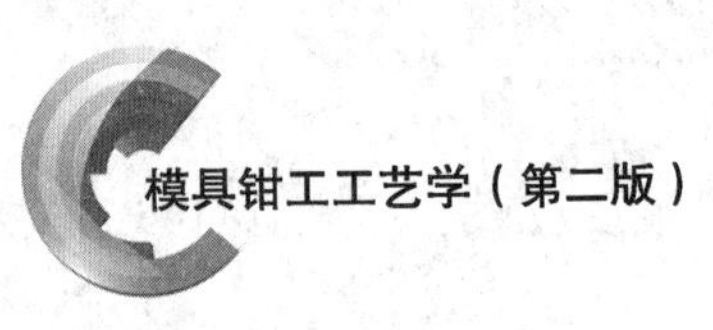

续表

序号	保养部位	保养内容及要求
4	冷却系统	（1）清洗过滤网、冷却液箱，无沉淀及杂物 （2）系统完整，管路畅通，无泄漏
5	机床电器	（1）检查、清扫电动机及电器箱 （2）检查机床电器触点，要求性能良好、安全可靠

第二节　钻孔、扩孔和锪孔

一、钻孔

用钻头在实体材料上加工孔的方法称为钻孔，如图 3—2—1 所示。在钻床上进行钻孔时，钻头的旋转是主运动，钻头沿轴向的移动是进给运动。

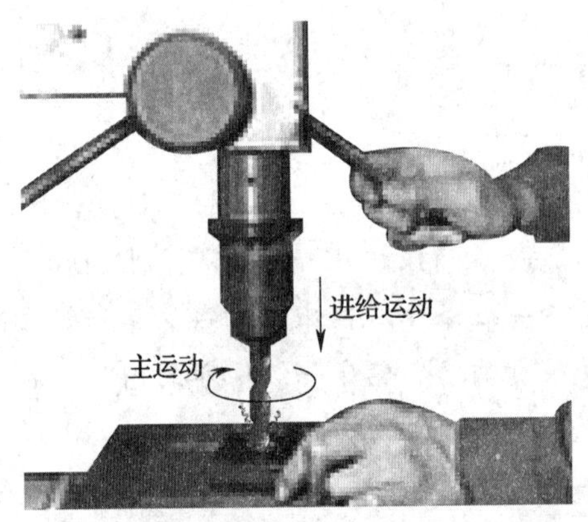

图 3—2—1　钻孔

1. 钻削的特点

钻削时，由于钻头是在半封闭的状态下进行切削加工，因此，钻削加工具有以下特点：

（1）切削量大，排屑困难。

（2）切削温度高，散热困难，钻头易磨损。

（3）摩擦严重，易产生切削“积瘤”。

（4）麻花钻细而长，钻孔时容易产生振动。

（5）加工精度低，钻孔的尺寸精度一般在 IT11 ~ IT10 之间，表面粗糙度值一般在 *Ra*100 ~ 25 μm 之间。

2. 麻花钻

（1）麻花钻的分类

麻花钻按制造精度等级分为普通级麻花钻和精密级麻花钻（精密级标记“H”，普通级不标记）。按与钻床的装夹形式分为直柄麻花钻（包括粗直柄、短系列、通用系列、长系列和超长系列）和莫氏锥柄麻花钻（包括通用系列、长系列、加长系列和超长系列）。

（2）麻花钻的组成

麻花钻（俗称钻头）是指容屑槽由螺旋面构成的钻头，其钻体部分形状像麻花，如图 3—2—2 所示。麻花钻是钳工的主要钻孔刀具，其工作部分用 W6Mo5Cr4V2 或其他同等性能的普通高速钢（代号：HSS）制造，热处理淬火后硬度达 62 ~ 66HRC；也可用高性能高速钢（代号：HSS—E）制造，淬火后硬度可达 64 ~ 68HRC。

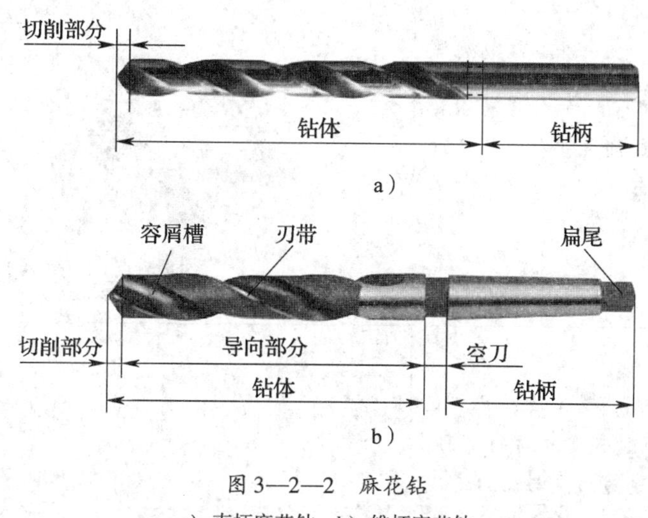

图 3—2—2 麻花钻

a）直柄麻花钻 b）锥柄麻花钻

如图 3—2—2 所示，麻花钻由钻体和钻柄组成，规格用直径表示（在靠近切削部分处测量），其参数可查阅相关国家标准。

1）钻柄。钻柄是麻花钻的夹持部分，主要用来连接钻床主轴并传递动力。为了便于装夹，通常钻削孔径 ϕ13 mm 以下的孔时，选用直柄麻花钻；钻削孔径 ϕ13 mm以上的孔时，选用莫氏锥柄麻花钻。在莫氏锥柄的小端有一扁尾，以备嵌入锥孔的槽中，作顶出钻头之用。

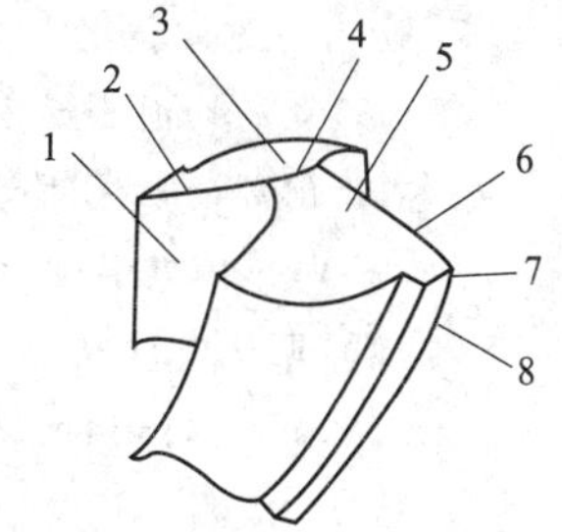

图 3—2—3 麻花钻的切削部分

1—前面 2—主切削刃 3—后面 4—横刃 5—后面 6—主切削刃 7—刀尖 8—副切削刃

2）钻体。麻花钻的钻体包括切削部分（又称钻尖）、由两条刃带形成的导向部分及空刀。切削部分是指由产生切屑的诸要素（主切削刃、横刃、前面、后面、刀尖）所组成的工作部分（见图 3—2—3），它承担着主要的切削工作。导向部分用来保持麻花钻钻孔时的正确方向，同时副切削刃（又称刃带导向刃，即刃带与容屑槽的交线）可修光孔壁。为了减小刃带与孔壁的摩擦，便于导向，麻花钻的导向部分直径略有倒锥（用倒锥度表示，每100 mm长度上为0. 02 ~0. 12 mm，但总倒锥量不应超过0. 25 mm）。空刀的作用是在磨制麻花钻时作退刀槽使用，通常锥柄麻花钻的规格、材料及商标也打印在此处。

（3）麻花钻的主要几何角度

1）辅助平面。由于麻花钻的结构较为复杂，在学习麻花钻的几何角度之前，需要了解与其相关的几个辅助平面，见表3—2—1。

表3—2—1　　与麻花钻几何角度相关的辅助平面

名称	定义及说明	图示
结构基面	与主切削刃上的外缘转点和横刃转点连线相平行，且通过钻心的平面	
基面	通过切削刃选定点，且垂直于该点切削速度方向的平面，实际上是通过该点与钻心连线的径向平面。由于麻花钻两主切削刃不通过钻心，所以主切削刃上各点的基面也就不同	
切削平面	切削刃选定点的切削平面，是由该点的切削速度方向和过该点切削刃的切线两者所成的平面。标准麻花钻主切削刃为直线，其切线就是钻刃本身。切削平面即该点切削速度方向与钻刃构成的平面	
正交平面	通过主切削刃上选定点并垂直于基面和切削平面的平面	

续表

名称	定义及说明	图示
柱剖面	通过主切削刃上选定点作与麻花钻轴线平行的直线，该直线绕麻花钻轴线旋转所形成的圆柱面	柱剖面 主切削刃上的选定点

2）几何角度。麻花钻的主要几何角度有螺旋角、顶角、前角、后角、横刃斜角等，如图 3—2—4 所示。

①螺旋角（ω）。刃带导向刃上选定点的切线与包含该点及轴线组成的平面间的夹角称为螺旋角。麻花钻不同直径处的螺旋角是不同的，外径处螺旋角最大，越接近中心螺旋角越小。螺旋角增大则前角增大，有利于排屑，但钻头刚度下降。麻花钻外缘处的螺旋角通常为 30°。

②顶角（2φ）。两主切削刃在结构基面上的投影间的夹角称为麻花钻的顶角。顶角越小，轴向力越小，外缘处刀尖角越大，利于散热；但在相同条件下，所受扭矩增大，切屑变形加剧，排屑困难。顶角的大小一般根据麻花钻的加工条件而定，标准麻花钻的顶角 $2\varphi = 118° \pm 2°$，此时两主切削刃呈直线；顶角 $2\varphi > 118°$ 时，主切削刃呈凹形；顶角 $2\varphi < 118°$ 时，主切削刃呈凸形，如图 3—2—5 所示。

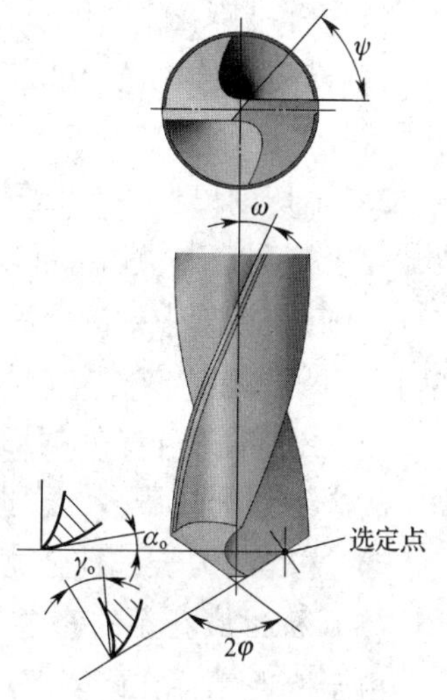

图 3—2—4　麻花钻的几何角度

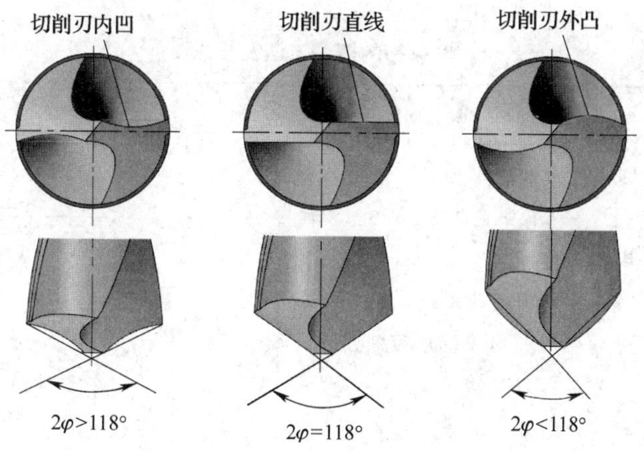

图 3—2—5　麻花钻顶角与主切削刃形状的关系

③前角（γ_o）。在主切削刃上通过选定点的前面与基面的夹角称为前角。前角大小决定着切除材料的难易程度和切屑在前面上的摩擦阻力的大小，前角越大，切削越省力。由于麻花钻的前面是一个螺旋面，所以主切削刃上的前角大小是变化的：外缘处最大，可达 $\gamma_o=30°$；自外向内逐渐减小，在钻心至 $d/3$ 范围内为负值；横刃处的前角 $\gamma_o=-60°\sim-54°$；接近横刃处的前角 $\gamma_o=-30°$。

④后角（α_o）。通过选定点在柱剖面上的后面与切削平面之间的夹角称为后角。后角的作用是减小麻花钻后面与切削面间的摩擦。麻花钻主切削刃上的后角大小也是变化的：外缘处最小，越近钻心后角越大。一般外缘处的后角 $\alpha_o=8°\sim14°$。

⑤横刃斜角（ψ）。横刃斜角是指主切削刃与横刃在垂直于麻花钻轴线的平面上投影的夹角。当麻花钻后面磨出后，横刃斜角自然形成，其大小与后角有关。标准麻花钻的横刃斜角 $\psi=50°\sim55°$。

（4）标准麻花钻的缺点

1）横刃较长，横刃处前角为负值，在切削中横刃处于挤刮状态，产生很大轴向力，定心不良。

2）主切削刃上各点前角大小不一样，致使各点切削性能不同。靠近钻心处前角为负，处于挤刮状态，切削性能差，产生热量大，磨损严重。

3）麻花钻刃带处的副后角为零。靠近切削部分的刃带与孔壁摩擦比较严重，产生热量大，易磨损。

4）主切削刃外缘处的刀尖角较小，前角很大，刀齿薄弱，而此处的切削速度最高，故产生切削热最多，磨损极为严重。

5）主切削刃长，且全宽参与切削，分屑、断屑、排屑困难。

（5）标准麻花钻的修磨

由于麻花钻存在诸多缺点，因此在使用前，应根据工件材料和加工精度要求的不同，采取必要的修磨措施，以改善麻花钻的切削性能。麻花钻的修磨方法及要求见表3—2—2。

表3—2—2　　麻花钻的修磨方法及要求

修磨部位	修磨方法及要求	图示
磨短横刃并增大靠近钻心处的前角	这是最基本的修磨方式。修磨后横刃的长度 b 为原来的 $1/5\sim1/3$，以减小轴向抗力和挤刮现象，提高钻头的定心作用和切削的稳定性。同时，在靠近钻心处形成内刃，内刃斜角 $\tau=20°\sim30°$，内刃处前角 $\gamma_\tau=-15°\sim0°$，切削性能得以改善。一般直径在 5 mm 以上的麻花钻均须修磨横刃	τ b γ_τ 内刃

续表

修磨部位	修磨方法及要求	图示
主切削刃	主要是磨出第二顶角 $2\varphi_o$（70°～75°）。在麻花钻外缘处磨出过渡刃（$f_o=0.2d$），以增大外缘处的刀尖角 ε，改善散热条件，增加刀齿强度，提高切削刃与刃带交角处的耐磨性，延长钻头寿命，减小孔壁的残留面积，有利于减小孔的表面粗糙度值	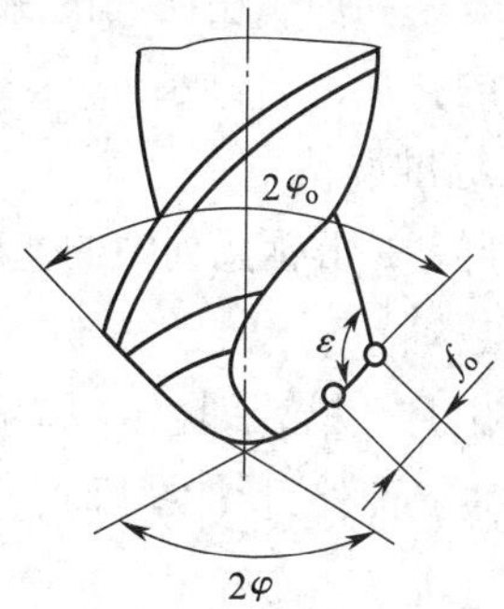
刃带	在靠近主切削刃的一段刃带上，磨出副后角 $\alpha_{o1}=6°～8°$，并保留刃带宽度为原来的1/3～1/2，以减小对孔壁的摩擦，提高钻头寿命	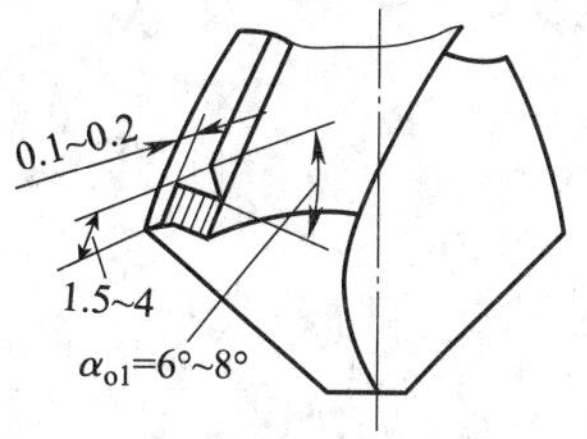
前面	修磨外缘处前面，可以减小此处的前角，提高刀齿的强度；钻削黄铜时，可以避免扎刀现象（扎刀就是钻头旋转时会自动切入工件，轻者使孔口损坏、钻头崩刃，重者将使钻头扭断甚至会把工件从夹具中拉出造成事故）	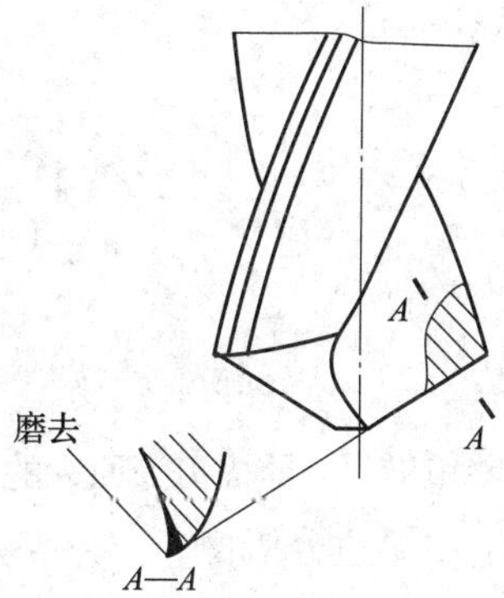
分屑槽	在两个后面或前面上磨出几条相互错开的分屑槽，使切屑变窄，以利排屑。直径大于15 mm的钻头都可磨出分屑槽	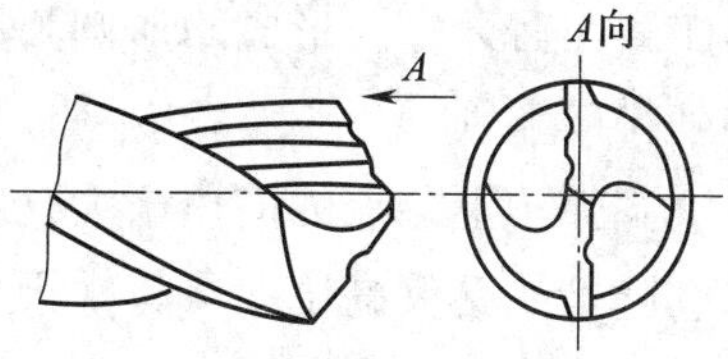 a）前面开槽 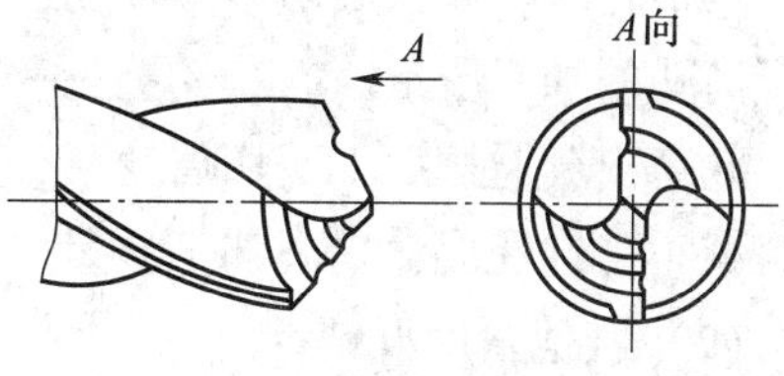 b）后面开槽

3. 群钻

群钻是在广泛吸取加工经验，经几十年的实践革新而获得的一种寿命长、适应性强、生产效率和加工精度高的新型钻头。根据加工材料和工艺特性的不同，现已形成一套独立的孔加工刀具系列。

（1）标准群钻

标准群钻是群钻系列中的基础，主要用来钻削碳钢和各种合金结构钢，应用最广泛。

1）结构特点

①磨出月牙槽，即在钻头的后面上对称地磨出月牙槽，形成凹形圆弧刃，把主切削刃分成三段，即外刃（*AB* 段）、圆弧刃（*BC* 段）、内刃（*CD* 段），如图 3—2—6 所示。

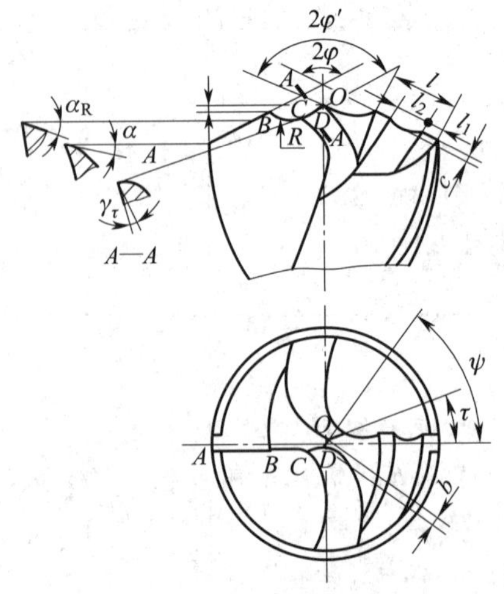

图 3—2—6　标准群钻

②磨短横刃，使横刃为原来的 1/7 ~ 1/5，同时使新形成的内刃上的前角也大大增加。

③磨出单边分屑槽。

2）优点

①磨出月牙槽，形成凹形圆弧刃，把主切削刃分成三段，起到了分屑、断屑的作用，使排屑顺利。

②圆弧刃上各点的前角增大，减小了切削阻力，可提高切削效率。

③降低了钻尖高度，可将横刃磨得较短而不影响钻尖强度，同时大大降低了切削时的轴向阻力，有利于提高切削速度。

④钻孔时，在孔底切出圆环肋，加强了定心作用和钻头切削时的稳定性，有利用于提高孔的加工质量。

⑤磨出分屑槽后，使切屑变窄，有利于排屑和切削液的进入，提高了钻头的寿命，并且减小工件变形，提高加工质量。

（2）其他常用群钻

除了标准群钻外，其他常用群钻的工艺特点及刃磨要求见表 3—2—3。

表 3—2—3　　其他常用群钻的工艺特点及刃磨要求

名称	图示	工艺特点	刃磨要求
钻削铸铁用群钻	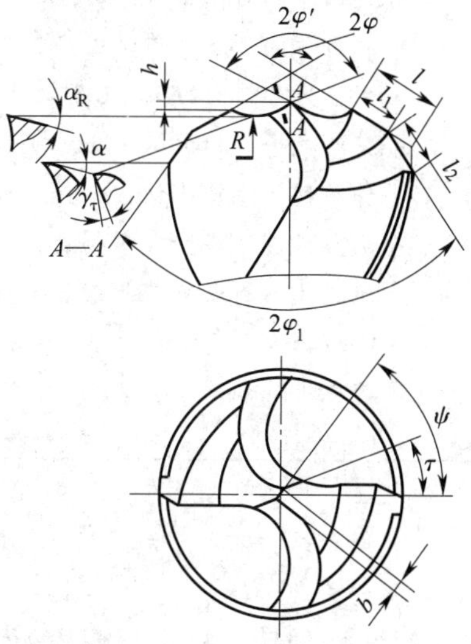	由于铸铁较脆，钻削时切屑呈碎块并夹杂着粉末，挤轧在钻头后面、刃带与工件之间，产生剧烈的摩擦，使钻头磨损。磨损几乎完全发生在刀具后面上，最严重的部位则是切削刃与刃带转角处的后面	（1）为了增大刀尖处的散热体积，磨出第二顶角，对直径较大的钻头可磨出第三顶角，从而提高钻头的寿命 （2）将后角磨得更大，比钻钢材的钻头大 3°～5°，并磨出第二重后角，增大后面与孔底间的容屑空间，有利于切削 （3）在刀尖处磨出 0.5 mm 左右的圆角，有利于提高加工质量 （4）横刃可磨得更短，为标准麻花钻的 1/7～1/5
钻削黄铜或青铜用群钻	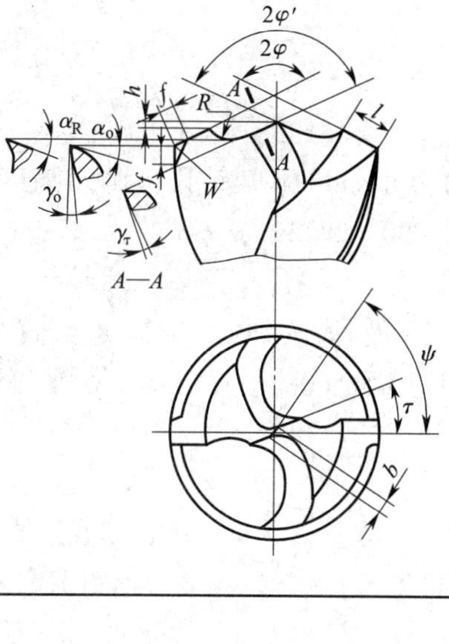	黄铜和青铜硬度较低，组织疏松，切削阻力较小，若采用较锋利的切削刃，会产生扎刀现象	（1）为避免扎刀现象，钻头外缘处的前角应磨小 （2）为提高生产率，横刃磨得更短 （3）主、副切削刃的交角处可磨成半径为 0.5～1 mm 的过渡圆弧，以降低钻孔表面粗糙度值

续表

名称	图示	工艺特点	刃磨要求
钻削薄板用群钻		在薄板工件上钻孔，不能用普通麻花钻。因为麻花钻的钻尖较高，当钻尖钻穿孔时，钻头立即失去定心作用，同时轴向力又突然减小，加上工件弹动，使钻头切削厚度突然增大，造成孔不圆或孔口毛边很大，甚至扎刀或折断钻头	（1）把麻花钻两主切削刃磨成圆弧形切削刃，形成锋利的两个刀尖，并比钻心刀尖略低 0.5 ~ 1.5 mm，形成三尖，加强定心作用 （2）可将横刃磨得更短，加强定心作用和提高生产率

4. 钻削时切削用量的选择

（1）切削用量三要素

如图 3—2—7 所示，钻削时的切削用量包括切削速度（v）、进给量（f）和背吃刀量（a_p）。

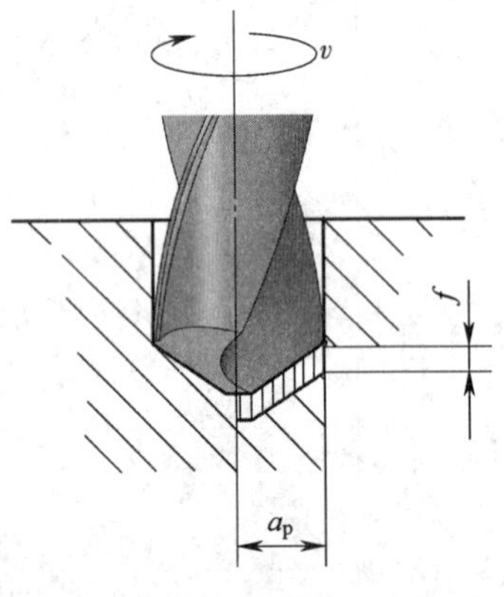

图 3—2—7　钻削时的切削用量

1）切削速度。指钻孔时钻头直径上一点的线速度，可由下式计算：

$$v = \frac{\pi d n}{1\ 000}$$

式中　v——切削速度，m/min；

d——钻头直径，mm；

n——钻床主轴转速，r/min。

例 3—2—1　钻头直径为 20 mm，以450 r/min的转速钻孔，其切削速度是多少？

解： $v = \pi dn/1\ 000 = 3.14 \times 20 \times 450/1\ 000 = 28.26$ m/min

答：钻头的切削速度为 28.26 m/min。

2）进给量。指主轴每转一转，钻头对工件沿主轴轴线的相对移动量，单位是 mm/r。

3）背吃刀量。指已加工表面与待加工表面之间的垂直距离。钻削时的背吃刀量为孔径的一半，即 $a_p = D/2$。

（2）切削用量的选择

钻孔时，由于背吃刀量已由孔径所定，所以只需选择切削速度和进给量。

对钻孔生产率的影响，切削速度 v 比进给量 f 大；对孔的表面粗糙度的影响，进给

量 f 比切削速度 v 大。综合以上影响因素，钻削时切削用量的选用原则是：在允许范围内，尽量先选较大的进给量 f，当 f 受到表面粗糙度和钻头刚度的限制时，再考虑选较大的切削速度 v。

具体选择切削用量时，应根据钻头直径、钻头材料、工件材料、加工精度及表面粗糙度等方面的要求，凭经验或参考表 3—2—4 和表 3—2—5 选取。

表 3—2—4　　高速钢麻花钻的进给量选择

钻头直径 d（mm）	≤3	>3～6	>6～12	>12～25	>25
进给量 f（mm/r）	0.025～0.05	>0.05～0.10	>0.10～0.18	>0.18～0.38	>0.38～0.62

表 3—2—5　　高速钢麻花钻的切削速度选择

加工材料	硬度 HBW	切削速度 v（m/min）	加工材料	硬度 HBW	切削速度 v（m/min）
低碳钢	100～125	27	可锻铸铁	110～160	42
	>125～175	24		>160～200	25
	>175～225	21		>200～240	20
中、高碳钢	125～175	22		>240～280	12
	>175～225	20	球墨铸铁	140～190	30
	>225～275	15		>190～225	21
	>275～325	12		>225～260	17
合金钢	175～225	18		>260～300	12
	>225～275	15	灰铸铁	100～140	33
	>275～325	12		>140～190	27
	>325～375	10		>190～220	21
铜合金	—	20～48		>220～260	15
铝合金	—	75～90		>260～320	9

5. 钻孔的操作要点

（1）钻孔前，要检查工件加工孔的位置和钻头刃磨是否正确，钻床转速是否合理。

（2）起钻时，先钻出一浅坑，观察钻孔位置是否正确，并要不断修正。

（3）钻孔时进给量要选择合理。

（4）为了提高钻头寿命和改善加工孔的表面质量，钻孔时要选择合适的切削液。钻削不同材料时选用的切削液见表 3—2—6。

表 3—2—6　　钻削不同材料时选用的切削液

工件材料	切削液
各类结构钢	3% ~5%乳化液，7%硫化乳化液
不锈钢、耐热钢	3%肥皂加 2%亚麻油水溶液，硫化切削油
纯铜、黄铜、青铜	不用；5% ~8%乳化液
铸铁	不用；5% ~8%乳化液，煤油
铝合金	不用；5% ~8%乳化液，煤油，煤油与菜油的混合油
有机玻璃	5% ~8%乳化液，煤油

6. 钻孔的安全生产要求

（1）操作钻床时不准戴手套，清除切屑时不准用手拿或用嘴吹碎屑，并尽量停车清除。

（2）工件要夹紧，钻孔将穿透时，必须减小进给力，以免造成钻头折断或发生事故。

（3）开动钻床前，应检查是否有钻夹头扳手或斜铁插在钻轴上。

（4）操作钻床时，头部不准与旋转的主轴靠得太近，钻床变速前应先停车。

（5）钻通孔时，工件下面必须垫上垫铁或使钻头对准工作台的槽，以免损坏工作台。

（6）清洁钻床或加注润滑油时，必须切断电源。

二、扩孔

用扩孔刀具对工件上原有的孔进行扩大加工的方法称为扩孔。标准扩孔钻的结构及扩孔原理如图 3—2—8 所示。

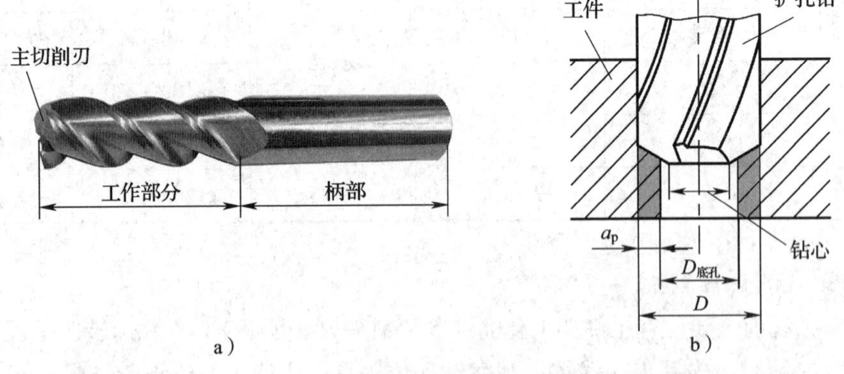

图 3—2—8　扩孔钻的结构及扩孔原理

a）扩孔钻结构　b）扩孔原理

1. 扩孔的特点

（1）扩孔钻因中心不切削，无横刃，切削刃只做成靠边缘的一段，避免了横刃切削所引起的不良影响。

（2）因扩孔产生的切屑体积小，不需大容屑槽，扩孔钻可加粗钻心，提高刚度，使切削平稳。

（3）由于容屑槽较小，扩孔钻可做出较多刀齿，增强了导向作用。一般整体式扩孔钻有 3 ~4 个主切削刃。

（4）扩孔时，背吃刀量较小，切屑易排出，切削阻力小。

（5）由于扩孔时的切削条件优于钻孔，因此当加工的孔径较大时，为了防止钻孔产生过多的热量造成工件变形或切削力过大，或更好地控制孔径尺寸，往往先钻出比图样要求小的孔，然后再把孔径扩大至要求。扩孔加工的精度可达 IT10 ~ IT9，表面粗糙度值可达 Ra12. 5 ~3. 2 μm，常作为孔的半精加工及铰孔前的预加工。

2． 扩孔的操作要点

（1）用扩孔钻扩孔时，底孔直径约为要求直径的 0. 5 ~0. 7 倍，进给量为钻孔时的 1. 5 ~2 倍，切削速度为钻孔时的 1/2。当采用手动进给时，进给量要均匀一致。

（2）在实际生产中，也常用麻花钻代替扩孔钻使用。一般用麻花钻扩孔时，底孔直径为要求直径的 0. 9 倍。

（3）用麻花钻扩孔时，应适当减小麻花钻的前角，以防扩孔时扎刀。

三、锪孔

1. 锪钻

用锪钻在孔口表面锪出一定形状的孔或表面的加工方法称为锪孔。锪孔时使用的刀具称为锪钻，一般用高速钢制造。按孔口的形状一般分为锥形锪钻、圆柱形锪钻和断面锪钻，可分别锪制锥形沉孔、圆柱形沉孔和凸台端面等。各种锪钻的形状及加工方法见表 3—2—7。

表 3—2—7　锪钻的形状及加工方法

孔口形状	锪钻类型	锪孔应用及要求
锥形沉孔	标准锥形锪钻	锪孔时锪钻锥角应与零件图样锥角一致，并保证孔口与孔中心线的垂直度。适用于埋头螺钉连接
	用麻花钻改制的锥形锪钻	

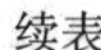
续表

孔口形状	锪钻类型	锪孔应用及要求
圆柱形沉孔	标准圆柱形锪钻	用麻花钻改制的平底锪钻锪孔时，必须先用普通麻花钻扩出一个台阶孔作导向，然后再用平底锪钻锪至要求深度，即按照“一钻、二扩、三锪”的顺序进行，如下图所示
	用麻花钻改制的圆柱形锪钻	
凸台端面	标准端面锪钻	将孔口端面锪平，并与孔中心线垂直，能使连接螺栓（或螺母）的端面与连接件保持良好接触，使连接可靠

2. 锪孔的操作要点

（1）锪孔时的进给量应为钻孔时的 2～3 倍，切削速度为钻孔时的 1/3～1/2。应尽量减小振动以获得较小的表面粗糙度值。

（2）当用麻花钻改磨成锪钻时，应尽量选用较短的钻头，并修磨外缘处的前面，使前角变小，以防振动和扎刀；还应磨出较小的后角，防止锪出多角形表面。

（3）锪钢材料的工件时，因切削热量大，应在导柱和切削表面上加注切削液。

第三节　铰　孔

用铰刀从工件孔壁上切除微量金属层，以获得较高的尺寸精度和较小的表面粗糙度值，这种对孔精加工的方法称为铰孔，如图 3—3—1 所示。铰刀是精度较高的多刃刀具，具有切削余量小、导向性好、加工精度高等特点。铰孔尺寸精度可达 IT9 ~ IT7 级，表面粗糙度值可达 *Ra*3.2 ~ 0.8 μm。

图 3—3—1　铰孔

一、铰刀

1. 种类

铰刀的种类繁多，常用的铰刀有手用整体圆柱铰刀、机用整体圆柱铰刀、手用可调节铰刀、螺旋槽铰刀、锥铰刀等，其特点及应用见表 3—3—1。

表 3—3—1　　常用铰刀的种类、特点及应用

种类	图示	特点及应用
手用整体圆柱铰刀		手用铰刀用 W6Mo5Cr4V2 或其他同等性能的高速钢制造，其工作部分硬度达 63 ~ 66HRC；也可用 9SiCr 或其他同等性能的合金工具钢制造，工作部分硬度达 62 ~ 65HRC。手用整体圆柱铰刀的切削部分较长，刀齿做成不均匀分布形式，铰孔时定心好、轴向力小，具有操作方便等特点，应用较为广泛
机用整体圆柱铰刀		机用铰刀用 W6Mo5Cr4V2 或其他同等性能的高速钢制造，其工作部分硬度达 63 ~ 66HRC，分直柄和莫氏锥柄两种。其切削锥角较大，校准部分较短，刀齿做成均匀分布形式

续表

种类	图示	特点及应用
手用可调节铰刀		调节两端螺母可使刀条沿刀体中的斜槽做轴向移动，以改变铰刀的直径。适用于修配、单件生产以及特殊尺寸（非标）情况下铰削通孔
螺旋槽铰刀		螺旋槽铰刀的切削刃沿螺旋线分布，铰孔时切削平稳，铰出的孔壁光滑。铰刀的螺旋槽方向一般是左旋，以避免铰削时因铰刀顺时针转动而产生自动旋进现象，同时还能使铰下的切屑容易排出孔外。常用于铰削带有键槽的孔，可防止铰孔时键槽勾住刀刃
锥铰刀		用于铰削圆锥孔。按锥度分为 1∶10 锥铰刀、1∶30 锥铰刀、1∶50 锥铰刀和莫氏锥铰刀。由于锥铰刀的刀刃全部参加切削，其负荷较大，铰削费力，因此，对于锥度比较大的铰刀分为多支一套，其中粗铰刀的刀刃上开有螺旋形分布的分屑槽，以减轻铰削负荷

2．结构

如图 3—3—2 所示，铰刀（以整体式圆柱铰刀为例）由柄部和刀体组成。刀体是铰刀的主要工作部分，它包含导锥、切削锥和校准部分。导锥用于将铰刀引入孔中，不起切削作用；切削锥承担主要的切削任务；校准部分有圆柱刃带，主要起定向、修光孔壁、保证铰孔直径等作用。为了减小铰刀和孔壁的摩擦，校准部分直径有倒锥度。铰刀齿数一般为 4 ~ 8 齿，为测量直径方便，多采用偶数齿。

3．规格参数

铰刀的规格用切削直径表示，即紧接切削锥之后的铰刀直径。对于常备标准铰刀的直径公差按 m6 制造。另外，国家标准还规定了加工 H7、H8、H9 级孔的铰刀直径公差。手用和机用整体式圆柱铰刀的优先采用系列以及铰刀直径公差参数见附表 2。

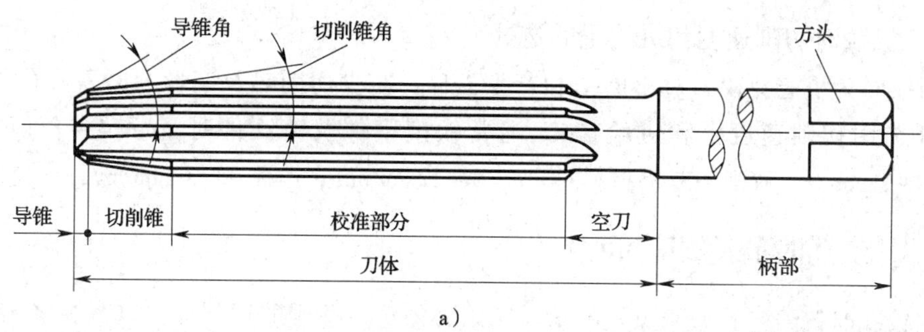

a）

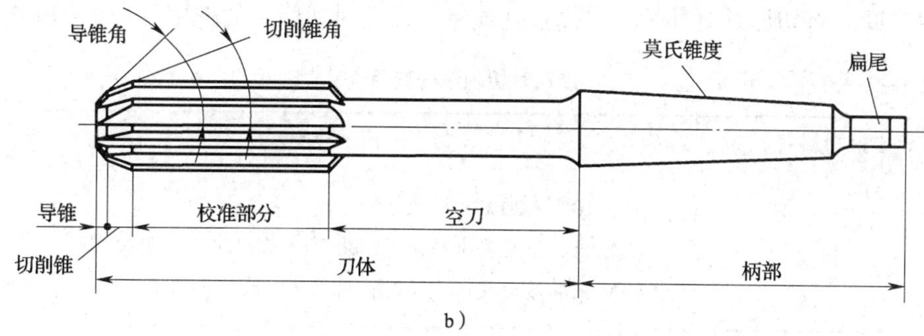

b）

图 3—3—2 整体式圆柱铰刀结构

a）手用 b）机用

知识拓展

实践中，铰孔的尺寸精度取决于很多因素，这些因素包括：

(1) 被加工材料的种类和加工余量。

(2) 铰刀的切削角度。

(3) 铰刀使用时的条件。

(4) 装夹和操作方法。

(5) 润滑情况。

二、铰孔时切削用量的选择

1. 铰削余量的选择

铰削余量是由上道工序（钻孔或扩孔）留下来在直径方向的加工余量。铰削余量太大，会使切削刃负荷增大，变形增大，被加工表面呈撕裂状态，同时加剧铰刀磨损；铰削余量太小，上道工序所留下的切削刀痕不能全部去除，达不到铰孔精度要求。因此，铰削余量的选择直接影响铰削精度和表面粗糙度。铰削余量的选择见表 3—3—2。

表 3—3—2 铰削余量的选择 mm

铰孔直径	<5	5 ~ 20	21 ~ 32	33 ~ 50	51 ~ 70
铰削余量	0.1 ~ 0.2	0.2 ~ 0.3	0.3	0.5	0.8

2. 机铰时切削速度和进给量的选择

机铰时为了避免铰刀过早磨损和产生刀瘤，减少切削热及变形，提高铰孔质量，应合理选用切削速度 v 和进给量 f。通常铰削钢件及铸铁件时，$v=4\sim8$ m/min，$f=0.5\sim1$ mm/r；铰削铜或铝材料时，$v=8\sim12$ m/min，$f=1\sim1.2$ mm/r。

三、铰孔时的冷却与润滑

因铰孔时铰刀与孔壁摩擦较严重，所以必须选用适当的切削液，以减少摩擦和利于散热，同时将切屑及时冲掉，提高铰孔质量。铰孔时切削液的选用见表3—3—3。

表3—3—3　铰孔时切削液的选用

工件材料	切削液类型
钢	（1）10%～20%乳化液 （2）铰孔质量要求较高时，用30%菜油加70%肥皂水 （3）铰孔质量要求更高时，用菜油、柴油、猪油
铸铁	（1）不用 （2）煤油（会引起孔径缩小，最大收缩量0.04 mm） （3）低浓度乳化液
铝	煤油
铜	乳化液

四、铰孔的操作要点

（1）工件要夹正，两手用力要平衡，速度要均匀，铰刀不得摇摆，以保持铰削的稳定性，避免出现喇叭口或将孔径扩大。

（2）铰孔时，不论进刀还是退刀都不能反转。因为反转会使切屑卡在孔壁与刀齿后面形成的楔形腔内，将孔壁刮毛，甚至挤崩刀刃。

（3）铰削钢件时，要经常清除粘在刀齿上的积屑，并可用油石修光刀刃，以免孔壁被拉毛。

（4）铰削过程中如果铰刀被卡住，不能硬扳转铰刀，以防损坏铰刀，而应略反转取出铰刀，清除切屑，检查铰刀，加注切削液。继续铰削时要缓慢进给，以防再次卡刀。

（5）机铰时，应使工件一次装夹进行钻、扩、铰，以保证铰刀中心线与钻孔中心线同轴。铰孔完成后，要待铰刀退出后再停车，以防将孔壁拉出痕迹。

（6）铰削尺寸较小的圆锥孔时，可先按小端直径钻出底孔，并留出铰削余量，然后用锥铰刀铰削。对于锥度比较大或径向和深度较大的圆锥孔，为减小切削余量及刀齿负荷，铰孔前可先钻出阶梯孔，然后再用锥铰刀铰削。铰削过程中要经常用相配的锥销来检查铰孔尺寸。

五、铰孔的安全生产要求

（1）铰刀是精加工工具，刀刃较锋利，刀刃上如有毛刺或切屑粘附，不可用手清除，应用油石小心地磨去。

（2）铰圆柱通孔时，铰刀夹持要牢，以免铰刀跌落而损坏。

（3）铰刀使用完毕要擦净并涂上机油；放置时保护好刀刃，防止与硬物碰撞而损坏。

第四节 螺纹加工

一、攻螺纹

用丝锥在工件孔中切削出内螺纹的加工方法称为攻螺纹，如图 3—4—1 所示。按其操作方法分为手工攻螺纹（简称手攻）和机械攻螺纹（简称机攻）两种。

a） b）

图 3—4—1 攻螺纹

1. 丝锥

（1）种类

丝锥的种类很多，模具钳工常用丝锥的种类、特点及应用见表 3—4—1。

（2）结构

丝锥由柄部和工作部分组成，如图 3—4—2 所示。柄部起夹持和传递扭矩作用。在工作部分上沿轴向开有几条容屑槽，以形成锋利的切削刃。工作部分前段为切削锥，起切削和引导作用；后段为校准部分，可修整螺纹牙型。为了减小牙侧的摩擦，在校准部分的直径上略有倒锥。

表 3—4—1　　　　　　　　常用丝锥的种类、特点及应用

<table>
<tr><th colspan="3">种类</th><th>图示</th><th>特点及应用</th></tr>
<tr><td rowspan="4">普通螺纹丝锥</td><td rowspan="2">手用</td><td>等径</td><td>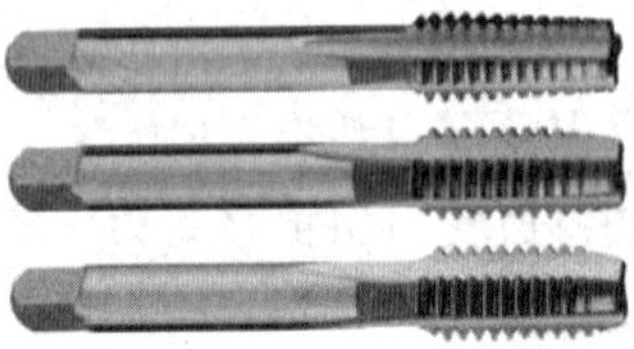
初锥
中锥
底锥</td><td>手用丝锥的螺纹部分通常用 9SiCr、T12A 或同等性能的其他牌号合金工具钢、碳素工具钢制造。公称直径 $d \leqslant 3$ mm 的硬度达 664HV，公称直径 3 mm $< d \leqslant 6$ mm 的硬度达 60HRC，公称直径 $d > 6$ mm 的硬度达 61HRC。主要用于一般螺纹连接的螺纹加工，应用最为广泛</td></tr>
<tr><td>不等径</td><td>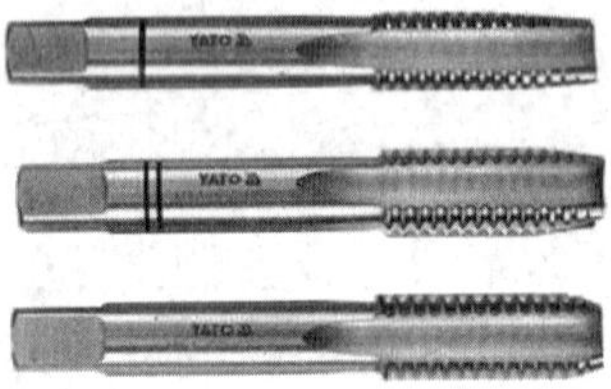
头锥
二锥
精锥</td><td>在头锥上标记一条圆环，二锥上标记两条圆环，或标记顺序号Ⅰ、Ⅱ。使用时必须按头锥、二锥、精锥顺序进行。主要用于直径较小或直径较大以及螺纹精度要求较高的场合</td></tr>
<tr><td rowspan="2">机用</td><td>直槽</td><td></td><td rowspan="2">普通机用丝锥用 W6Mo5Cr4V2 或同等性能的其他牌号高速钢制造，硬度达 62～63HRC；高性能机用丝锥用 W2Mo9Cr4VCo8 或同等性能的其他牌号高性能高速钢制造，硬度达 65HRC。机用丝锥一般为单支，其切削部分较短，夹持部分与工作部分的同轴度较好，多为细牙丝锥。螺旋槽丝锥的特点是便于排屑</td></tr>
<tr><td>螺旋槽</td><td></td></tr>
<tr><td colspan="3">管螺纹丝锥</td><td>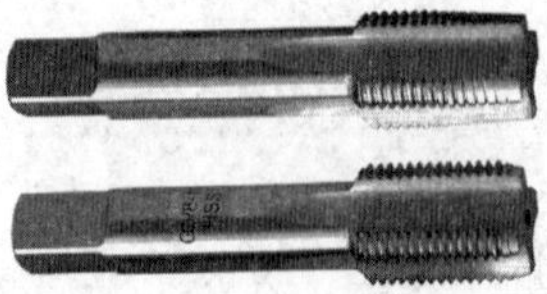</td><td>用于管螺纹加工</td></tr>
<tr><td colspan="3">锥管螺纹丝锥</td><td>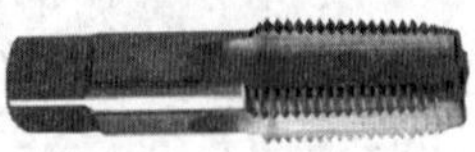</td><td>主要用于有密封要求的锥管螺纹加工</td></tr>
</table>

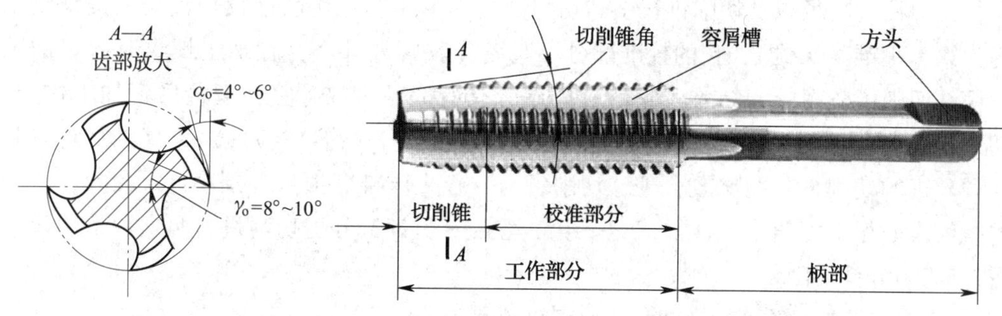

图 3—4—2 手用丝锥的结构

（3）成组丝锥切削量的分配

攻螺纹时，为了减小切削力，延长丝锥寿命，一般将整个切削量分配给几支丝锥来承担。通常 M6 ~ M24 丝锥每组有两支，M6 以下及 M24 以上的丝锥每组有三支，细牙螺纹丝锥每组有两支。

成组丝锥切削量的分配形式有锥形分配和柱形分配两种，如图 3—4—3 所示。

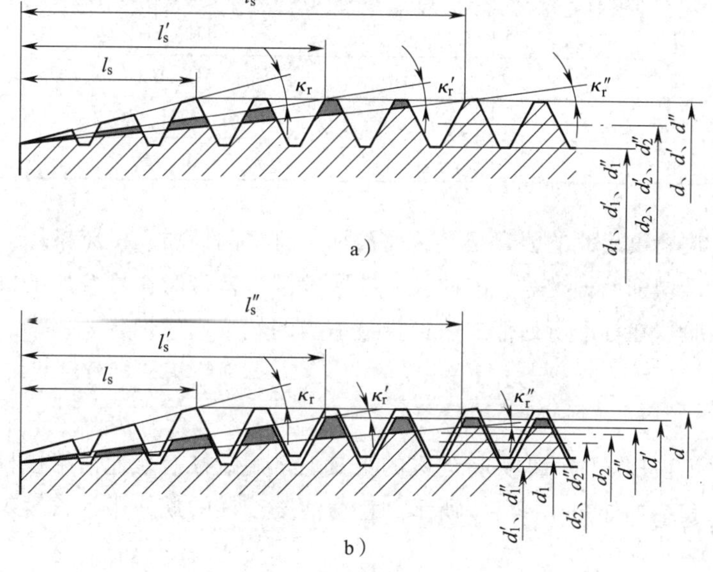

图 3—4—3 成组丝锥切削量分配形式

a）锥形分配 b）柱形分配

1）锥形分配（等径丝锥）。如图 3—4—3a 所示，在成组丝锥中，各支丝锥的大径、中径、小径均相等，仅切削锥的长度及切削锥角不等。切削锥较长且切削锥角较小的为初锥，在通孔中攻螺纹可一次加工完成螺纹成品尺寸；切削锥较短的为底锥，它只起修整螺尾的作用；切削锥长度介于初锥和底锥之间的为中锥，具有单支丝锥的功能。

2）柱形分配（不等径丝锥）。如图 3—4—3b 所示，在成组丝锥中，各支丝锥的大径、中径、小径以及切削锥长度和切削锥角均不相等。切削锥较长且切削锥角较小的为第一粗锥（头锥），它的校准部分不具备完整螺纹牙型，在加工螺纹时起粗加工作用；切削锥较短的为精锥，它的校准部分具有完整螺纹牙型，起最后精加工作用；切削锥长度介于第一粗锥和精锥之间的为第二粗锥（二锥），起第二次粗加工作用。这种丝锥的切削量分配比较合理，切削省力，各支丝锥磨损量差别小，寿命长，攻制的螺纹表面粗糙度值小。通常三支一组的丝锥按 6:3:1 分担切削量，两支一组的丝锥按7.5:2.5分担切削量。

（4）普通螺纹丝锥的规格参数及螺纹公差带

丝锥的规格参数主要包括螺纹的公称直径和螺距。丝锥标准直径和螺距系列见附表3。

普通螺纹丝锥的螺纹中径（d_2）公差带有四种，即 H1、H2、H3 和 H4，可分别加工精度要求不同的内螺纹。各种中径公差带的丝锥所能加工的内螺纹公差带见表 3—4—2。

表 3—4—2　各种中径公差带的丝锥所能加工的内螺纹公差带（摘自 GB/T 968—2007）

丝锥公差带代号	适用于内螺纹公差带代号
H1	4H、5H
H2	5G、6H
H3	6G、7H、7G
H4	6H、7H

由于影响攻螺纹尺寸的因素很多，如被加工材料的性质、机床条件、丝锥装夹方法、切削速度、切削液种类等。因此，在选取丝锥公差带时，可按加工条件根据生产经验或通过实验，在标准所列范围内选择最适当的丝锥。丝锥各公差带的极限偏差值参见附表4。

2. 铰杠

铰杠是手工攻螺纹时用来夹持丝锥的工具。常用铰杠有普通活络铰杠和丁字形活络铰杠两种，其结构如图 3—4—4 所示。普通活络铰杠的规格用其长度表示，其适用范围见表 3—4—3。

3. 攻螺纹前底孔直径与孔深的确定

（1）底孔直径的确定

攻螺纹时，丝锥对金属层有较强的挤压作用，使攻出螺纹的小径小于底孔直径，如果螺纹牙顶与丝锥牙底没有足够的材料变形空间，丝锥将会被挤压出来的材料箍住，甚至出现螺纹“烂牙”或折断丝锥现象，如图 3—4—5 所示。因此，攻螺纹之前的底孔直径应稍大于螺纹小径，但底孔直径又不宜过大，否则会使攻出的螺纹牙型不完整，影响使用强度。

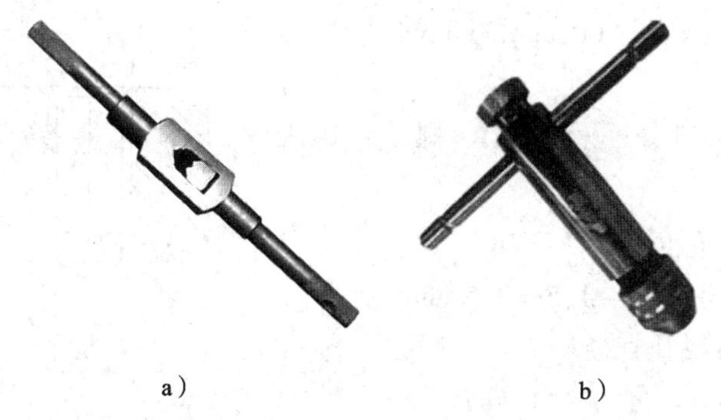

a） b）

图 3—4—4 铰杠种类

a）普通活络铰杠 b）丁字形活络铰杠

表 3—4—3 普通活络铰杠的规格及适用范围

铰杠规格（mm）	150	220	280	380	480
夹持丝锥范围	M5 ~ M8	M8 ~ M12	M12 ~ M14	M14 ~ M16	M16 ~ M22

1）攻制钢件或塑性较大材料时，底孔直径的计算公式为：

$$D_{孔}=D-P$$

式中 $D_{孔}$——螺纹底孔直径，mm；

D——螺纹公称直径，mm；

P——螺距，mm。

2）攻制铸铁件或塑性较小材料时，底孔直径的计算公式为：

$$D_{孔}=D-（1.05\sim1.1）P$$

式中 $D_{孔}$——螺纹底孔直径，mm；

D——螺纹公称直径，mm；

P——螺距，mm。

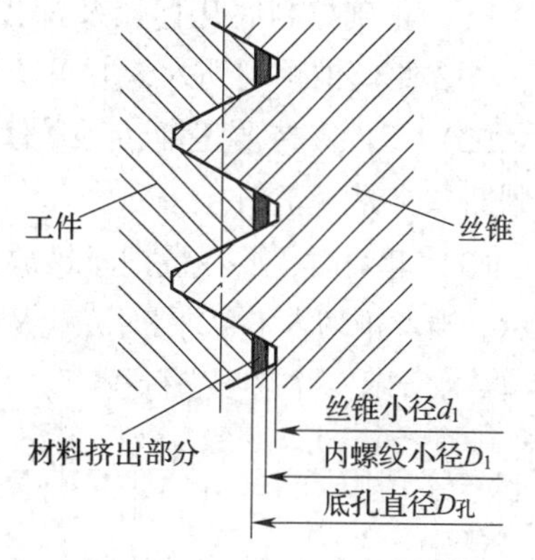

图 3—4—5 材料产生塑性变形示意图

用于普通螺纹的麻花钻直径及常用螺纹公差带的小径极限值也可从附表 5 中查出。

（2）底孔深度的确定

攻盲孔螺纹时，由于丝锥的切削锥部分不能攻出完整的螺纹牙型，所以钻孔深度要大于螺纹的有效长度，如图 3—4—6 所示。

钻孔深度的计算式为：

$$H_{孔}=h_{有效}+0.7D$$

式中 $H_{孔}$——底孔深度，mm；

$h_{有效}$——螺纹有效长度，mm；

D——螺纹公称直径，mm。

例 3—4—1 在钢件和铸铁件上分别攻 M10 螺纹的底孔直径各为多少？若攻盲孔

螺纹，其螺纹有效深度为 60 mm，则底孔深度为多少？

解：查附表 3 可知，对于 M10 螺纹，螺距 $P=1.5$ mm。

钢件攻螺纹底孔直径：

$$D_{孔}=D-P=10-1.5=8.5\ \text{mm}$$

铸铁件攻螺纹底孔直径：

$$\begin{aligned}D_{孔}&=D-(1.05\sim1.1)P\\&=10-(1.05\sim1.1)\times1.5\\&=(8.425\sim8.35)\ \text{mm}\end{aligned}$$

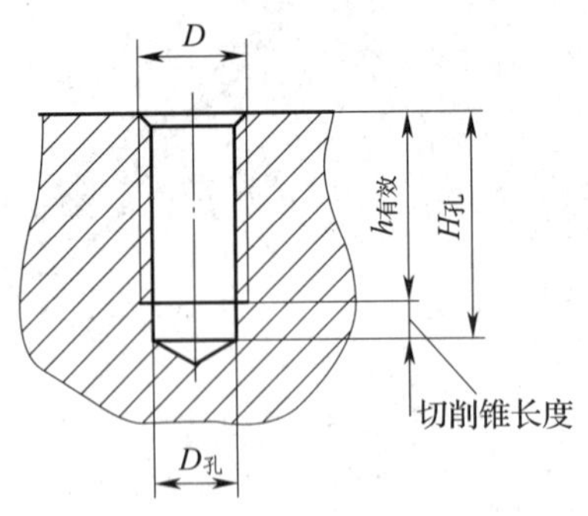

图 3—4—6　钻孔深度示意图

取 $D_{孔}=8.4$ mm（按钻头直径标准系列取一位小数）。

底孔深度：

$$H_{孔}=h_{有效}+0.7D=60+0.7\times10=67\ \text{mm}$$

4. 攻螺纹的操作要点

（1）正确控制底孔直径及深度，并在孔口倒角，倒角直径可略大于螺纹公称直径，以方便丝锥顺利切入，并可防止孔口挤出毛刺。通孔螺纹两端均倒角。

（2）工件夹持要正确，尽量使底孔中心线或孔口表面置于铅垂或水平位置，以便于判断丝锥是否歪斜。

（3）起攻时，要尽量把丝锥放正，然后对丝锥施加压力并转动铰杠，如图 3—4—7 所示。当丝锥切入 1 ~ 2 圈时，应从不同的方向仔细检查丝锥与工件表面的垂直度，如图 3—4—8 所示，并逐步进行校正。

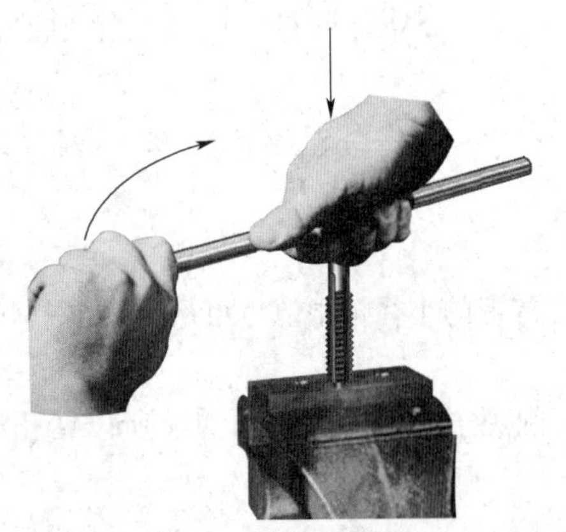

图 3—4—7　起攻方法

图 3—4—8　垂直度检查方法

（4）丝锥切入 3 ~ 4 圈时，只需两手均匀用力转动铰杠，不应再对丝锥施加压力，否则螺纹牙型将被损坏。每扳转铰杠 1/2 ~ 1 圈，就应倒转 1/4 ~ 1/2 圈，使切屑碎断后容易排出，并可减少因切削刃粘屑而使丝锥卡住的现象。

（5）攻盲孔螺纹时，要经常退出丝锥，清除孔内切屑。

（6）攻塑性材料的螺纹时，要加注切削液，一般用机油或浓度较大的乳化液，精度要求较高的螺纹可用菜油或二硫化钼等，攻不锈钢材料的螺纹时，可用32号L—AN全损耗系统用油或硫化油。

（7）攻螺纹过程中换用后一支丝锥时，要先用手将丝锥旋入已攻出的螺纹中，以防产生乱牙。

（8）机攻时，丝锥与底孔要保持同轴。

（9）机攻时，丝锥的校准部分不能全部伸出工件，否则在反车退出丝锥时会产生乱牙。

二、套螺纹

用板牙在外圆柱面（或外圆锥面）上切削出外螺纹的加工方法称为套螺纹，如图3—4—9所示。

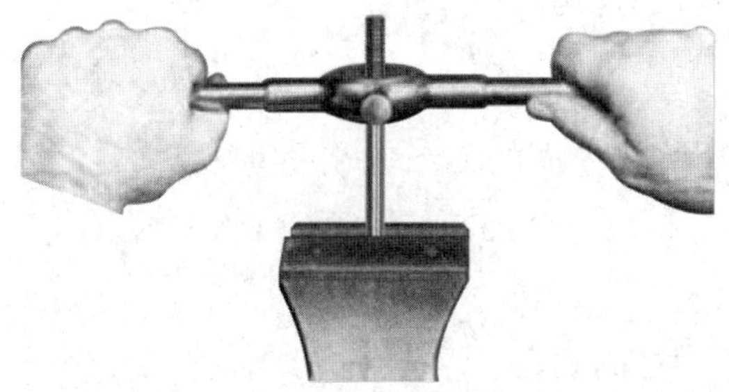

图3—4—9　套螺纹

1. 套螺纹用的工具

（1）圆板牙

圆板牙是加工外螺纹的刀具，用9SiCr或同等性能的其他牌号合金工具钢制造，其螺纹部分的硬度不低于60HRC，也可用W6Mo5Cr4V2或同等性能的其他牌号高速钢制造，硬度不低于61HRC。

圆板牙由切削锥、校准部分和容屑孔组成，其结构如图3—4—10所示。在两端面

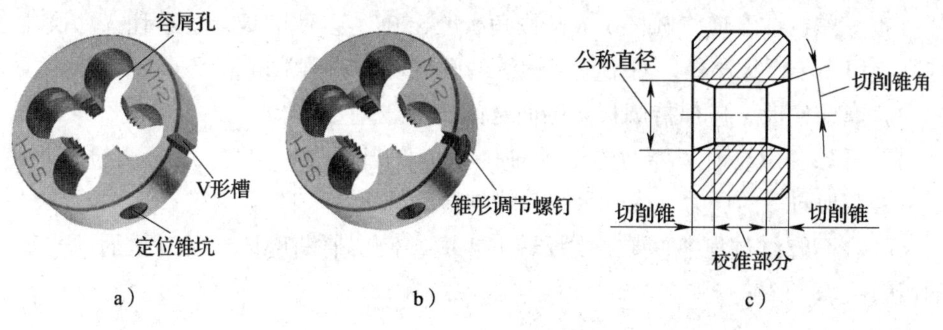

图3—4—10　圆板牙

a）整体圆板牙　b）径向可调圆板牙　c）工作部分结构

处成锥形的螺纹部分为切削锥，起切削和引导作用；中间一段为具有完整牙型的校准部分。因此，圆板牙正、反均可使用。

常用的圆板牙有整体圆板牙和可调圆板牙。其中，可调圆板牙又分为径向可调圆板牙和切向可调圆板牙两种。在整体圆板牙的圆周上开一 V 形槽，其作用是当圆板牙磨损使螺纹直径变大后，可沿该 V 形槽磨开，借助圆板牙架上的两调整螺钉进行螺纹直径的微量调节，以延长圆板牙的使用寿命。

（2）圆板牙架

圆板牙架是装夹圆板牙的工具，其结构如图 3—4—11 所示。圆板牙放入后，用螺钉定位紧固。

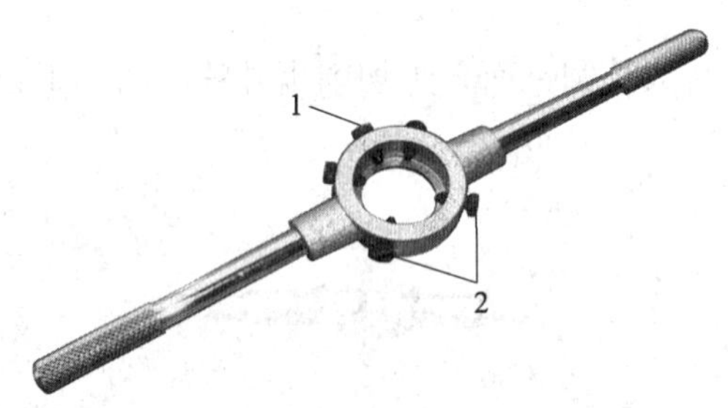

图 3—4—11　圆板牙架

1—紧固螺钉　2—调节螺钉

2. 套螺纹前圆杆直径的确定

套螺纹时，由于圆板牙切削锥对材料有挤压作用，其牙顶将被挤高，所以圆杆直径应小于螺纹公称直径，一般可按下列经验公式来确定：

$$d_{杆} = d - 0.13P$$

式中　$d_{杆}$——套螺纹前圆杆直径，mm；

d——螺纹公称直径，mm；

P——螺距，mm。

套螺纹的圆杆直径也可从附表 6 中查出。

3. 套螺纹的操作要点

（1）套螺纹前，应将圆杆切入端倒角 15°～20°，以便圆板牙容易切入，圆锥的最小直径应稍小于螺纹小径。对于重要螺纹的圆杆切入端通常倒角 45°。

（2）套螺纹时，应保持圆板牙端面与圆杆轴线垂直。

（3）开始套螺纹时，要适当施加轴向压力，当切入 1～2 牙后再次检验垂直度，然后不再施加向下的压力，两只手用力均匀转动圆板牙架即可。

（4）在套螺纹过程中，要经常反转 1/4 圈，使切屑断碎以便及时排屑，并加注合适的切削液。

模具钳工精加工

第一节　常用精密测量器具

一、指示表

指示表是指利用机械传动系统，将测杆的直线位移转变为指针在度盘上的角位移，并由度盘进行读数的测量器具。其中，分度值为 0.01 mm 的称为百分表，分度值为 0.001 mm 和 0.002 mm 的称为千分表。指示表属于长度类指示式测量器具，常用来测量工件的尺寸、形状和位置误差。

1. 百分表

（1）结构

百分表的结构如图 4—1—1 所示，主要由测头、测杆、大齿轮、小齿轮、指针、度盘、表圈等组成。

（2）标记原理

百分表测杆的周节是 0.625 mm。当测杆上升 16 齿时（即上升 $0.625\times16=10$ mm），16 齿的小齿轮正好转 1 周，与之同轴的大齿轮（$z=100$）也转 1 周，就带动齿数为 10 的小齿轮和长指针转 10 周。当测杆移动 1 mm 时，长指针转一周。由于度盘上共等分 100 格，所以长指针每转一格，表示测杆移动 0.01 mm，故百分表的分度值为 0.01 mm。

2. 指示表使用注意事项

（1）根据被测工件的精度要求，合理选用指示表的分度值（百分表或千分表）。

（2）使用前，应检查测杆活动的灵活性。轻轻推动测杆时，测杆在套筒内的移动要灵活，没有任何阻滞现象；每次手松开后，指针能回到原来的标记位置。

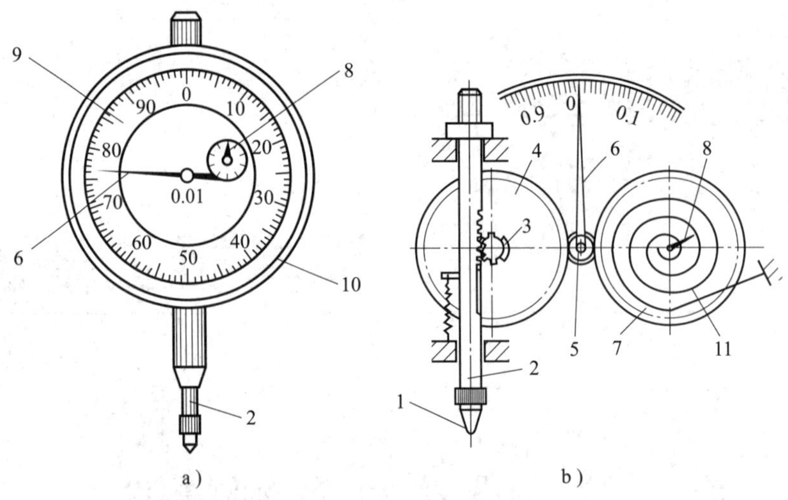

图 4—1—1　百分表的结构

a）外形　b）传动原理

1—测头　2—测杆　3—小齿轮（$z=16$）　4、7—大齿轮（$z=100$）

5—小齿轮（$z=10$）　6—指针　8—转数指针　9—度盘　10—表圈　11—拉簧

（3）使用时，必须把百分表固定在表架或可靠的夹持架上，切不可贪图省事随便夹在不稳固的地方，否则容易造成测量结果不准确或摔坏百分表。

（4）测量时，不要使测杆的行程超过百分表的测量范围，不要使测头突然撞到工件上，也不要用百分表测量表面粗糙或有显著凹凸不平的工件。

（5）测量平面时，百分表的测杆要与被测平面垂直；测量圆柱形工件时，测杆要与工件的中心线垂直。否则，将使测杆活动不灵，测量结果不准确。

（6）为方便读数，在测量前一般将指针与度盘的“0”标记对齐。

（7）测量过程中，尽量不使测头做过多无效的运动，否则会加快零件磨损。

（8）百分表不用时，应使测杆处于自由状态，以免使表内弹簧失效。

二、杠杆指示表

杠杆指示表是指利用机械传动系统，将杠杆测头的摆动位移转变为指针在度盘上的角位移，并由度盘进行读数的测量器具。其中，分度值为 0.01 mm 的称为杠杆百分表，分度值为 0.001 mm 和 0.002 mm 的称为杠杆千分表。杠杆指示表属于长度类指示式测量器具，常用来测量工件的尺寸、形状和位置误差。

1. 杠杆百分表的结构

杠杆百分表的结构如图 4—1—2 所示，主要由表体、杠杆测头、扇形齿轮、圆柱齿轮、端面齿轮、指针、度盘、表圈等组成。

为了使用方便，杠杆百分表除有图 4—1—2 所示的正面式外，目前还有侧面式和端面式等，如图 4—1—3 所示。

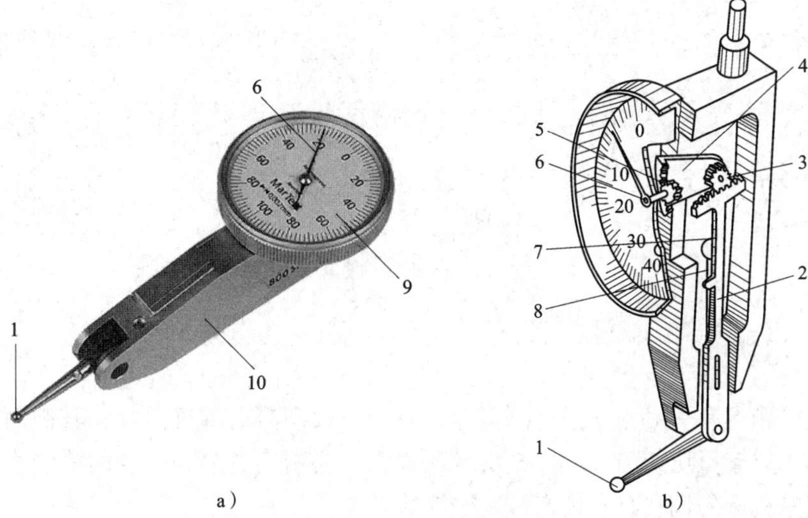

图 4—1—2 杠杆百分表的结构

a）外形 b）内部结构

1—杠杆测头 2—扇形齿轮 3、5—圆柱齿轮 4—端面齿轮 6—指针 7—换向杆 8—钢丝 9—度盘 10—表体

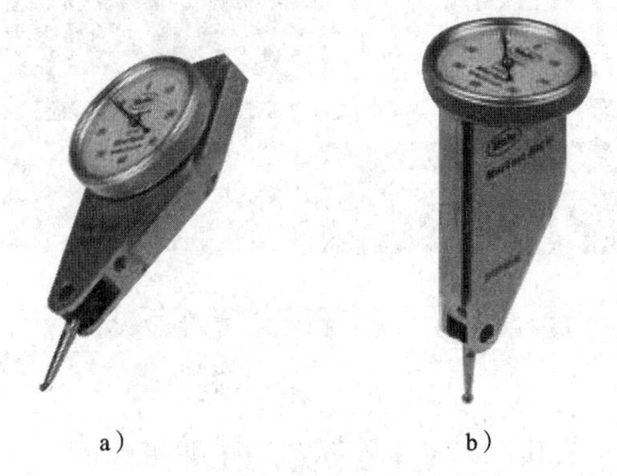

图 4—1—3 杠杆百分表的形式

a）侧面式 b）端面式

2. 杠杆指示表的特点及应用

由于杠杆指示表体积较小，杠杆测头的倾斜角度可调，且可变换测量方向，所以主要应用在普通指示表无法使用的场合。它是模具钳工在装配与修理中常用的测量器具之一。但杠杆指示表因受结构限制，其量程较小，一般分度值为 0.01 mm 的杠杆百分表量程不超过 1.6 mm，分度值为 0.001 mm 和 0.002 mm 的杠杆千分表量程不超过 0.4 mm。

由于杠杆指示表具有两个方向的测量功能，因此，度盘上的标尺标记与普通指示表不同，一般呈对称标记，如图 4—1—4 所示。

使用杠杆指示表时，尽量将测杆轴线调整至被测尺寸线的垂直位置。对于平面工件，测杆轴线应平行于被测平面；对于圆柱形工件，测杆轴线要与过被测母线的相切面平行，否则会产生较大误差。

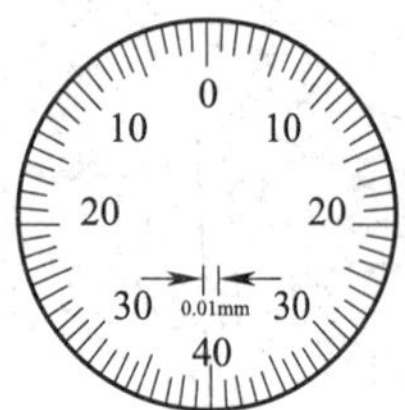

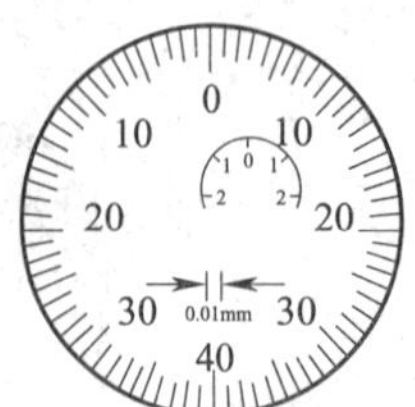

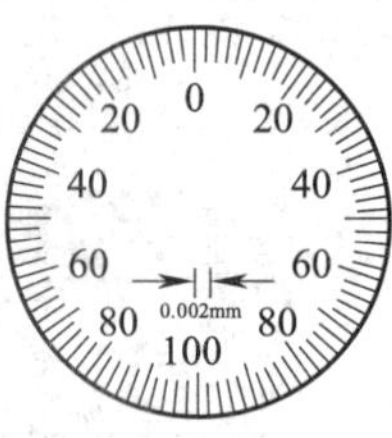

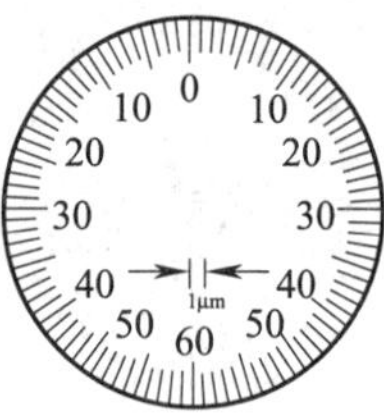

图 4—1—4　杠杆指示表的度盘形式

三、量块

量块是指具有一对相互平行测量面，且两平面间具有准确尺寸，其截面为矩形的实物量具，成套量块如图 4—1—5 所示。量块主要用于量具和量仪的检验校正、精密划线和精密机床的调整以及较高精度零件的测量。

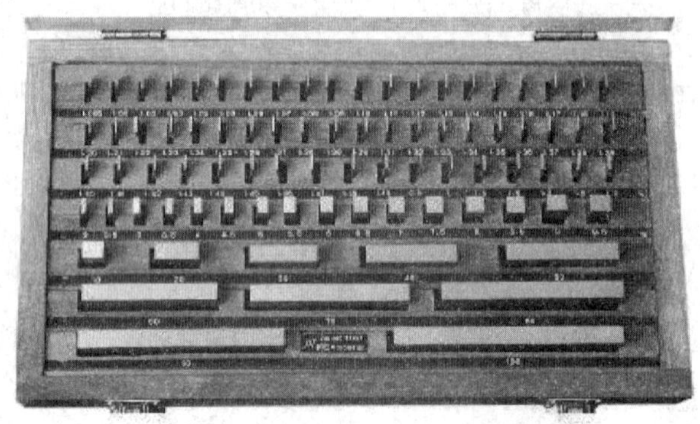

图 4—1—5　成套量块

1. 结构及分类

如图 4—1—6 所示，量块有两个工作面和四个非工作面。工作面（即测量面）是一对相互平行而且平面度误差及表面粗糙度值极小的平面，具有较好的研合性，其准确度等级分为 K 级、0 级、1 级、2 级和 3 级共五个级别（K 级最高，3 级最低）。按量块的材质分为钢制量块、硬质合金量块和陶瓷量块等。

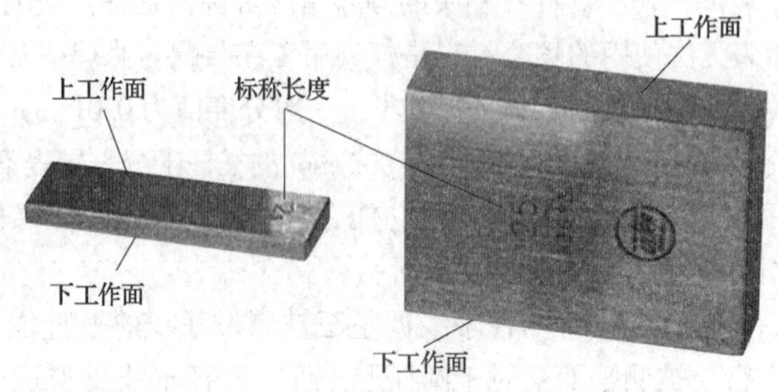

图 4—1—6　量块结构

2. 应用

为了便于使用和管理，量块一般成套装在特制的木盒中。常用成套量块的标称长度和块数见表 4—1—1。

表 4—1—1　常用成套量块的标称长度和块数（摘自 GB/T 6093—2001）

套别	总块数	级别	尺寸系列（mm）	间隔（mm）	块数
1	91	0，1	0.5	—	1
			1	—	1
			1.001，1.002，…，1.009	0.001	9
			1.01，1.02，…，1.49	0.01	49
			1.5，1.6，…，1.9	0.1	5
			2.0，2.5，…，9.5	0.5	16
			10，20，…，100	10	10
2	83	0，1，2	0.5	—	1
			1	—	1
			1.005	—	1
			1.01，1.02，…，1.49	0.01	49
			1.5，1.6，…，1.9	0.1	5
			2.0，2.5，…，9.5	0.5	16
			10，20，…，100	10	10
3	46	0，1，2	1	—	1
			1.001，1.002，…，1.009	0.001	9
			1.01，1.02，…，1.09	0.01	9
			1.1，1.2，…，1.9	0.1	9
			2，3，…，9	1	8
			10，20，…，100	10	10
4	38	0，1，2	1	—	1
			1.005	—	1
			1.01，1.02，…，1.09	0.01	9
			1.1，1.2，…，1.9	0.1	9
			2，3，…，9	1	8
			10，20，…，100	10	10

利用量块的研合性，把不同标称长度的量块进行组合，可得到所需要的尺寸。为了工作方便，减少积累误差，选用量块时应尽可能选用最少的组合块数，一般情况下不超过五块。选取时，应根据所需组合的尺寸，从最后一位数字开始，每选一块，至少减少组合尺寸的一位数字，以此类推，直至组合成完整的尺寸。

例如，所需尺寸为48.245 mm，从83块一套的盒中选取：

48.245	组合尺寸
− 1.005	第一块量块标称长度
47.24	
− 1.24	第二块量块标称长度
46	
− 6	第三块量块标称长度
40	第四块量块标称长度

即选用1.005 mm、1.24 mm、6 mm、40 mm量块共四块。

3. 使用时的注意事项

（1）量块属精密量具，应轻拿轻放，在桌上放置量块时只允许非工作表面与桌面接触。

（2）组合量块时，为了减少累积误差，应选用最少的块数组合。

（3）测量时应注意灰尘和温度对测量精度的影响。

（4）用完后的量块应及时擦净，涂上凡士林后，放入盒中。

（5）为了保持量块的精度，一般不允许用量块直接测量工件，尽量用护块接触工件。

四、正弦规

正弦规是指根据正弦函数原理，利用量块的组合尺寸，以间接方法测量角度或锥度的测量器具。

模具钳工常用的是普通正弦规，即具有平台工作面和直径相同且轴线相互平行的两个支承圆柱所组成的正弦规，如图4—1—7所示。正弦规的规格用两圆柱中心距L表示，常用的有100 mm和200 mm两种。其准确度等级分为0级和1级。

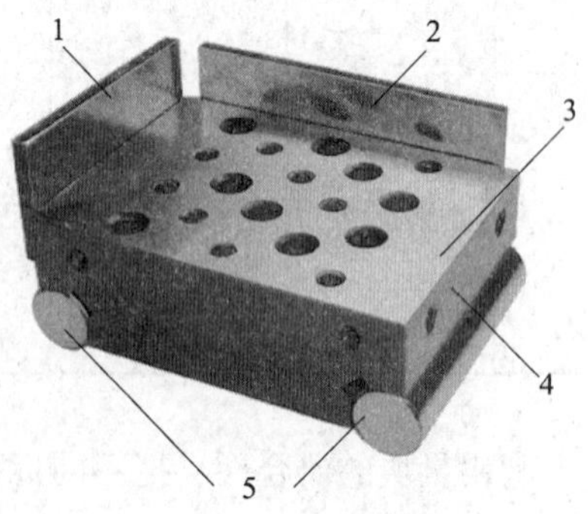

图4—1—7 正弦规结构

1—前挡板 2—侧挡板 3—工作面 4—主体 5—圆柱

如图4—1—8所示，使用时，将正弦规放置在精密平板上，工件放在正弦规的工作台面上，在正弦规的一个圆柱下面垫上一组量块（量块组的高度根据被测工件的角度或锥度通过计算获得），然后用指示表（或测微仪）测量工件两端的高度差。若两端高度相等，说明工件测量面与平板平行，此时工件的角度或锥度与计算值一致；否则说明工件的角度或锥度与计算值存在一定误差。

所需量块组的高度可按下式计算：

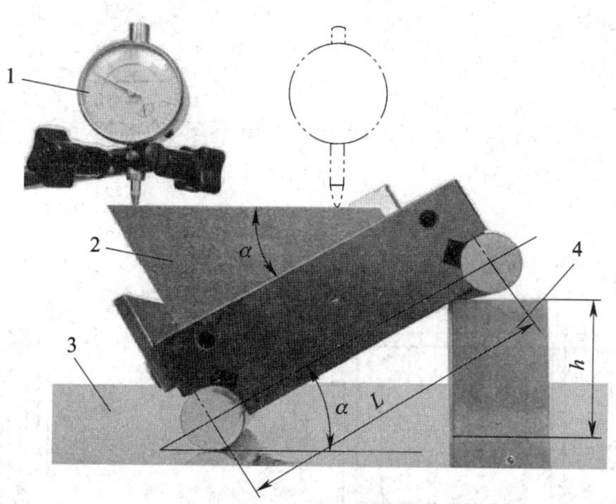

图 4—1—8 正弦规使用方法

1—指示表 2—工件 3—平板 4—量块组

$$h = L\sin\alpha$$

式中 h——量块组高度，mm；

L——正弦规中心距，mm；

α——被测工件角度或锥度，(°)。

例 4—1—1 用中心距为 100 mm 的正弦规检验工件，当工件的角度为 30°时（见图 4—1—8），求应垫量块组的高度尺寸。

解：由题意可知 $L = 100$ mm，$\alpha = 30°$，则

$$h = L\sin\alpha = 100 \times \sin 30° = 50 \text{ mm}$$

即正弦规圆柱下应垫量块组尺寸为 50 mm。

五、水准器式水平仪

水准器式水平仪是利用水准器气泡偏移来测量被测平面相对水平面微小倾角的角度测量仪器，俗称气泡式水平仪。水准器式水平仪主要用来测量导轨在垂直平面内的直线度、工作台的平面度以及零件间的垂直度和平行度等，有条式水平仪、框式水平仪和合像水平仪等，如图 4—1—9 所示。其中框式水平仪在机床安装与修理中最为常用。

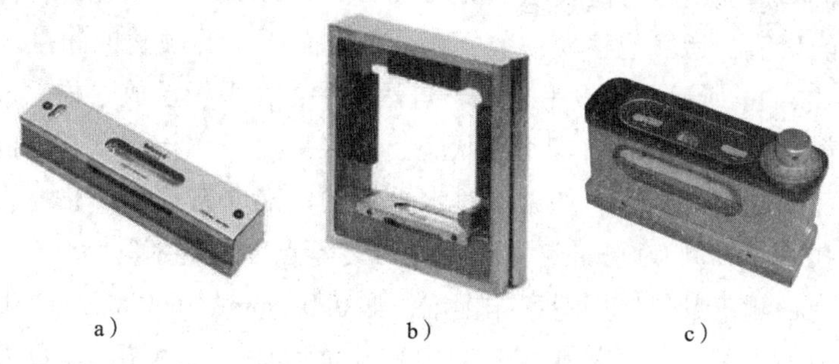

图 4—1—9 水准器式水平仪

a）条式水平仪 b）框式水平仪 c）合像水平仪

1. 框式水平仪

（1）结构

图 4—1—10 所示是具有一个基座测量面及两个垂直测量面，且水准器固定或可相对基座测量面调整的框式水平仪。

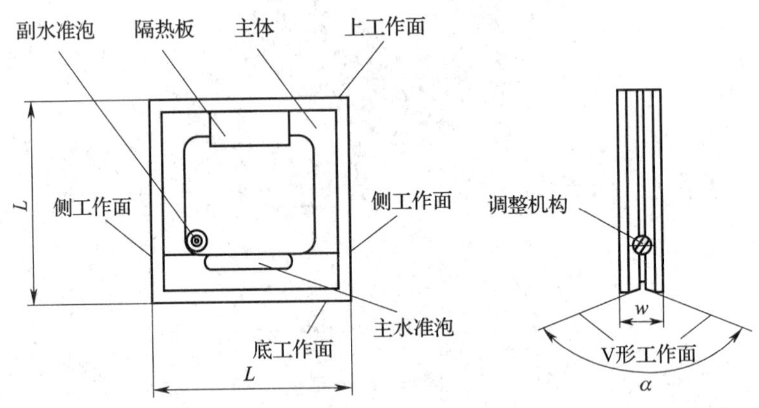

图 4—1—10　框式水平仪的结构

（2）规格及基本参数（见表 4—1—2）

表 4—1—2　　水平仪的规格及基本参数（摘自 GB/T 16455—2008）

规格（mm）	分度值（mm/1 000 mm）	工作面长度 L（mm）	工作面宽度 w（mm）	V 形工作面夹角 α（°）
100	0. 02，0. 05，0. 10	100	≥30	120 ~ 140
150		150	≥35	
200		200		
250		250	≥40	
300		300		

（3）标记原理

框式水平仪的精度用分度值表示（0. 02 mm/1 000 mm 最为常用），即气泡移动一个分度所代表的量值，指气泡移动一个分度，工作面所需要倾斜的角度。水平仪的读数原理如图 4—1—11 所示。假设平板处于自然水平，在平板上放一根 1 m 长的平行平尺，此时水平仪的标记为“0”，即水平状态。如将平尺一端抬起 0. 02 mm，相当于使平尺与平板平面形成 4″的角度，如果此时水平仪的气泡向右移动一格，则该水平仪分度值规定为 0. 02 mm / 1 000 mm，读作“千分之零点零二毫米”。

水平仪是一种测角量仪，用斜率作标记，如 0. 02 mm / 1 000 mm，其含义是测量面与水平面倾斜角为 4″，斜率是 0. 02 / 1 000，而此时平尺两端的高度差则因测量长度不同而不同。在图 4—1—11 中，按相似三角形比例关系可得：

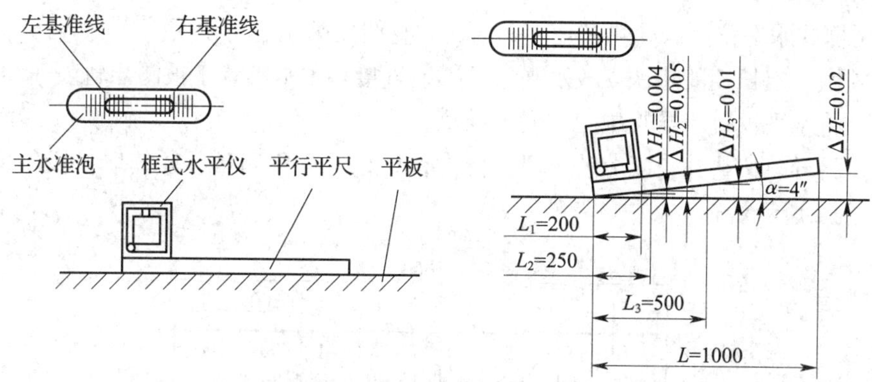

图 4—1—11 水平仪的读数原理

在离左端 200 mm 处，$\Delta H_1 = 0.02 \times 200/1\,000 = 0.004$ mm；

在离左端 250 mm 处，$\Delta H_2 = 0.02 \times 250/1\,000 = 0.005$ mm；

在离左端 500 mm 处，$\Delta H_3 = 0.02 \times 500/1\,000 = 0.01$ mm。

因此，在用水平仪测量导轨直线度时，与测量用垫铁跨度有关。

2. 水准器式水平仪示值读取方法

（1）绝对读取法

始终以左基准线（或右基准线）为“0”基准，气泡向任意一端偏离该基准的格数即实际偏差示值。偏离起端为“+”，偏向起端为“-”。一般习惯由左向右测量，也可以把气泡向右移读取为“+”，向左移读取为“-”。如图 4—1—12a 所示为 +2 格。

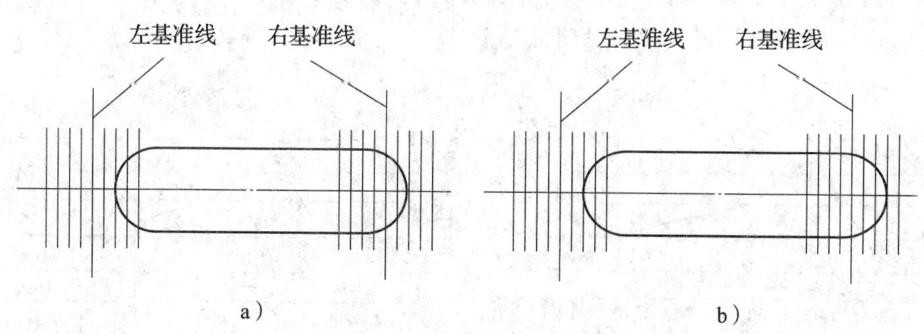

图 4—1—12 水准器式水平仪示值读取方法

a）绝对读取法 b）平均值读取法

（2）平均值读取法

分别以左基准线和右基准线为“0”基准，把读取的两数值相加除以 2，即此处的实际偏差示值。如图 4—1—12b 所示，气泡右端偏离右基准线 3 格，气泡左端也向右偏离左基准线 2 格，实际读取为 +2.5 格，即右端比左端高 2.5 格。平均值读取法不受环境温度影响，读取精度较高。

3．导轨在垂直平面内直线度的测量方法

以用框式水平仪测量导轨在垂直平面内的直线度为例进行说明。

（1）用一定长度的垫铁安放水平仪，不能直接将水平仪置于被测导轨表面上。

（2）将水平仪置于导轨中间，调平导轨。

（3）将导轨按垫铁长度分若干段，依次首尾相接逐段测量，并读取各段示值，如图 4—1—13 所示。

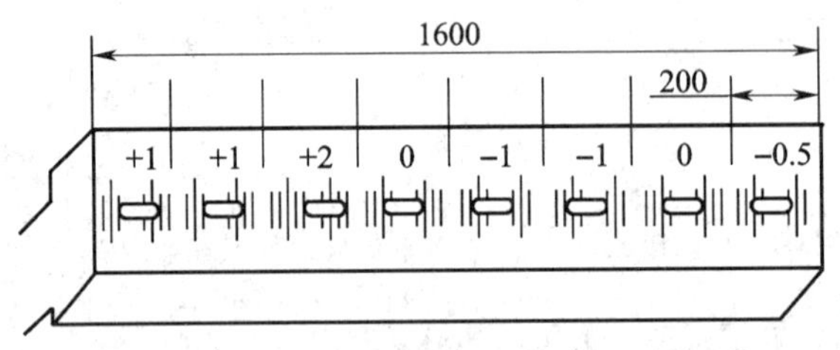

图 4—1—13　框式水平仪测量导轨

（4）把各段示值逐段积累，画出导轨直线度曲线图。

（5）用两端点连线法或最小区域法确定最大误差格数和误差曲线形状。

1）两端点连线法。如图 4—1—14 所示，若导轨直线度误差曲线呈单凸或单凹时，作首尾两端点连线 *I*—*I*，并过曲线最高点（或最低点）作 *I*—*I* 的平行直线 *II*—*II*，两平行线之间沿 *Y* 轴方向的最大坐标值即最大误差。

2）最小区域法。如图 4—1—15 所示，当直线误差曲线有凸有凹呈波折状时，过曲线上两个最低点（或两个最高点）作一条包容线 *I*—*I*，过曲线上最高点（或最低点）作平行于 *I*—*I* 的另一条包容线 *II*—*II*，将误差曲线全部包容在两平行线之间，两线之间沿 *Y* 轴方向的最大坐标值即最大误差。

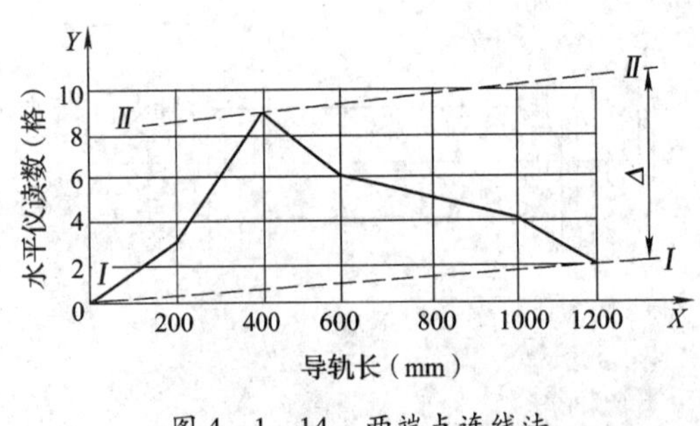

图 4—1—14　两端点连线法

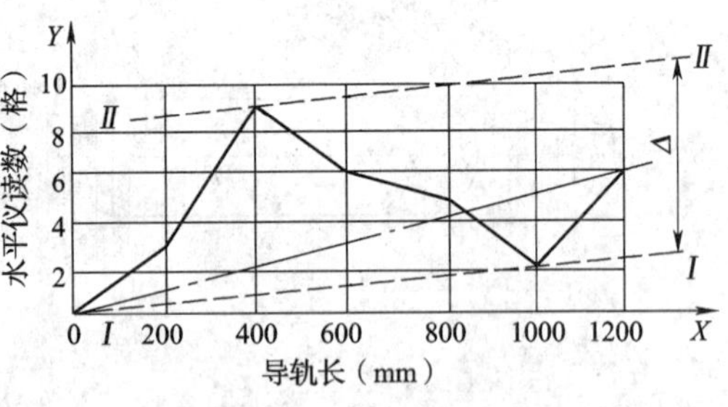

图 4—1—15　最小区域法

（6）按误差格数换算导轨直线度误差值。一般按下式计算：

$$\Delta = nil$$

式中　Δ——导轨直线度误差数值，mm；

n——曲线图中最大误差格数；

i——水平仪分度值；

l——每段测量长度，mm。

例 4—1—2 用分度值为 0.02 mm / 1 000 mm 的框式水平仪测量长 1 600 mm 的导轨在垂直平面内的直线度误差。水平仪垫铁长度为 200 mm，分八段测量。用绝对读数法，每段读数依次为：+1、+1、+2、0、−1、−1、0、−0.5，试计算导轨在垂直平面内的直线度误差值。

解：画出导轨直线度误差曲线图，如图 4—1—16 所示。

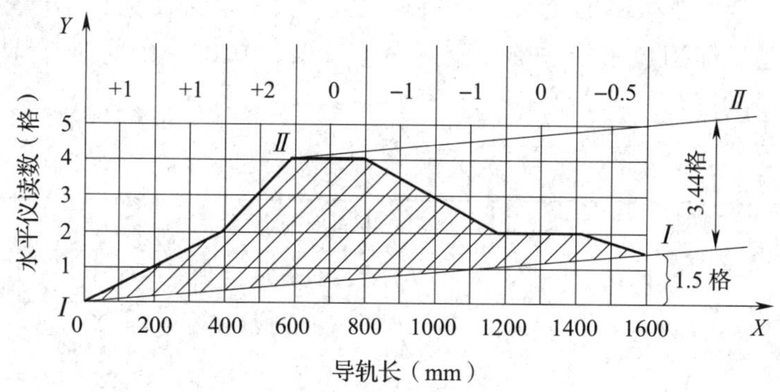

图 4—1—16 导轨直线度误差曲线图

按相似三角形解法：

$$n = 4 - (600 \times 1.5)/1\ 600 \approx 4 - 0.56 = 3.44\ 格$$

$$\Delta = nil = 3.44 \times 0.02/1\ 000 \times 200 \approx 0.014\ \text{mm}$$

第二节 刮 削

用刮刀刮除工件表面薄层的加工方法称为刮削，如图 4—2—1 所示。

一、刮削概述

刮削是使用不同形状的刮刀，在工件表面上刮去一层极薄的金属层，使工件表面达到所要求的尺寸精度和几何精度的加工方法。

图 4—2—1 刮削

刮削加工后的工件表面，由于多次反复地受到刮刀的推挤和压光作用，使工件表面组织变得比原来紧密，并能获得很高的尺寸精度、形状精度、接触精度和很小的表面粗糙度值。通过刮削，可使运动部件（如机床导轨面、轴瓦等）的接触面改善存油条件，以减小摩擦。

刮削是一种古老的精加工方法，是当前机

器不能代替的一项操作，其劳动强度大，生产效率低。但是，由于所用的工具简单，且不受工件形状、位置以及设备条件的限制，同时具有切削量少、切削力小、产生热量少、装夹变形小等特点，所以在机械制造以及工具、量具制造或修理中占有非常重要的地位。

二、刮削余量

刮削每次只能刮去很薄的金属。若余量太大，则劳动强度大，生产效率低；若余量太小，则上道工序刀痕不能去除。刮削余量一般为 0.05 ~ 0.4 mm，具体数值见表 4—2—1。

表 4—2—1　　刮削余量　　mm

平面宽度	平面刮削余量				
	平面长度				
	100 ~ 500	>500 ~ 1 000	>1 000 ~ 2 000	>2 000 ~ 4 000	>4 000 ~ 6 000
100 以下	0.1	0.15	0.20	0.25	0.30
100 ~ 500	0.15	0.20	0.25	0.30	0.40

孔径	孔的刮削余量		
	孔长		
	100 以下	100 ~ 200	>200 ~ 300
80 以下	0.05	0.08	0.12
80 ~ 180	0.10	0.15	0.25
>180 ~ 360	0.15	0.20	0.35

三、刮削工具

常用的刮削工具包括刮刀、研具和显示剂，其特点及应用见表 4—2—2。

表 4—2—2　　常用刮削工具的特点及应用

工具		图示	特点及应用
刮刀	平面刮刀	手刮刀 挺刮刀	按刮削姿势分为手刮刀和挺刮刀。主要用来刮削平面，如平板、平面导轨、工作台等，也可用来刮削外曲面。按所刮表面精度要求不同，可分为粗刮刀、细刮刀和精刮刀三种

续表

工具		图示	特点及应用
刮刀	曲面刮刀	  三角刮刀 蛇头刮刀	按刀头形状分为三角刮刀和蛇头刮刀。主要用来刮削内曲面，如滑动轴承的轴瓦等
研具	平面研具	 标准平板 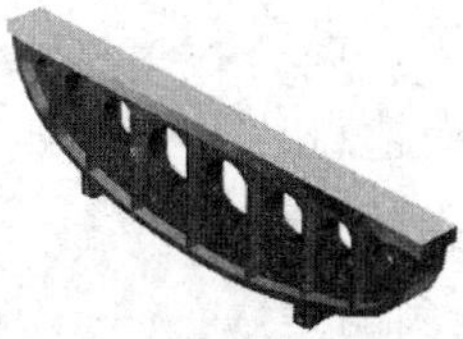 桥形平尺	研具是用来研接触点和检验刮削面精确性的工具，通过与刮削表面磨合，以接触点多少和疏密程度来显示刮削平面的平面度，提供刮削依据。标准平板用来检查较宽的平面；桥形平尺用来检验狭长的平面，如检验机床导轨面的直线度误差等
	角度研具		用来检验两个刮削面成角度的组合平面，如 V 形导轨面、燕尾导轨面等。其形状有 55°、60°等多种
	曲面研具	一般以相配合的零件为研具，如主轴的轴颈等	用来检验曲面的接触精度和几何精度

续表

工具		图示	特点及应用
显示剂	红丹粉		用来显示刮削表面误差位置和大小。将其均匀涂抹于研具或刮削表面，对研后凸起部分就被显示出来 红丹粉分铅丹和铁丹两种，前者呈橘红色，后者呈红褐色。使用时，用机油或牛油调和而成，广泛用于铸铁等黑色金属工件上 普鲁士蓝油是用普鲁士蓝粉和蓖麻油及适量机油调和而成，呈深蓝色。多用于精密工件和有色金属及其合金的工件
	普鲁士蓝油		

四、刮削接触精度的检查

刮削接触精度常用 25 mm × 25 mm 正方形方框内的研点（接触点）数来检验，如图 4—2—2 所示。研点的数目越多，接触精度越高。在平面刮削中，各种平面接触精度研点数的要求见表 4—2—3。曲面刮削中，应用较多的是对滑动轴承内孔的刮削，其接触精度研点数的要求见表 4—2—4。

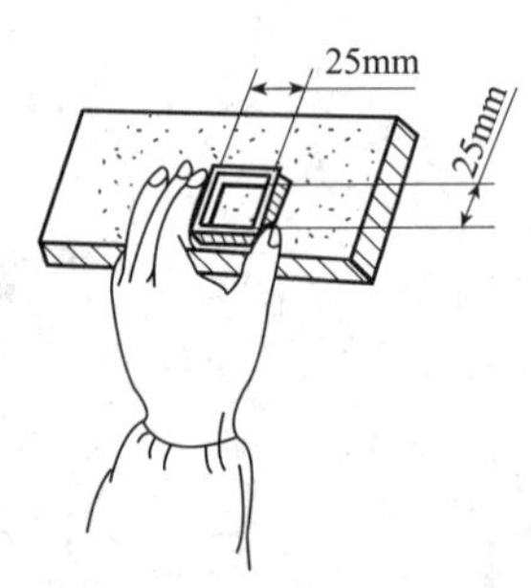

图 4—2—2　接触精度的检验方法

表 4—2—3　各种平面接触精度研点数的要求

平面种类	每 25mm × 25mm 内的研点数	应用
一般平面	2 ~ 5	较粗糙机件的固定结合面
	> 5 ~ 8	一般结合面
	> 8 ~ 12	机床台面、一般基准面、机床导向面、密封结合面
	> 12 ~ 16	机床导轨及导向面、工具基准面、量具接触面
精密平面	> 16 ~ 20	精密机床导轨、直尺
	> 20 ~ 25	1 级平板、精密量具
超精密平面	> 25	0 级平板、高精度机床导轨、精密量具

注：表中 1 级平板、0 级平板指通用平板的精度等级。

表 4—2—4　　滑动轴承内孔接触精度研点数的要求

轴承直径（mm）	机床或精密机械主轴轴承			锻压设备和通用机械的轴承		动力机械和冶金设备的轴承	
	高精度	精密	普通	重要	普通	重要	普通
	每 25 mm×25 mm 内的研点数						
≤120	25	20	16	12	8	8	5
>120	—	16	10	8	6	6	2

五、刮削方法及工艺

根据被刮削面的形状，刮削分为平面刮削和曲面刮削两种。

1. 平面刮削

（1）平面刮削步骤

为了保证零件的刮削质量，提高生产效率，刮削时一般按粗刮、细刮、精刮和刮花的步骤进行，其方法和工艺要求见表 4—2—5。

表 4—2—5　　平面刮削的方法及工艺要求

步骤	方法及工艺要求	刮刀几何角度要求
粗刮	用粗刮刀在刮削面上均匀地铲去一层较厚的金属。目的是去除余量、锈斑及机械刀痕。可采用连续推铲法，使刮削的刀迹连成长片。研点时，显示剂可调得适当稀些。当粗刮到每 25 mm×25 mm方框内有 3～4 个研点时，粗刮即告结束	刀刃平直 楔角90°~92.5°
细刮	用细刮刀在经粗刮的表面上刮去稀疏的大块研点，进一步改善不平现象。细刮时可采用短刮法，且随着研点的增多，刀迹逐步缩短。在每刮一遍时需按一定方向刮削，刮第二遍时要与第一遍交叉方向刮削，以消除原方向的刀迹。研点时，显示剂可调得适当干些，要求涂得薄而均匀。当达到每 25 mm×25 mm 方框内有 10～14 个研点时，细刮即告结束	刀刃圆弧半径较大 楔角92.5°~95°

续表

步骤	方法及工艺要求	刮刀几何角度要求
精刮	用精刮刀在细刮的基础上，通过点刮法进一步增加研点，改善表面质量，使刮削面符合各项精度要求。精刮时刀迹要更小，不能重复，落刀要轻，起刀要快，并始终交叉地进行刮削。显示剂应涂得更薄，只轻微改变刮削面的颜色即可	刀刃圆弧半径较小 楔角95°~97.5°
刮花	刮花的目的，一是为了增加刮削面的美观，二是为了改善滑动件之间的润滑条件，并且还可以根据花纹消失多少来判断平面的磨损程度。但是，在接触精度要求高、研点要求多的工件中，不应该刮成大块花纹，否则不能达到所要求的刮削精度。常见的刮削花纹见下图： 斜纹花　鱼鳞花　半月花　燕子花	

（2）平面研点方法

研点的方法应根据工件不同形状和刮削面积的大小有所区别。

1）中小型工件的研点。一般是研具固定不动，工件在研具上进行研点，如图4—2—3所示。推研时压力要均匀，避免显示失真。如果工件表面小于研具工作面，推研时最好不超出研具；如果工件表面等于或稍大于研具工作面，允许工件超出研具工作面，但超出部分应小于工件长度的1/3。推研应在整个研具工作面上进行，以防止研具局部磨损。

2）大型工件的研点。将工件固定，研具在工件表面上研点，如图4—2—4所示。推研时，研具超出工件表面的长度应小于研具长度的1/5。对于面积大、刚度低的工件，研具的质量要尽可能减轻，必要时还要采取卸荷推研。

3）形状不对称工件的研点。推研时应在工件某个部位施加托力或压力（或配重），如图4—2—5所示，但用力的大小要适当、均匀。研点时还应注意，如果两次研点有矛盾，应分析原因，认真检查推研方法，谨慎处理。

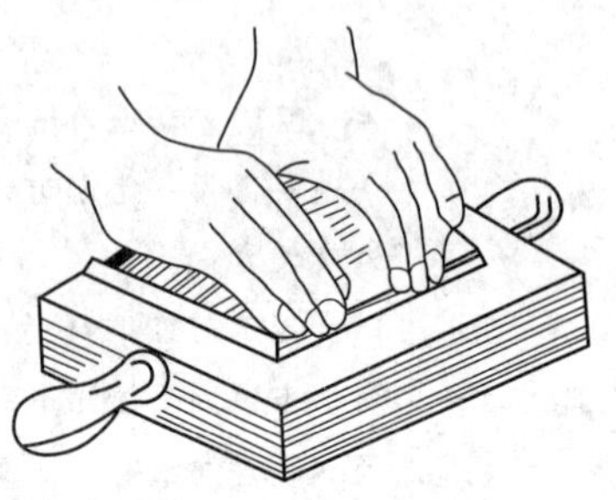
图4—2—3　中小型工件的研点

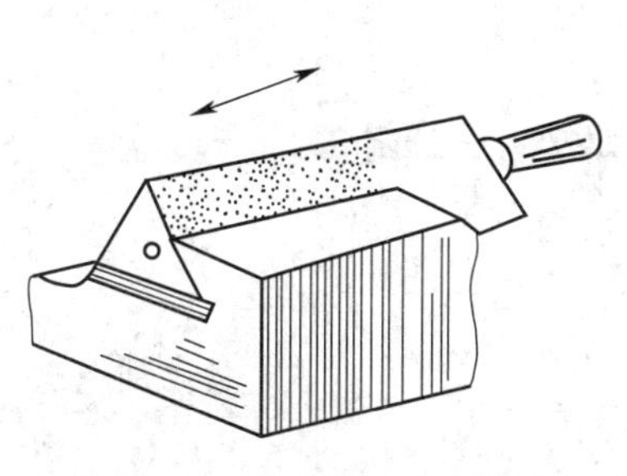

图 4—2—4 大型工件的研点

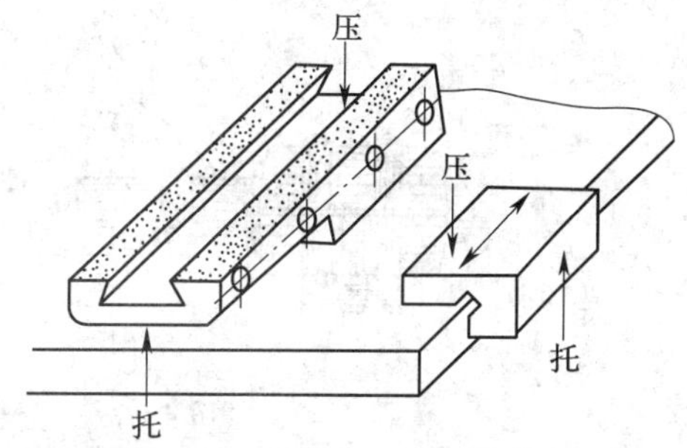

图 4—2—5 形状不对称工件的研点

（3）刮削面几何精度检验方法

刮削面几何精度的检验方法有很多，一般应根据实际情况合理、有效地选择。图 4—2—6 所示为部分常用检验方法。

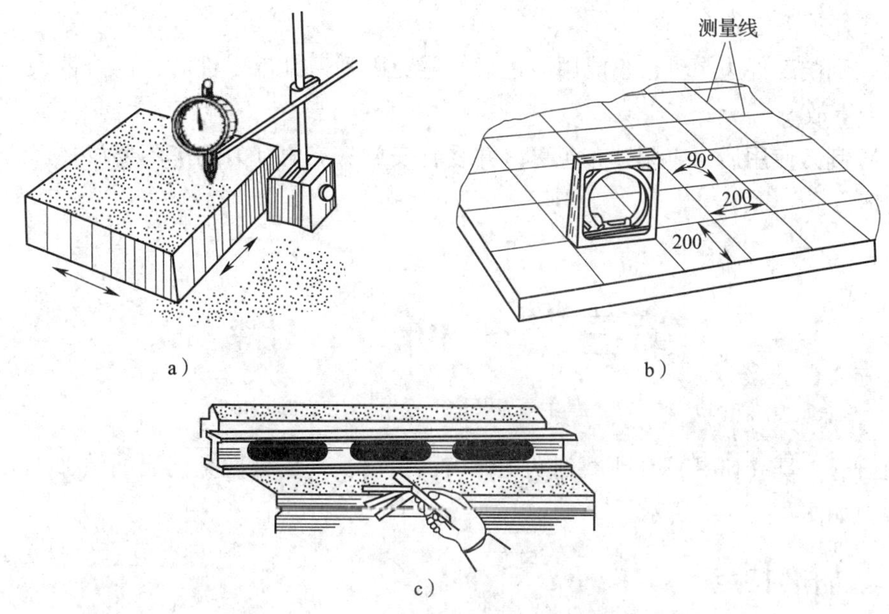

图 4—2—6 刮削面几何精度的检验方法

a）用指示表检测平行度 b）用水平仪检测大型工件平面度 c）用塞尺检测配合面间隙

2. 曲面刮削

曲面刮削方法如图 4—2—7 所示。对于轴瓦研点时，应根据轴在轴承内的工作情况合理分布，以获得良好的工作效果。例如：在轴承长度方向上，中间研点可以少些；在轴承圆周方向上，受力大的部位应该刮成较密的贴合点，以减少磨损，使轴承在负荷情况下保持其几何精度。

六、刮削的安全生产要求

（1）刮削前，工件的锐边、锐角必须去掉，防止伤手。

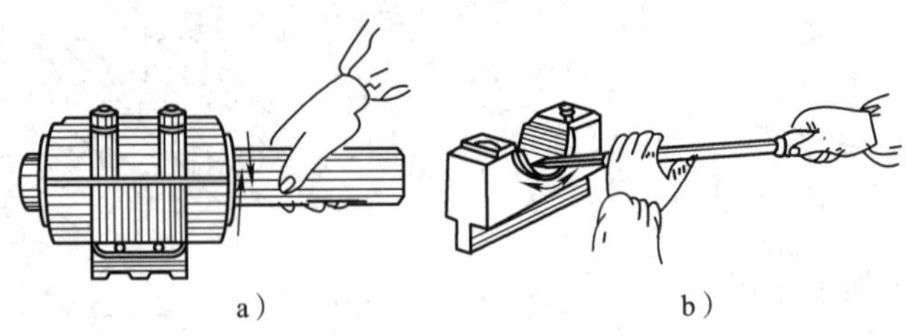

图4—2—7　曲面刮削方法
a）研点　b）刮削

（2）刃磨刮刀时，应站在砂轮机的侧面或斜侧面，力的作用方向应通过砂轮轴线，刃磨时施加压力不能太大。

（3）刮削大型工件时，搬动要注意安全，安放要平稳。

（4）工件与校准工具对研时，超出部分不能过长，用力不宜过猛，以防工件（或校准工具）掉下砸伤人。

（5）刮削工件边缘时，不能用力过猛，避免因刮刀刮出工件时，连刀带人一起冲出而发生事故。

（6）刮刀使用后，应用纱布包裹好并妥善安放。三角刮刀用毕不要放在经常与手接触的地方。

第三节　研　　磨

用研磨工具（研具）和研磨剂从工件表面上研去一层极薄金属层的精加工方法称为研磨，如图4—3—1所示。

一、研磨特点

（1）在研磨过程中，研磨剂中的磨粒被压嵌在研具表面上，形成无数切削刃。由于研具和工件的相对运动，对工件产生微量的切削作用，均匀地从工件表面切去一层极薄的金属。借助于研具的精确型面，可使研磨后的工件获得精确的尺寸、形状和极小的表面粗糙度值，其尺寸精度可达IT5～IT3，表面粗糙度值可达 $Ra0.01$～0.008 μm。

图4—3—1　研磨

（2）操作方法简单，不需复杂设备，但加工效率较低。

（3）经研磨后的零件能提高表面的耐磨性、抗腐蚀性及疲劳强度，从而延长零件的使用寿命。

二、研磨余量

研磨是微量切削，因此研磨余量不能太大，否则会使研磨时间增加，并缩短研具的使用寿命，一般研磨余量在0.005～0.03 mm之间比较合适。研磨余量的大小应根据工件尺寸大小和精度要求有所不同，有时研磨余量就留在工件的公差范围之内。

三、研具

研具是保证被研磨工件几何精度的重要因素，因此，对研具材料、精度和表面粗糙度都有较高的要求。

1. 研具材料

在研磨加工中，研具必须具备两条基本要求：一是研具材料要容易嵌入磨料，二是研具能较长时间地保持几何精度。所以，研具材料的硬度应比被研磨工件低，组织要细致均匀，具有较高的耐磨性、稳定性以及较好的嵌存磨料的性能。常用研具材料的特点及应用见表4—3—1。

表4—3—1　　常用研具材料的特点及应用

研具材料	特点及应用
灰铸铁	具有硬度适中、嵌入性好、价格低、研磨效果好等特点，是一种应用广泛的研磨材料
球墨铸铁	球墨铸铁比灰铸铁的嵌入性更好，且更加均匀、牢固，常用于精密工件的研磨
软钢	软钢韧性较好，不易折断，常用来制作小型工件的研具
铜	铜的性质较软，嵌入性好，常用来制作研磨软钢类工件的研具

2. 研具的类型

不同形状的工件需要不同形状的研具，常用研具的类型、特点及应用见表4—3—2。

表4—3—2　　常用研具的类型、特点及应用

类型	图示	特点及应用
研磨平板	有槽研磨平板　光滑研磨平板	主要用来研磨平面，如研磨量块、精密量具的测量面等。其中，有槽的用于粗研，光滑的用于精研

续表

类型	图示	特点及应用
研磨环	固定式圆柱孔研磨环　可调式圆柱孔研磨环 圆锥孔研磨环	主要用来研磨轴类工件的外圆柱表面和圆锥表面。研磨环有固定式和可调式两种。固定式研磨环制造简单，但磨损后无法补偿，多用于单件工件的研磨。可调式研磨环的尺寸可在一定范围内调整，其使用寿命较长
研磨棒	固定式圆柱研磨棒 可调式圆柱研磨棒 左向螺旋槽圆锥研磨棒　右向螺旋槽圆锥研磨棒	主要用来研磨套类工件的内孔。研磨棒也有固定式和可调式两种，其中固定式研磨棒又分光滑和带槽两种

四、研磨剂

研磨剂是指由磨料、分散剂和辅助材料制成的用于研磨的混合剂。

1. 磨料

磨料在研磨中起切削作用，研磨效率、研磨精度与选用磨料的种类和粒度有密切的关系。按磨料的来源分为天然磨料和人造磨料，按磨料的硬度分为普通磨料和超硬磨料。常用磨料的成分及特性见表4—3—3。

表 4—3—3　　常用磨料的成分及特性（摘自 GB/T 16458—2009）

分类			成分及特性
普通磨料	天然刚玉		一种天然磨料，主要成分 Al_2O_3 含量为 90% ~95%，密度 3.9 ~4.1 g/cm^3
	金刚砂		一种天然磨料，是天然刚玉和赤铁矿或磁铁矿、石英等的混合体，密度 3.7 ~4.3 g/cm^3
	石榴石		一种天然磨料，化学式为 A_3B_2［SiO_4］，密度 3.5 ~4.2 g/cm^3
	电熔刚玉	棕刚玉	一种人造刚玉磨料，用矾土经电弧炉熔炼制成，Al_2O_3 含量 95%左右，并含少量的氧化钛等其他成分，呈棕褐色，密度不小于 3.90 g/cm^3
		白刚玉	一种人造刚玉磨料，用铝氧粉经电弧炉熔炼制成，Al_2O_3 含量 98%左右，呈白色，密度不小于 3.90 g/cm^3
		单晶刚玉	一种人造刚玉磨料，以矾土、硫化物为主要原料，经电弧炉熔炼，颗粒由水解制成，Al_2O_3 含量不少于 98%，多为等积状的单晶体，呈浅灰色，密度不小于 3.95 g/cm^3
		微晶刚玉	一种人造刚玉磨料，炼制的刚玉溶液经急速冷却而制成，晶体一般小于 300 μm，Al_2O_3 含量 95%左右，密度不小于 3.90 g/cm^3
		铬刚玉	一种人造刚玉磨料，用铝氧粉加入少量氧化铬在电弧炉内熔炼制成，Al_2O_3 含量不少于 98.5%，多呈粉红色，密度不小于 3.90 g/cm^3
		锆刚玉	一种人造刚玉磨料，是氧化铝和氧化锆的共熔混合物，为微晶结构
		黑刚玉	一种人造刚玉磨料，又名人造金刚砂，由刚玉、铁尖晶石等组成，Al_2O_3 含量不少于 77%，密度不小于 3.61 g/cm^3
	陶瓷刚玉		利用化学法合成氧化铝超细粉体，然后通过烧结的方法制成的具有微晶结构的刚玉磨料
	碳化硅	绿碳化硅	一种人造磨料，呈绿色光泽的结晶，SiC 含量 98.5%左右，密度不小于 3.18 g/cm^3
		黑碳化硅	一种人造磨料，呈黑色光泽的结晶，SiC 含量 98%左右，密度不小于 3.12 g/cm^3
		立方碳化硅	一种人造磨料，碳化硅的低温相，主要物相为 β - SiC，属立方晶系，色泽为黄绿色
	碳化硼		一种人造磨料，分子式为 B_4C，属六方晶系，呈黑色金属光泽，在电炉中用碳素材料还原硼酸制得

续表

分类		成分及特性
超硬磨料	金刚石	目前所知自然界中最硬的物质，化学成分 C，是碳的同素异构体，密度 3.52 g/cm^3。它包括天然金刚石、人造金刚石、单晶金刚石、多晶金刚石、微晶金刚石、纳米金刚石等
	立方氮化硼	立方晶系结构的氮化硼，分子式为 BN，用人工方法制造。它包括单晶立方氮化硼、多晶立方氮化硼、微晶立方氮化硼、纳米立方氮化硼等

国家标准把磨料的粒度分为粗磨粒和微粉两部分，GB/T 2481.1—1998 将粗磨粒划分为 F4 ~ F220 共 26 个号，GB/T 2481.2—2009 将微粉划分为 F230 ~ F2000 共 13 个号，选用时应根据零件的精度要求合理选取。

2. 分散剂

分散剂使磨料均匀分散在研磨剂中，并起稀释、润滑和冷却等作用，常用的有煤油、机油、动物油、甘油、酒精和水等。

3. 辅助材料

辅助材料主要是混合脂，常由硬脂酸、脂肪酸、环氧乙烷、三乙醇胺、石蜡、油酸和十六醇等几种材料配成，在研磨过程中起乳化、润滑和吸附作用，并促使工件表面产生化学变化，生成易脱落的氧化膜或硫化膜，借以提高加工效率。此外，辅助材料中还有着色剂、防腐剂和芳香剂等。

根据分散剂和辅助材料的成分和配比不同，研磨剂分为液态研磨剂、研磨膏和固体研磨剂三种。液态研磨剂不需要稀释即可直接使用。研磨膏可直接使用或加分散剂稀释后使用，用油稀释的称为油溶性研磨膏，用水稀释的称为水溶性研磨膏。固体研磨剂常温时呈块状，可直接使用或加分散剂稀释后使用。

五、研磨方法

研磨分手工研磨和机械研磨两种。手工研磨应选择合理的运动轨迹，对提高研磨效率、工件的表面质量和研具的寿命有直接影响。手工研磨的运动轨迹有直线形、直线与摆动形、螺旋线形、8 字形和仿 8 字形等，如图 4—3—2 所示。常用的研磨方法见表 4—3—4。

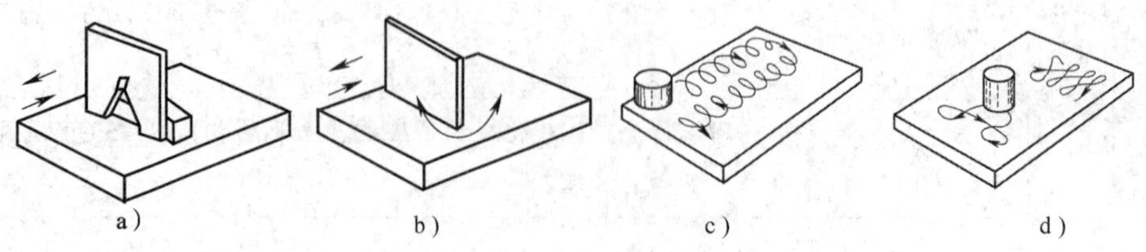

图 4—3—2　研磨运动轨迹

a）直线形　b）直线与摆动形　c）螺旋线形　d）8 字和仿 8 字形

表 4—3—4　　常用的研磨方法

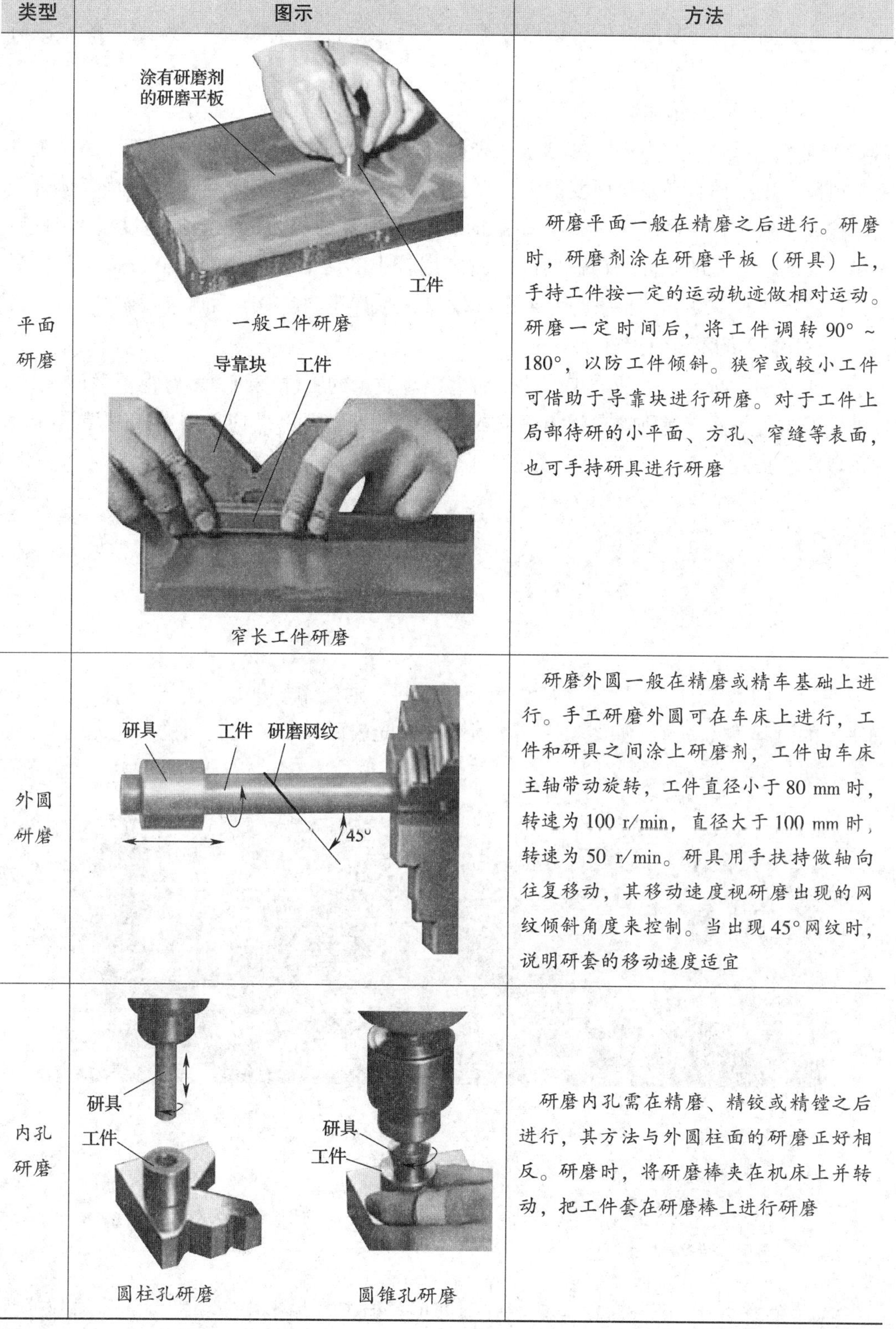

类型	图示	方法
平面研磨	一般工件研磨 窄长工件研磨	研磨平面一般在精磨之后进行。研磨时，研磨剂涂在研磨平板（研具）上，手持工件按一定的运动轨迹做相对运动。研磨一定时间后，将工件调转 90°～180°，以防工件倾斜。狭窄或较小工件可借助于导靠块进行研磨。对于工件上局部待研的小平面、方孔、窄缝等表面，也可手持研具进行研磨
外圆研磨		研磨外圆一般在精磨或精车基础上进行。手工研磨外圆可在车床上进行，工件和研具之间涂上研磨剂，工件由车床主轴带动旋转，工件直径小于 80 mm 时，转速为 100 r/min，直径大于 100 mm 时，转速为 50 r/min。研具用手扶持做轴向往复移动，其移动速度视研磨出现的网纹倾斜角度来控制。当出现 45°网纹时，说明研套的移动速度适宜
内孔研磨	圆柱孔研磨　圆锥孔研磨	研磨内孔需在精磨、精铰或精镗之后进行，其方法与外圆柱面的研磨正好相反。研磨时，将研磨棒夹在机床上并转动，把工件套在研磨棒上进行研磨

六、研磨的操作要点

工件表面研磨质量的好坏、研磨效率的高低，除与研磨剂的选用及研磨的方法有关外，还须注意以下两个问题。

1. 研磨的压力和速度

在研磨过程中，压力大、速度快，则研磨效率高。若压力太大、速度太快，工件表面粗糙，则工件容易发热而变形，甚至会因磨料压碎而使表面划伤，因而必须合理加以控制。对于较小的硬工件或粗研磨时，可用较大的压力、较低的速度进行研磨；而对于大的、较软的工件或精研磨时，就应用较小的压力、较快的速度进行研磨。另外，在研磨中，应防止工件发热。若引起发热，应暂停，待冷却后再进行研磨。

2. 研磨中的清洁工作

在研磨中，必须重视清洁工作才能研磨出高质量的工件表面。若忽视了清洁工作，轻则拉毛工件表面，重则拉出深痕而造成废品。另外，研磨后应及时将工件清洗干净并采取防锈措施。

第四节　抛　　光

用带有细磨料的悬浮液体、膏状或棒状磨料，通过柔软的旋转轮打磨，使工件表面平滑的过程称为抛光，如图 4—4—1 所示。抛光表面具有半光亮到镜面光亮的效果，且没有明显的线条纹。

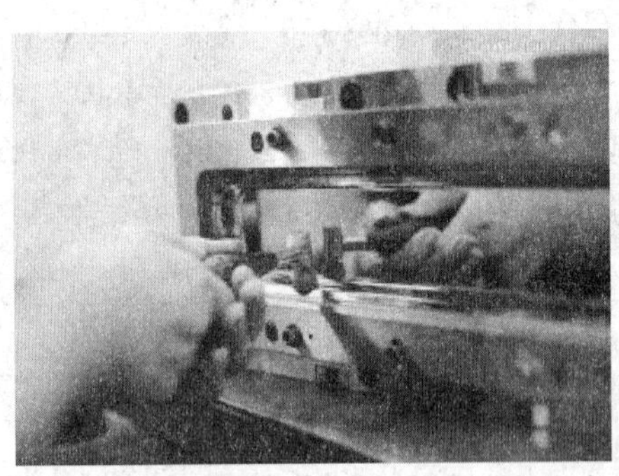
a）

b）

图 4—4—1　抛光
a）模具抛光　b）汽车抛光

一、模具抛光特点

表面抛光一般只要求获得光亮的表面即可，但模具加工中所说的抛光，与其他行业中所要求的表面抛光有很大的不同。严格来说，模具抛光应该称为镜面加工，它不仅对抛光本身有很高的要求，并且对表面平整度、光滑度以及几何精度也有很高的要求。

随着玻璃、塑料等制品的日益广泛应用，对产品加工质量的要求越来越高，因此生产此类制品的模具型腔表面质量也要相应提高，尤其是生产光学镜片、激光唱片等模具型腔的表面粗糙度要求极高，往往需要达到镜面抛光的程度，因而对模具的抛光也提出了更高的要求。抛光不仅增加工件的美观度，而且能够改善材料表面的耐腐蚀性、耐磨性，还可以使模具拥有其他优点，如使塑料制品易于脱模，减少生产注塑周期等。所以，抛光在模具制作过程中是非常重要的一道工序。

二、抛光磨具

1. 涂附磨具

涂附磨具是指用粘接剂把磨粒黏附在可挠曲的基材上制成的磨具，常用的有砂页（砂布、砂纸）、砂卷、砂带、砂盘、砂页盘、带轴页轮等，其标记方法及含义见表4—4—1。

表4—4—1 常用涂附磨具

分类	图示	标记方法示例	含义
砂页（砂布、砂纸）		砂页 GB/T 15305.1—230×280—A P60	砂页尺寸为230 mm×280 mm，磨料为棕刚玉A，粒度为P60
砂卷	A型 未装卡盘砂卷 B型 装有卡盘砂卷	砂卷 GB/T 15305.2—2008 A 25×50 000 mm（另外还应标注粒度）	A型砂卷，宽度为25 mm，长度为50 000 mm
砂带		砂卷 GB/T 15305.3—50×800（另外还应标注运转方向和粒度）	砂带宽度为50 mm，长度为800 mm

续表

分类	图示	标记方法示例	含义
砂盘	A 型　B 型	砂盘 GB/T 19759—A—100—A　P60 砂盘 GB/T 19759—B—100×12—A　P60	A 型砂盘，外径为 100 mm，磨料为棕刚玉 A，粒度为 P60 B 型砂盘，外径为 100 mm，内径为 12 mm，磨料为棕刚玉 A，粒度为 P60
砂页盘	A 型　B 型	砂页盘 A180A P80 80 m/s　GB/T 20962	A 型砂页盘，外径为 180 mm，磨料为棕刚玉，粒度为 P80，最高速度为 80 m/s
带轴页轮		带轴页轮 GB/T 23539—2009　60×20×6×30（另外还应标注最大工作线速度、最大允许转速和粒度）	带轴页轮，直径为 60 mm，宽度为 20 mm，轴径为 6 mm，轴自由长度为 30 mm

2. 磨头

磨头是指由磨料和结合剂制成的、带柄使用的、有盲孔或螺孔的小直径固结磨具。国家标准 GB/T 4127. 12—2008 规定了带柄和不带柄两类，按形状分为圆柱磨头、半球形磨头、球形磨头、截锥磨头、椭圆锥磨头、圆头锥磨头、60°锥磨头等，如图 4—4—2a 所示。磨削抛光时，选用与抛光部位形状相似的磨头，装到手持式旋转抛光机（见图 4—4—2b）上对工件进行磨削抛光加工。磨头主要用来磨削抛光模具特殊部位，如沟槽、边角、复杂曲面等。

a）　　b）

图 4—4—2　抛光磨头

a）带柄抛光磨头　b）手持式旋转抛光机

3. 手持抛光磨石

手持抛光磨石属固结磨具的一种，国家标准 GB/T 4127. 11—2008 规定，按截面形状分为长方抛光磨石、正方抛光磨石、半圆抛光磨石、圆形抛光磨石、三角抛光磨石、刀形抛光磨石等，如图 4—4—3a 所示。抛光时应选用适合抛光部位的磨石，用食指轻压施力部位对工件进行抛光加工，如图 4—4—3b 所示，以防磨石折断。

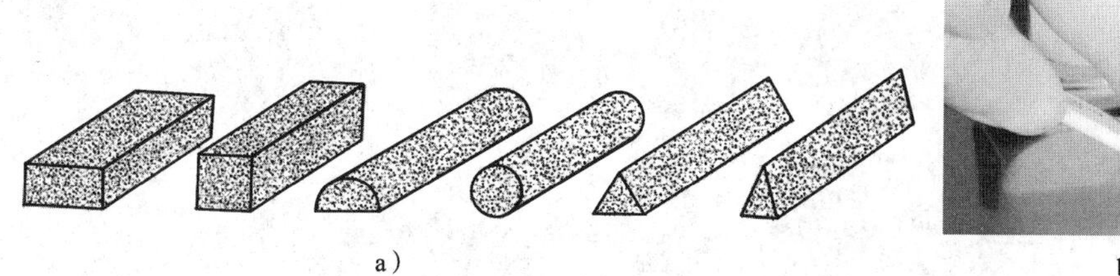

a)　　b)

图 4—4—3　手持抛光磨石

a）磨石的形状　b）用磨石抛光的方法

4. 竹片抛光磨具

竹片抛光磨具的作用是压着砂纸或带有抛光剂的毛毡布，在工件上研磨抛光。不同形状的工件及不同的操作方法需要制作不同形状的竹片抛光磨具，如图 4—4—4 所示。

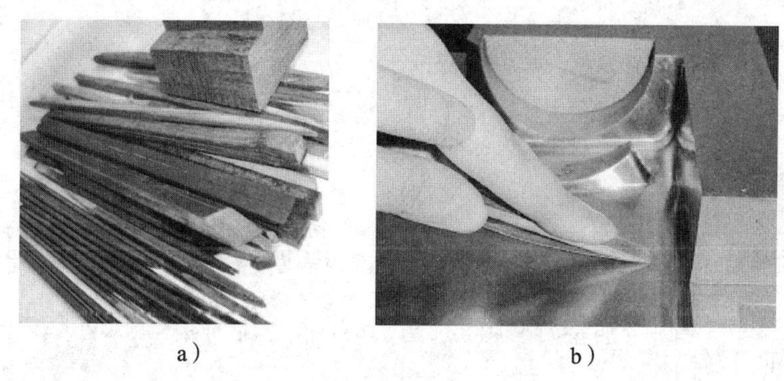

a)　　b)

图 4—4—4　竹片抛光磨具及其应用

a）常用竹片抛光磨具　b）竹片抛光磨具的应用

5. 抛光锉刀

抛光锉刀主要用来锉削抛光模具的细小部位，通常安装在往复式抛光机上使用。金刚石抛光锉刀如图 4—4—5a 所示，手持式往复抛光机如图 4—4—5b 所示。

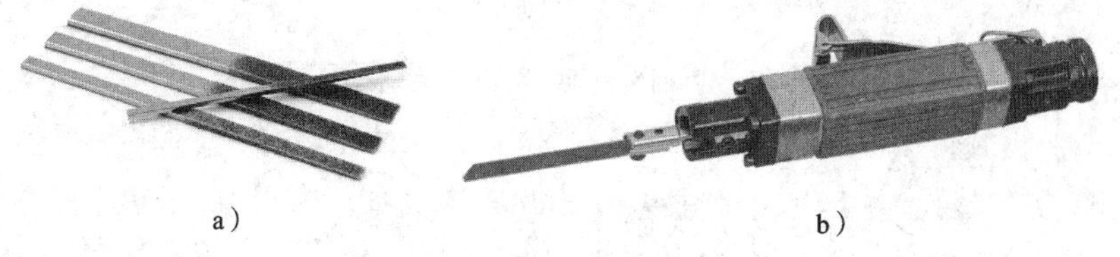

a)　　b)

图 4—4—5　抛光锉刀

a）金刚石抛光锉刀　b）手持式往复抛光机

6. 抛光轮

抛光轮的种类繁多，通常是由若干抛光轮片压合或缝合而成的平面轮，如图 4—4—6 所示。抛光轮的材料与磨光轮稍有不同，它是由弹性更好的各种棉布、细毛毡、丝绸、鹿皮、剑麻、羊毛、尼龙等制成的。使用时应将抛光轮安装在旋转式抛光机上，并借助适宜的抛光剂对工件进行抛光加工。常用抛光轮的特点及应用见表 4—4—2。

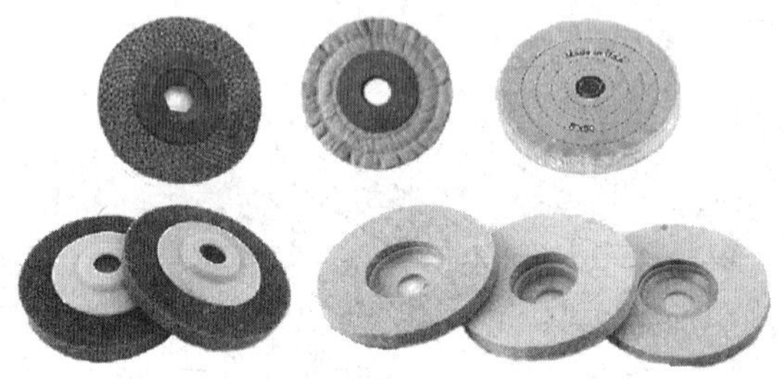

图 4—4—6　抛光轮

表 4—4—2　常用抛光轮的特点及应用

名称	特点及应用
毛毡轮	采用纯羊毛制成，缩绒时间长、组织紧密、孔隙小，不像织物那样受经纬的限制，耐磨性能好
缝合式布轮	多用粗布、无纺布及细平布等制成，缝线可采用同心圆式、螺旋式或直辐射式。宜抛光各种镀层及形状较简单的工件
非缝合式整布轮	多用细软棉布制成。宜抛光形状复杂工件，或用于小型工件的精抛光
风冷布轮	采用 45°角线裁法，呈环形皱褶状，中间装有金属圆盘，具有通风散热的特点。宜抛光大型工件

知识拓展

抛　光　剂

金属抛光剂是指用于金属件表面抛光加工的化学物质，它与研磨剂基本相同，也是由磨料、分散剂和辅助材料混合而成的，但抛光剂中的磨料通常比研磨剂中的磨料更细，一般采用微粉，在抛光过程中均为自由磨粒状态。同时在辅助材料中还包含了增加光亮的化学试剂。抛光剂在常温下分为液体抛光剂、膏状抛光剂和固体抛光剂，如图 4—4—7 所示。由于抛光剂中的磨料种类、粒度以及辅助材料有所不同，因此，在选用抛光剂时，应根据被抛光工件的材质以及各抛光工序的具体要求，选择适宜的抛光剂。

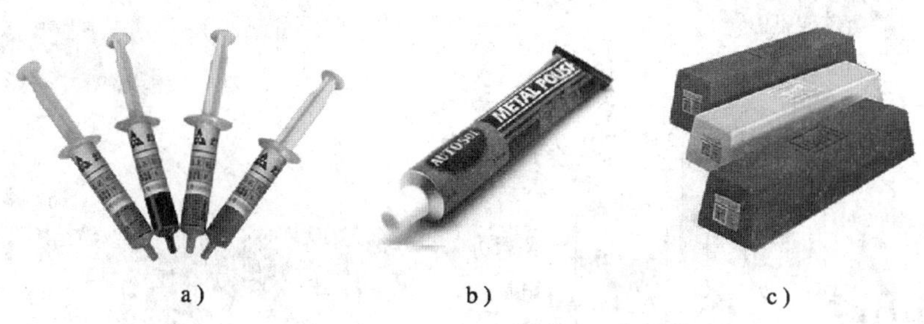

a)　　b)　　c)

图 4—4—7　抛光剂

a）液体抛光剂　b）膏状抛光剂　c）固体抛光剂

三、 抛光方法及工作原理

1. 机械抛光

机械抛光是靠切削或使材料表面发生塑性变形而去掉工件表面凸出部分得到平滑面的抛光方法。一般使用砂纸、油石条、羊毛轮等，以手工操作为主，表面质量要求高的可采用超精研抛的方法。超精研抛是采用特制的磨具，在含有磨料的研抛液中，紧压在工件被加工表面上，做高速旋转运动。利用该技术可使被加工表面的粗糙度值达到 Ra0. 008 μm。

机械抛光是各种抛光方法中表面质量最好的，是模具抛光的主要方法。光学镜片模具常采用这种方法抛光。

2. 化学抛光

化学抛光是让材料在化学介质中的表面微观凸出部分相对较凹部分优先溶解，从而得到平滑面。

该方法可以抛光形状复杂的工件，且可以同时抛光很多工件，效率高。化学抛光得到的表面粗糙度值一般为 Ra10 μm。化学抛光所用溶液的调整和再生比较困难，并且在操作过程中，硝酸散发出大量黄棕色有害气体，对环境污染非常严重，故在应用上受到限制。

3. 电解抛光

电解抛光是以被抛光工件为阳极，不溶性金属为阴极，两极同时浸入到电解槽中，通以直流电而产生有选择性的阳极溶解，从而达到工件表面光亮度增大的效果，其原理如图 4—4—8 所示。

电解抛光的优点是：内外色泽一致，光泽持久，机械抛光无法抛到的凹处也可整平；生产效率高，成本低廉；可增强工件表面抗腐蚀性。

4. 超声波抛光

超声波抛光是利用工具断面做超声波振动，通过磨料悬浮液抛光脆硬材料的一种加工方法。也就是将工件放入磨料悬浮液中并一起置于超声波场中，依靠超声波的振荡作用，使磨料在工件表面磨削抛光，如图 4—4—9 所示。

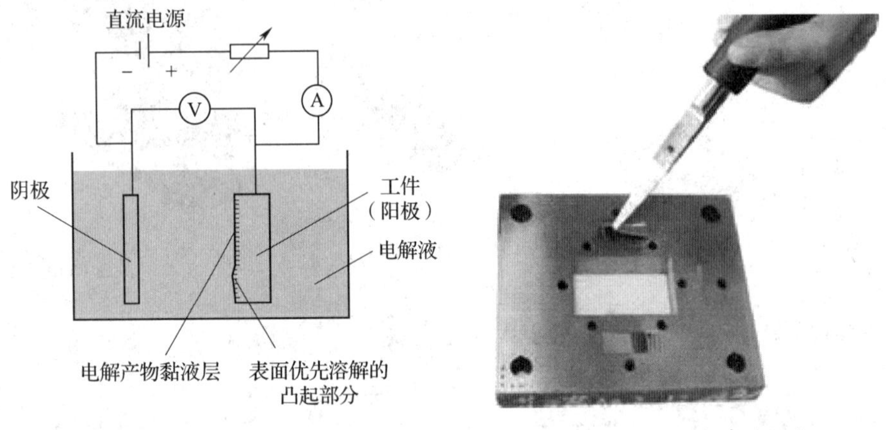

图 4—4—8　电解抛光原理示意图　　图 4—4—9　超声波抛光

超声波加工宏观力小，不会引起工件变形，适用于窄小部位，如工艺品的复杂形状、模具的复杂型腔、窄槽狭缝、盲孔等其他抛光工具无法到达或无法高效工作的部位。

5. 流体抛光

流体抛光是依靠流动的液体及其携带的磨粒冲刷工件表面达到抛光的目的，常用的方法有磨料喷射加工、液体喷射加工、流体动力研磨等。流体动力研磨如图 4—4—10 所示，它是利用液压驱动，推动流体介质往复流过工件表面，对金属工件表面进行研磨抛光。流体介质主要采用在较低压力下流动性好的特殊化合物（聚合物状物质）并掺入磨料制成，磨料可采用碳化硅粉末。

流体抛光的最大优点是流体介质可以通达零件复杂型腔部位（特别是其他抛光工具难以进入的部位），其抛光表面均匀、完整，表面粗糙度值可达 *Ra*0. 1 μm。流体抛光常用于异形、不规则表面以及内孔、细缝、微孔等隐蔽部位的镜面抛光。

6. 磁研磨抛光

磁研磨抛光是利用磁性磨料在磁场作用下形成磨料刷，对工件进行研抛加工，其原理如图 4—4—11 所示。将工件放入由两磁极形成的磁场中，在磁场中填充一种既有磁性又有切削能力的磨料，磨料沿着磁力线紧密地、有规则地排列起来，形成一只柔软且具有一定刚度的“磁研磨刷”，并以一定的磁力作用在工件表面上。当工件在磁场中旋转并做轴向运动或振动时，工件与磨料发生相对运动，“磁研磨刷”就对工件表面进行研磨抛光加工。

这种方法加工效率高，质量好，加工条件容易控制。采用合适的磨料，加工的表面粗糙度值可达到 *Ra*0. 1 μm。

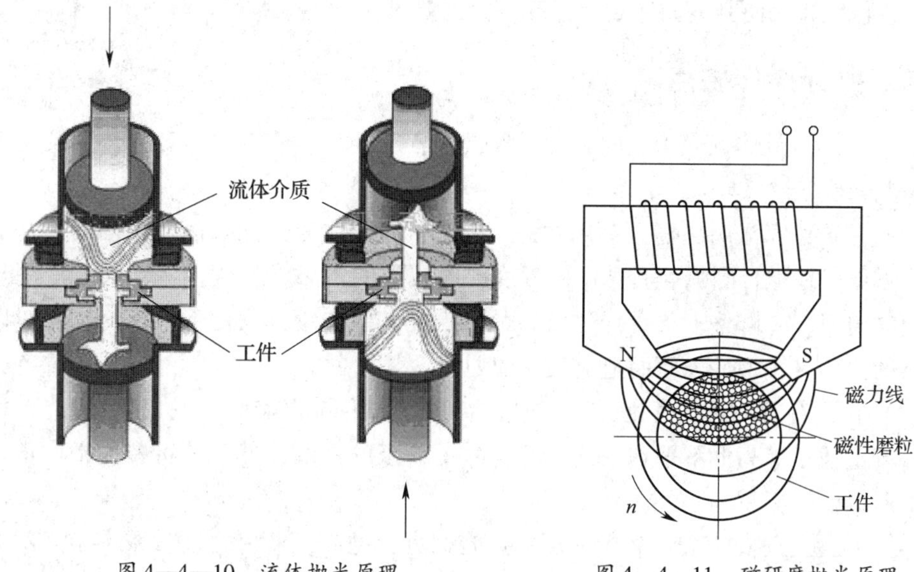

图 4—4—10 流体抛光原理　　图 4—4—11 磁研磨抛光原理

7. 电火花超声复合抛光

为了提高工件表面的抛光质量及速度，可采用超声波与专用的高频窄脉冲高峰值电流的脉冲电源进行复合抛光，超声波振动和电脉冲的腐蚀同时作用于工件表面，能迅速降低其表面粗糙度值。这对经车、铣、电火花及线切割等工艺加工后的工件表面抛光效果明显，其表面粗糙度值可达到 $Ra1.6$ μm。

四、抛光工艺过程

要想获得高质量的抛光效果，提高抛光效率，必须合理选择抛光磨具和抛光工艺。其中，抛光工艺的选择主要取决于前期加工后的表面状况。通常抛光的基本过程如下。

1. 粗抛

粗抛的目的是利用抛光锉刀或磨头、抛光磨石等固结磨具去掉前期较深的机械加工痕迹。例如经精铣、电火花加工、磨削等工艺加工后的表面，可以选择转速为35 000 ~ 40 000 r/min的旋转表面抛光机进行抛光，然后采用手持抛光磨石加煤油进行抛光。使用抛光磨石的顺序为：180 号→240 号→320 号→400 号→600 号→800 号→1 000 号。

2. 半精抛

半精抛的主要目的是利用砂纸、砂页盘等涂附磨具对工件表面进行抛光，以进一步降低抛光面的表面粗糙度值。通常使用砂纸的号数依次为：400 号→600 号→800 号→1 000 号→1 200 号→1 500 号。

3. 精抛

精抛的主要目的是利用各种抛光轮（如布轮、毛毡轮等）配以适宜的抛光剂对工件表面进行抛光，使其表面达到半光亮或镜面要求。

五、抛光操作要点

（1）在确定具体抛光工艺时，应根据操作者的经验、所使用的工艺装备及材料性能等情况来确定。

（2）用砂纸抛光时，需要利用软的木棒或竹棒。在抛光圆弧面或球面时，使用软木棒可以更好地配合圆弧面和球面的弧度，而较硬的木条，如樱桃木，则更适用于平整表面的抛光。应修整木条（或竹条）的末端使其能与钢件表面形状保持吻合，以避免木条的锐角接触钢件表面而造成较深的划痕。

（3）在进行每一道打磨抛光工序时，磨具应从不同的45°方向去打磨抛光，以避免工件产生波浪等高低不平现象，直至消除上一级的砂纹，然后才可转换下一道更细砂号的砂纸。

（4）在抛光时，应先用较粗粒度的抛光剂进行抛光，然后再逐步减小抛光剂的粒度。一般情况下，抛光剂涂在磨具上，每个抛光磨具只能使用同一种粒度的抛光剂，不能混用。

（5）抛光过程应分开在两个工作地点完成，即粗抛加工地点和精抛加工地点分开，而且要注意清洗干净上一道工序残留在工件表面的磨料。要求每更换一次不同粒度号的磨料时，就要用煤油清洗一次，绝不能把不同粒度的磨料相互混淆使用。

（6）精抛时，工件需转到无尘间进行抛光，确保空气中无灰尘微粒粘在工件表面。精度要求在 $Ra1$ μm 及以上的抛光工艺，在清洁的抛光室内进行即可。若进行更加精密的抛光，则必须在绝对洁净的空间，因为灰尘、烟雾、头皮屑和口水沫等都有可能使高精密抛光表面报废。

（7）精抛时必须尽量在较轻的压力下进行，尤其是抛光预硬钢件和用细研磨膏抛光时。当用8 000号研磨膏抛光时，常用载荷为100～200 g/cm^2，但要保持此载荷的精准度很难做到。为了更容易地做到这一点，可以在木条上做一个薄且窄的手柄，例如加一铜片或者在木条上切去一部分而使其更加柔软，这样可以帮助控制抛光压力，以确保模具表面压力不会过高。

（8）抛光用的润滑剂和稀释剂有煤油、汽油以及牌号为L—AN32和L—AN46的全损耗系统用油、无水乙醇及工业透平油等。对这些润滑、清洗、稀释剂均要加盖保存。使用时，应分别采用玻璃吸管吸点法，轻轻地点在抛光件上，不要用毛刷往抛光件上涂抹。

（9）使用抛光毡轮、海绵抛光轮、牛皮抛光轮等柔软抛光磨具时，一定要经常检查这些柔性物质的磨损状况，以防止因磨损过量而露出与其粘接的金属铁杆，造成抛光面的损伤。一般要求当柔性部分还有2～3 mm时，应及时更换新轮。

（10）抛光工艺完成后，工件表面要做好防尘保护工作。当抛光过程停止时，应仔细去除所有研磨剂和润滑剂，保证工件表面洁净，随后应在工件表面喷淋一层模具防锈涂层。

六、影响抛光表面质量的因素

影响抛光表面质量的因素及改善措施见表 4—4—3。

表 4—4—3　　影响抛光表面质量的因素及改善措施

表面质量缺陷	产生原因	改善措施
抛光表面有划痕	抛光前工件表面有毛刺，使抛光表面划伤	抛光前应将毛刺除干净
	抛光剂中磨料粗细不均，使抛光面划痕深浅不一	抛光前应鉴定抛光剂，可用 400 倍显微镜观察。更换不合格的抛光剂，或对其做沉淀、过滤等分选
	抛光剂中磨料片状结构多，加工时磨料不易产生滚压作用，易出现滑压现象，导致抛光面产生较深的划痕	
	抛光剂黏度过大，使磨料不易产生滚压作用，划压概率大，易出现较大、较多的划痕	适当稀释抛光剂
	抛光液质量差、杂质多。例如使用干性油，易生成薄而硬的油膜，某些添加剂易变质，有沉淀物，空气中尘埃侵入等，均易导致抛光面产生划痕	应使用不干性油类作润滑剂，避免使用易变质的添加剂（如乳化液等）。抛光环境应干净
	抛光剂混合不均或磨料供给不均匀，使各工件表面抛磨不均，抛光过程不稳定，导致出现表面呈橘皮状，或有小白点和划圈等	抛光剂要搅拌均匀，供给均匀
	抛光剂介质中混有较多、较大的磨屑，导致抛光表面划伤	抛光剂应及时更换
	抛光研具的纤维粗细、软硬度相差悬殊，或抛光研具有硬质点等，导致划痕深浅不一，划伤抛光表面	应严格筛选抛光研具
	前面工序工件表面粗糙度值大或划伤严重，抛光时无法消除	在预加工时要保证工件质量
	抛光后未及时清洗，表面受腐蚀。操作过程中或运输、存放时碰伤、划伤工件抛光面	应及时清洗，加强责任心

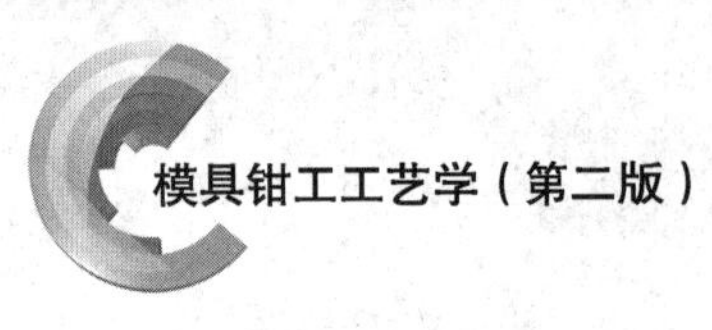

续表

表面质量缺陷	产生原因	改善措施
抛光表面粗糙度值降低不明显或各部位的抛光量过大	抛光研具刚度过小，使去除工件表面层金属的能力较弱，且抛光时间不足	适当提高抛光研具的运行速度或更换刚度较大的抛光研具
	抛光研具吸附抛光液及镶嵌游离磨料的能力低，使抛光能力降低	选用吸湿性和与磨料的粘接性及亲和性较好的研具
	抛光研具的刚度过大，使工件表面局部切除量过大；抛光研具的仿形能力过弱，不能完全触及工件型面各个部位	适当降低抛光研具的运动速度或采用刚度较小的抛光研具
	工艺参数选择不当，例如抛光压力过大或过小，抛光速度过高或过低，抛光余量过多或过少；抛光工艺方法不能适应表面粗糙度值低的加工等	调整工艺参数，更换工艺方法

知识拓展

模具抛光注意事项

（1）当开始抛光加工新模腔时，应先检查工件表面，用煤油清洗干净表面。

（2）粗抛时，要按先难后易的顺序进行，特别是一些难抛的死角、较深底部要先抛，最后抛侧面和大平面。

（3）部分工件可能要多件组拼在一起抛光。应先分别抛光单个工件的粗纹或火花纹，然后将所有工件拼齐抛至平滑。

（4）大平面或侧平面的工件，用抛光磨石抛去粗纹后再用平直的钢片做透光检测，检查是否有不平或倒扣等不良情况，如有倒扣，会导致制件脱模困难或拉伤制件。

（5）为防止模具工件抛出倒扣和保护贴合面，可用锯片粘贴或用砂纸贴在边上，这样可得到理想的保护效果。

（6）如果工件的平面用铜片或竹片压着砂纸抛光，则砂纸不应大过工具面积，否则会抛到不应抛的地方。

（7）抛光模具平面用前后拉动，拖动磨石的柄尽量放平，不要超出25°。若斜度太大，力由上向下冲，易导致在工件上抛出很多粗纹。

（8）抛光工具的形状应尽量与模具的表面形状一致，这样才能确保工件不被抛变形。

装配基础知识

第一节　常用电动工具及起重设备

一、手电钻

手电钻是一种便携式电动工具，如图 5—1—1 所示。在机械装配与维修中，当受工件形状或加工部位的限制不能用钻床钻孔时，则可使用手电钻加工。

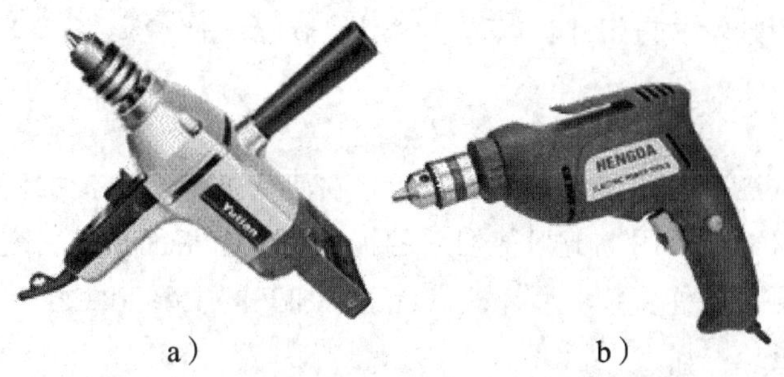

a）　　　　b）

图 5—1—1　手电钻

手电钻的电源电压分单相（220 V）和三相（380 V）两种。手电钻规格用最大钻孔直径表示，常用的有 ϕ6 mm、ϕ13 mm 等，在使用时可根据不同情况进行选择。

手电钻使用时必须注意以下几点：

（1）连接电源时，应注意电源电压与手电钻的额定电压是否相符。

（2）使用前，应检查接地线是否良好，以确保安全。

（3）使用时，须开机空转 1 min，检查传动部分是否正常。如有异常，应排除故障后再使用。

（4）三相手电钻试转时，应观察钻轴的旋转方向是否正确。

（5）钻头必须锋利，钻孔时不宜用力过猛。当孔将钻穿时须相应减轻压力，以防事故发生。

二、电磨头

电磨头属于高速磨削工具，如图 5—1—2 所示。电磨头适用于零件的修理、修磨和除锈，在夹具的装配调整中也可使用。当用布轮代替砂轮使用时，则可进行抛光作业。

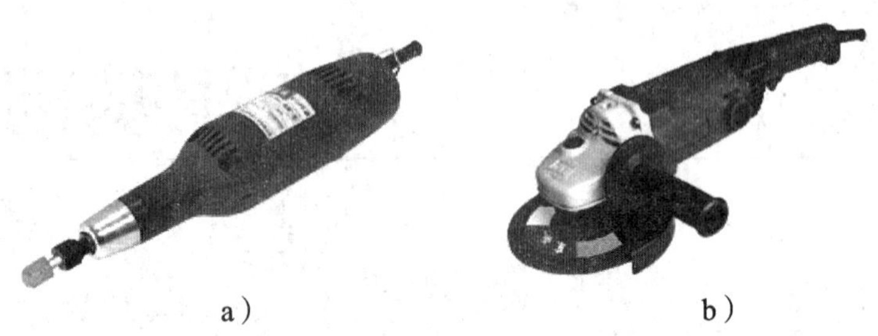

a）　　b）

图 5—1—2　电磨头

电磨头使用时必须注意以下几点：

（1）使用前应开机空转 2 ~ 3 min，检查旋转声音是否正常。若有异常，则应排除故障后再使用。

（2）新装砂轮应修整后使用，否则所产生的离心力会造成严重振动，影响加工精度。

（3）砂轮外径不得超过电磨头铭牌上规定的尺寸。工作时砂轮与工件的接触力不宜过大，更不能用砂轮冲击工件，以防砂轮爆裂造成事故。

三、电剪刀

电剪刀俗称铁皮剪，如图 5—1—3 所示。它使用灵活、携带方便，能用来剪切各种几何形状的金属板材。用电剪刀剪切后的板材，具有板面平整、变形小、质量好的优点。因此，它也是各种复杂大型样板进行落料加工的主要工具之一。

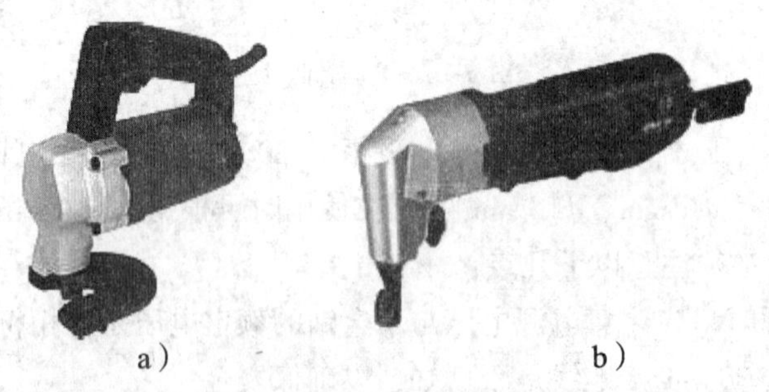

a）　　b）

图 5—1—3　电剪刀

使用电剪刀时必须注意以下几点：

（1）使用前应确认电剪刀完好无损，电源插头插实后方可正常使用，且必须戴钢丝手套。

（2）开机前应检查整机各部分螺钉是否紧固，然后开机空转，待运转正常后方可使用。

（3）剪切时，两刀刃的间距需根据材料厚度进行调整。剪切厚材料时，间距 S 为 0.2～0.3 mm；剪切薄材料时，间距 S 与材料厚度 H 有关，计算公式如下：

$$S=0.2H$$

进行小半径剪切时，须将两刃口间距调整到 0.3～0.4 mm。

四、电动扳手

电动扳手是以电源为动力的螺栓拧紧工具，如图 5—1—4 所示。常用的有冲击扳手、定扭矩扳手、扭力扳手等。电动扳手具有操作方便、省时省力、效率高等特点，广泛应用于装配生产线等场合。

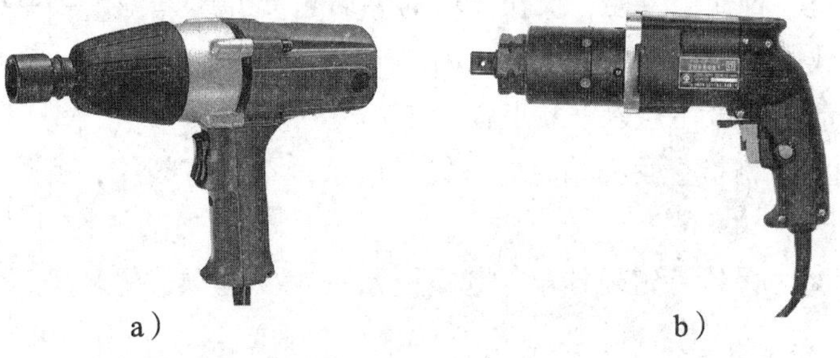

a）　　　　b）

图 5—1—4　电动扳手

使用电动扳手时应注意以下几点：

（1）检查现场所接电源与电动扳手铭牌是否相符，是否接有漏电保护器。

（2）根据螺母大小选择匹配的套筒，并妥善安装。

（3）尽可能在使用时找好反向力矩支靠点，以防反作用力伤人。

（4）使用时，若发现电动机碳刷火花异常，应立即停止工作，进行检查处理，排除故障。必须保持碳刷清洁干净。

五、千斤顶

千斤顶是一种小型起重工具（见图 5—1—5），主要用来起重工件或重物，模具钳工常用它来拆卸和装配过盈配合的零件。千斤顶具有体积小、操作简单、使用方便等优点。

使用千斤顶时应注意以下几点：

（1）千斤顶应垂直安放在重物下面。

（2）合用多个千斤顶升降重物时，要有人统一指挥，尽量保持各个千斤顶的升降速度和高度一致，以免重物发生倾斜。

（3）千斤顶加垫的木板或铁板等表面不能有油污，以防受力时打滑。

（4）起重较重的工件时，应在重物下面随起随垫枕木，以防意外。

（5）重物不得超过千斤顶的负载能力。

a）

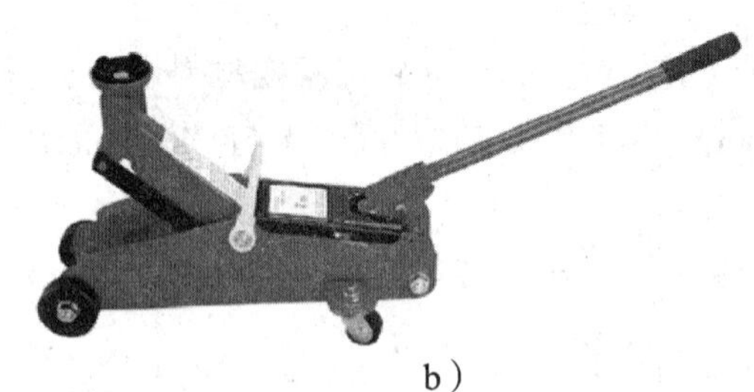

b）

图 5—1—5　千斤顶

六、手动葫芦

手动葫芦是一种使用方便、操作简单的手动起重工具（见 5—1—6），一般用于机械的垂直起吊或中、小型设备的水平拉动。

使用手动葫芦时应注意以下几点：

（1）使用前严格检查手动葫芦的吊钩、链条，不得有裂纹，棘爪弹簧应保证制动可靠。

（2）使用时，吊钩一定要挂牢，起重链条一定要理顺，链环不得错扭，以免使用时卡住链条。

（3）起重时，操作者应站在与手动葫芦链轮的同一平面内拉动链条，用力应均匀、缓和。拉不动时应检查原因，不得用力过猛或抖动链条。

七、手动液压升降车

手动液压升降车是一种使用灵活、操作方便的小型起重、搬运机械，如图 5—1—7 所示。在机械维修时，常用来现场起重、搬运设备零部件。

a）　b）

图 5—1—6　手动葫芦

图 5—1—7　手动液压升降车

使用手动液压升降车时应注意以下几点：

（1）多人一同作业时，应听从统一指挥。

（2）起重时，应先将脚轮止动，并固定好装拆的零部件。

（3）移动时应保持缓慢、平稳。

八、单梁桥式起重机

单梁桥式起重机是一种轻小型有轨起重设备，通常安装于生产车间，一般起重量为1～16 t。如图5—1—8所示，单梁桥式起重机由横梁、小车和电动葫芦等组成，具有体积小、质量轻、使用方便等优点，模具钳工在大型模具的安装和维修中经常使用。

图5—1—8　单梁桥式起重机

使用单梁桥式起重机时应注意以下几点：

（1）使用前，应试车检查各控制系统是否灵敏、安全可靠。

（2）电动葫芦的限位器是防止吊钩上升或下降超过极限位置的安全装置，不能当作行程开关使用。

（3）不准倾斜起吊或拖拉重物。

（4）吊动工件时，操作人员与工件应保持1 m以上的距离，吊运前方应无人、无障碍。操作人员跟车行走时，应注意防止绊倒。

（5）严禁超载起吊重物和长时间将重物吊在空中。

知识拓展

使用起重设备和吊装工具应遵守的安全措施

在装配、安装和调试大、中型模具时，经常使用起重设备和吊装工具。常用的起重设备有桥式起重机、电动葫芦、手动葫芦等，吊装工具有钢丝绳、链条、吊钩以及专用吊装绳索等。使用过程中，必须按照有关起重设备和吊装工具使用的安全操作规程进行操作，并遵守以下安全措施：

（1）工作前要明确分工、统一信号，准备好吊装工具、起重设备等，必须确定专

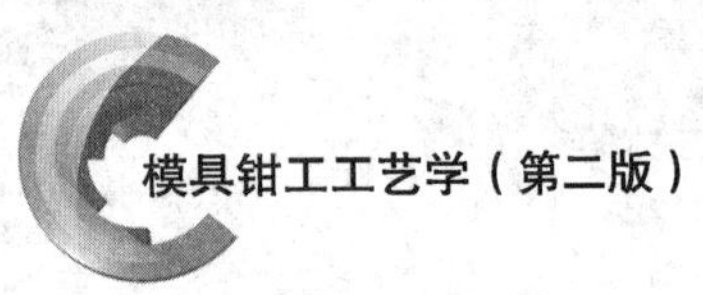

人负责指挥。

（2）起吊零部件，不准用铁丝、麻绳和传动带作起吊工具，不准用一根钢丝绳代替两根用，钢丝绳严禁超负荷使用。

（3）起吊时吊钩要垂直于重心，绳与地面垂直线的夹角一般不超过45°。

（4）零部件起吊稍离地面时要暂停起吊，检查起重设备、起吊工具和绳索是否牢固可靠，零部件是否平稳，棱角处要加软垫，确认无误后方可继续起吊。

（5）吊件上、下严禁站人。

第二节　装配工艺概述

一、装配的概念

按规定的技术要求，将零件或部件进行配合和连接，使之成为半成品或成品的工艺过程称为装配。

在装配过程中，最先进入装配的零件或部件称为装配基准件，可以独立进行装配的部件称为装配单元。

装配是机械制造过程的最后阶段，在机械产品制造过程中占有非常重要的地位。装配工作的好坏，对产品质量起着决定性作用。

二、装配工艺过程

工艺过程是指改变生产对象的形状、尺寸、相对位置或性质等，使其成为成品或半成品的过程。产品的装配工艺过程包括以下四个阶段。

1. 装配前的准备

（1）熟悉产品的装配图、工艺文件和技术要求，了解产品的结构、零件的作用以及相互连接关系。

（2）确定装配方法、顺序，准备所需要的工具。

（3）对将要进入装配的零件进行清理和清洗，去除零件上的毛刺、铁锈及油污。

（4）对有些零件还需要进行刮削等修配工作，对有特殊要求的零件还要进行平衡试验、密封性试验等。

2. 装配工作

装配工作是装配工艺过程中的主要阶段，分为部件装配和总装配。

（1）部件装配

把零件装配成部件的过程称为部件装配。

（2）总装配

把零件和部件装配成最终产品的过程称为总装配。

3. 调整、精度检验和试车

（1）调整

调节零件或机构的相互位置、配合间隙、结合面松紧等，使各零部件达到规定的设计要求。

（2）精度检验

指机构或机器的几何精度检验和工作精度检验等。几何精度是指机器静态时的精度，工作精度一般指机器工作状态下的精度。

（3）试车

指设备装配后，按设计要求进行的运转试验，其目的是检验机器运转的灵活性、振动、工作温升、噪声、转速、功率等性能是否符合要求。

4. 喷漆、油封、装箱

喷漆是为了防止非加工面锈蚀，并使机器的外表更加美观；油封是为了防止工件的配合面及零件的已加工面锈蚀；装箱是为了便于运输和储存。

三、装配的组织形式

装配的组织形式随着生产类型、产品复杂程度和技术要求的不同而不同，一般分为固定式装配和移动式装配两种。

1. 固定式装配

固定式装配是将产品或部件的全部装配工作安排在一个固定的工作地点进行。在装配过程中，产品的位置不变，装配所需的零件和部件都汇集在工作场地附近。固定式装配主要应用于单件生产或小批量生产。

2. 移动式装配

移动式装配是指工作对象（部件或组件）在装配过程中，有顺序地由一个工人转移到另一个工人，即所谓“流水装配法”。移动装配时，常利用传送带、滚道或地面传输线运送装配对象。每一工作地点由一个工人或一组工人重复地完成固定的工作内容，工人技术熟练，并且广泛地使用专用设备、专用工具和采用互换性原则，因而装配质量好，生产效率高，生产成本低。移动式装配适用于大批量生产，如汽车、拖拉机的装配。

四、装配工艺规程

1. 装配工艺规程及作用

装配工艺规程是指导装配施工的主要技术文件之一。它规定产品及部件的装配顺序、装配方法、装配技术要求、检验方法以及装配时所需的设备、工具、时间定额等，是提高产品质量和效率的必要措施，也是组织生产的重要依据。

2. 编制装配工艺规程的方法和步骤

（1）对产品进行分析

研究产品装配图、装配技术要求及相关资料，了解产品的结构特点和工作性能，确定装配方法和装配的组织形式。

（2）确定装配顺序

通过工艺性分析，将产品分解成若干个可以独立装配的组件和分组件，即装配单元。由于产品的装配总是从装配基准件（基准零件或基准部件）开始，所以根据装配单元确定装配顺序时，应首先确定装配基准件，然后根据装配结构的具体情况，按照“先下后上，先内后外，先难后易，先精密后一般，先重大后轻小”的原则，同时安排必要的检验工序并确定装配顺序。

例如，如图 5—2—1 所示为某锥齿轮轴组件的装配图。经分析，装配基准件为锥齿轮轴，其装配顺序如图 5—2—2 所示。

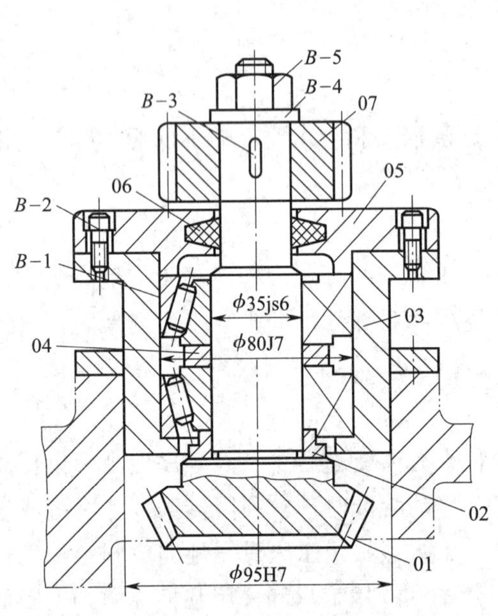

图 5—2—1　锥齿轮轴组件的装配图

01—锥齿轮轴　02—衬垫　03—轴承套　04—隔圈

05—轴承盖　06—毛毡圈　07—圆柱齿轮　*B*－1—轴承

B－2—螺钉　*B*－3—键　*B*－4—垫圈　*B*－5—螺母

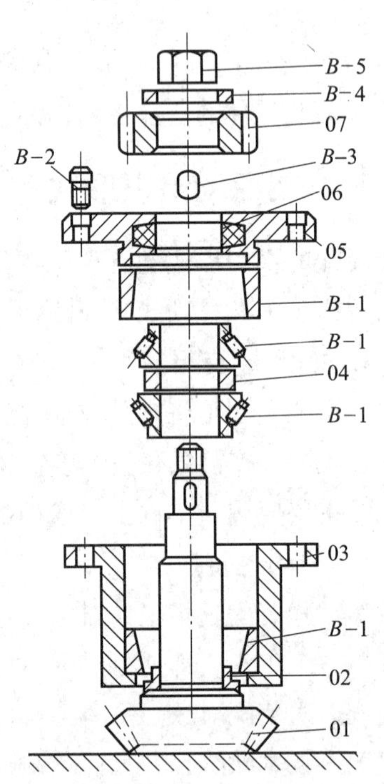

图 5—2—2　锥齿轮轴组件的装配顺序

（3）绘制装配单元系统图

装配单元系统图是表示产品装配单元的划分及其装配顺序的示意图。装配单元系统图的绘制方法如下：

1）先画一横线，在横线的左端画出代表基准件的长方格，在横线的右端画出代表产品的长方格。

2）按装配顺序从左向右将代表直接装到产品上的零件或组件的长方格从横线引出，零件画在横线上面，组件画在横线下面。

3）用同样方法把每一组件及分组件的系统图展开画出。

如图 5—2—3 所示为锥齿轮轴组件的装配单元系统图。

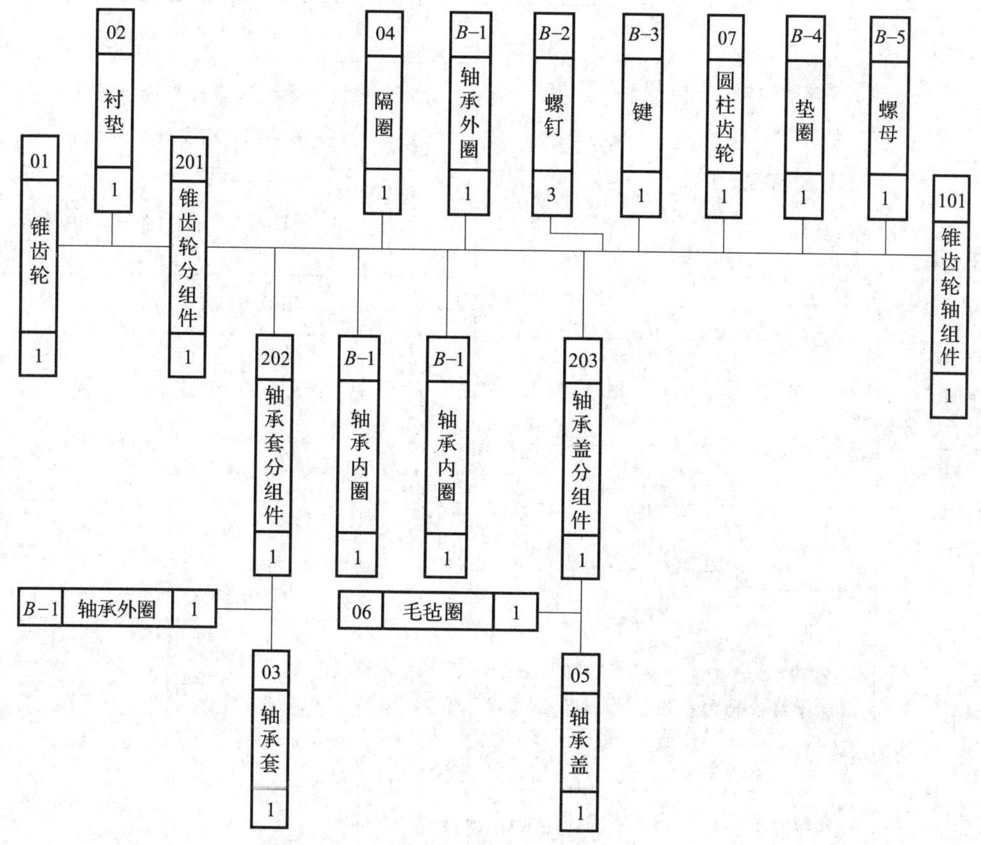

图 5—2—3 锥齿轮轴组件的装配单元系统图

由此可见，装配单元系统图表明了产品零部件间的相互装配关系及装配流程，可以用来指导和组织装配工艺过程。

（4）划分装配工序和装配工步

根据装配单元系统图，将装配工作划分成装配工序和装配工步。由一个工人或一组工人在不更换设备或地点的情况下完成的装配工作称为装配工序。用同一工具，不改变工作方法，并在固定的位置上连续完成的装配工作，称为装配工步。

装配工作一般由若干个装配工序组成，一个装配工序可包括一个或几个装配工步。如锥齿轮轴组件装配是就由四个装配工序组成。

（5）编写装配工艺文件

主要是编写装配工艺卡片，它包含了完成装配工艺过程所必需的资料。单件小批生产不需要制定工艺卡片，工人按装配图和装配单元系统图进行装配。成批生产，应根据装配系统图分别制定总装配和部件装配的装配工艺卡。表 5—2—1 为锥齿轮轴组件装配工艺卡，它简要说明了每一工序的工作内容、所需设备和工夹具、工人技术等级、时间定额等。大批量生产则需一序一卡。

表 5—2—1　　　　　　　　锥齿轮轴组件装配工艺卡

<table>
<tr><td colspan="4" rowspan="4">（锥齿轮轴组件装配图）</td><td colspan="5">装配技术要求</td></tr>
<tr><td colspan="5">（1）组装时，各装入零件应符合图样要求</td></tr>
<tr><td colspan="5">（2）组装后，锥齿轮应转动灵活，无轴向窜动</td></tr>
<tr><td colspan="5"></td></tr>
<tr><td colspan="2" rowspan="2">（厂名）</td><td colspan="2" rowspan="2">装配工艺卡</td><td>产品型号</td><td colspan="2">部件名称</td><td colspan="2">装配图号</td></tr>
<tr><td></td><td colspan="2">轴承套</td><td colspan="2"></td></tr>
<tr><td colspan="2">（车间名称）</td><td>工段</td><td>班组</td><td>工序数量</td><td colspan="2">部件数</td><td colspan="2">净重</td></tr>
<tr><td colspan="2">（装配车间）</td><td></td><td></td><td>4</td><td colspan="2">1</td><td colspan="2"></td></tr>
<tr><td rowspan="2">工序号</td><td rowspan="2">工步号</td><td colspan="2" rowspan="2">装配内容</td><td rowspan="2">设备</td><td colspan="2">工艺装备</td><td rowspan="2">工人等级</td><td rowspan="2">工序时间</td></tr>
<tr><td>名称</td><td>编号</td></tr>
<tr><td>Ⅰ</td><td>1</td><td colspan="2">分组件装配：锥齿轮与衬垫的装配
以锥齿轮轴为基准，将衬垫套装在轴上</td><td></td><td></td><td></td><td></td><td></td></tr>
<tr><td>Ⅱ</td><td>1</td><td colspan="2">分组件装配：轴承盖与毛毡圈的装配
将已剪好的毛毡圈塞入轴承盖槽内</td><td></td><td></td><td></td><td></td><td></td></tr>
<tr><td rowspan="4">Ⅲ</td><td colspan="3">分组件装配：轴承套与轴承外圈的装配</td><td rowspan="4">压力机</td><td rowspan="4">塞规
卡板</td><td rowspan="4"></td><td rowspan="4"></td><td rowspan="4"></td></tr>
<tr><td>1</td><td colspan="2">用专用量具分别检查轴承套孔及轴承外圈尺寸</td></tr>
<tr><td>2</td><td colspan="2">在配合面上涂上机油</td></tr>
<tr><td>3</td><td colspan="2">以轴承套为基准，将轴承外圈压入孔内底面</td></tr>
</table>

续表

工序号	工步号	装配内容	设备	工艺装备		工人等级	工序时间
				名称	编号		
Ⅳ		锥齿轮轴组件的装配：	压力机				
	1	以锥齿轮组件为基准，将轴承套分组件套装轴上					
	2	在配合面上加油，将轴承内圈压装在轴上并紧贴衬垫					
	3	套上隔圈，将另一轴承内圈压装在轴上，直至与隔圈接触					
	4	将另一轴承外圈涂上油，压至轴承套内					
	5	装入轴承盖分组件，调整端面的高度，使轴承间隙符合要求后，拧紧三个螺钉					
	6	安装平键，套装齿轮、垫圈，拧紧螺母，在配合面加油					
	7	检查锥齿轮转动的灵活性及轴向窜动					

									共　张
标记	处数	更改文件	签字	日期	设计（日期）	审核（日期）	标准化（日期）	会签（日期）	第　张

第三节　装配前的准备工作

一、装配前零件的清理和清洗

在装配过程中，零件的清理和清洗工作对提高装配质量、延长产品使用寿命具有重要的意义，特别是对于轴承、精密配合件、液压元件、密封件以及有特殊清洗要求的零件更为重要。

1. 零件的清理

装配前要清除零件上的型砂、铁锈、切屑、研磨剂、油污等。清理时，要避免划伤重要的配合表面。清理后，箱体零件内壁的不加工表面要涂以浅色油漆。

2. 零件的清洗

（1）清洗方法

单件小批量生产中，零件可在清洗槽中手工清洗；成批或大量生产中，常用清洗机清洗零件。在清洗方法上，可以采用气体清洗、浸酯清洗、喷淋清洗、超声波清洗等。

（2）常用清洗剂

常用的清洗剂有汽油、煤油、柴油和化学清洗液等。煤油、柴油的清洗力不及汽油，清洗后干燥较慢，但比汽油安全。化学清洗液含有表面活性剂，对油脂、水溶性污垢具有良好的清洗能力，且配制简单，稳定耐用，无毒，不易燃，使用安全，以水代油，节约能源，常用于清洗钢件上以油为主的油垢和机械杂质。工业汽油适用于清洗较精密的零部件，航空汽油适用于清洗质量要求更高的零件。使用汽油清洗时要注意防火。

（3）清洗时的注意事项

1）严禁用汽油清洗橡胶制品（如密封圈等），以防发胀变形，应使用酒精或化学清洗剂清洗。

2）滚动轴承不能使用棉纱清洗。已加注防锈润滑脂的密封滚动轴承不需要清洗。

3）清洗后的零件，应等零件上油滴干后再进行装配。清洗后暂不装配的零件应妥善保管，防止脏物和灰尘再次污染。

4）零件的清洗工作，可分为一次清洗和二次清洗。零件在一次清洗后，应检查有无碰损或划伤，进行修整后，再进行二次清洗。

二、零件的密封性试验

对于某些要求密封性的零件，如机床的液压元件、液压缸、阀体、泵体及压力容器等，要求在一定的压力下具有可靠的密封性，因此，在装配前应进行密封性试验。密封性试验有气压法和液压法两种。

1．气压法

对于承受工作压力较小的零件，可采用气压法密封性试验，如图 5—3—1 所示。试验前，将试件各孔全部封闭，然后浸入水中，并向试件内部通入压缩空气，水中无气泡说明试件不泄漏，当有泄漏时，可根据气泡密度来判断试件是否符合技术要求。

2．液压法

液压法密封性试验适用于承受工作压力较高的零件。对于容积较小的零件，可采用手动泵进行密封性试验，图 5—3—2 所示为三位五通阀体的密封性试验。试验前，按要求装好两端的密封圈和端盖，封闭其他孔口，加压至规定的试验压力后，仔细观察试件各部位是否有泄漏、渗透等现象，以此来判断试件的密封性能。

三、旋转件的平衡

机器中的旋转件（如带轮、飞轮、叶轮及各种转子等），由于材料密度不均、本身形状对旋转中心不对称、加工或装配产生误差等原因，造成重心与旋转中心发生偏移，旋转时因有不平衡量而产生离心力，使旋转中心无法固定，引起机械振动，从而使机器工作精度降低，零件寿命缩短，噪声增加，甚至发生破坏性事故。

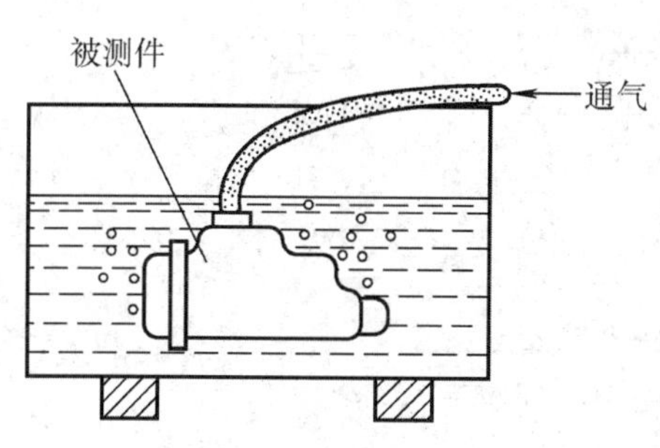

图 5—3—1 气压法密封性试验

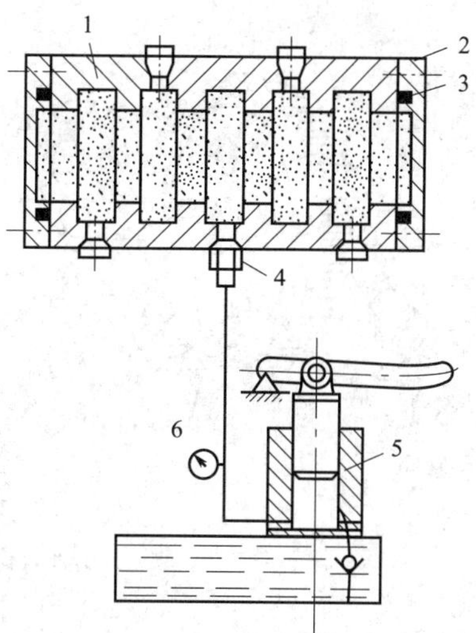

图 5—3—2 液压法密封性试验
1—被测件 2—端盖 3—密封圈
4—接头 5—手动液压泵 6—压力表

旋转件的不平衡形式有静不平衡和动不平衡两种。

1. 静不平衡的排除

如图 5—3—3 所示，旋转件在径向各截面上有不平衡量，由此产生的离心力的合力通过旋转件重心，不会引起使旋转轴线倾斜的力矩，这种不平衡称为静不平衡。其特点是：静止时，不平衡量自然地处于铅垂线的下方；旋转时，不平衡离心力只产生垂直于旋转轴线方向的振动。

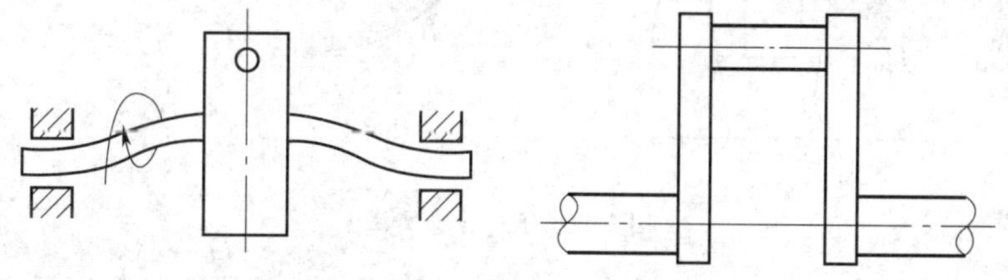

图 5—3—3 零件的静不平衡

（1）静平衡试验

调整产品或零部件使其达到静态平衡的过程称为静平衡试验。其方法是首先确定旋转件上不平衡量的大小和位置，然后去除或抵消不平衡量对旋转的不良影响。静平衡试验的步骤如下：

1）将待平衡的旋转件装上心轴后，放在平衡支架上。平衡支架应采用圆柱形或棱形，如图 5—3—4 所示。支承面应坚硬、光滑，有较高直线度、平行度，并应准确调至水平，以使旋转件在其上滚动时有较高的灵敏度。

2）用手轻推旋转体使其缓慢转动，待其自动静止后在旋转件的下方做标记。重复转动若干次，如所做标记位置不变，则为不平衡量方向。

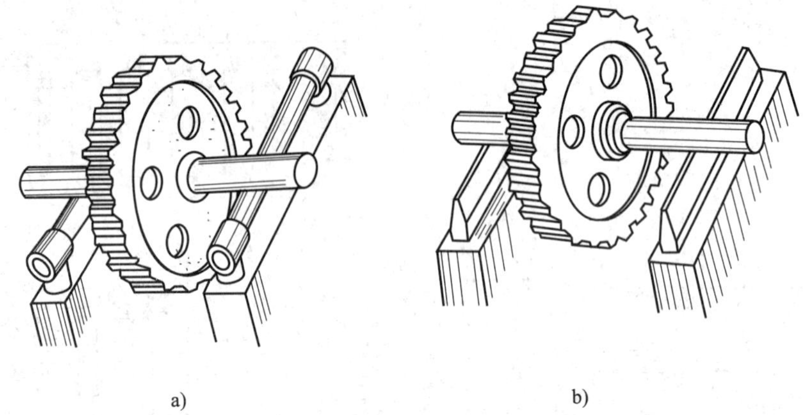

a)　　b)

图 5—3—4　静平衡装置

a）圆柱式平衡支架　b）棱式平衡支架

3）如图 5—3—5 所示，在与标记相对称部位粘上一质量为 m 的橡皮泥，使 m 对旋转中心产生的力矩恰好等于不平衡量 G 对旋转中心产生的力矩，即 $mr = Gl$，此时，旋转件获得静平衡。

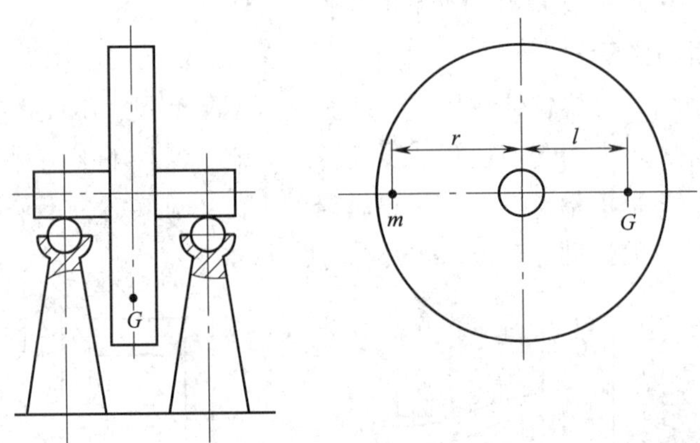

图 5—3—5　静平衡法

4）去掉橡皮泥，在其所在部位加上质量相当于 m 的重块，或在不平衡量处（与 m 相对直径上 l 处）去除一定质量。待旋转件在任何位置均能在支架上停留时，静平衡试验即告结束。

（2）静平衡试验的应用

静平衡试验只能平衡旋转件重心的不平衡，无法消除不平衡力矩。因此，静平衡试验只适于长径比较小（如盘类旋转件）或长径比虽然大但转速不太高的旋转件。

2. 动不平衡的排除

如图 5—3—6 所示，旋转件在径向截面上有不平衡量且由此产生的离心力形成不平衡力矩，所以旋转件旋转时不仅会产生垂直于轴线的振动，而且还会产生使旋转轴线倾斜的振动，这种不平衡称为动不平衡。

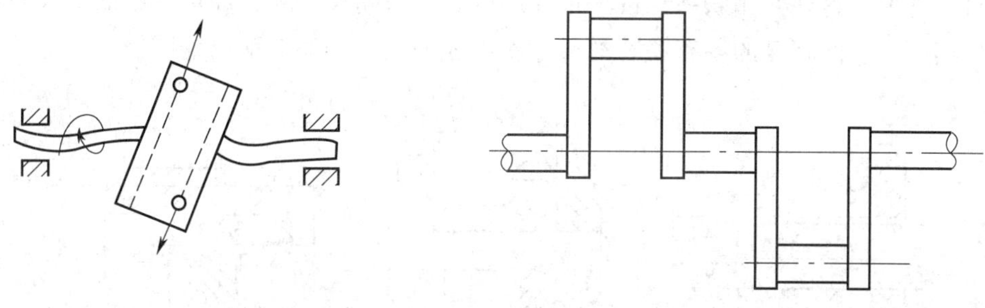

图 5—3—6 零件的动不平衡

对旋转的零部件在动平衡试验机上进行试验和调整，使其达到动态平衡的过程称为动平衡试验。对于长径比较大或转速较高的旋转件，必须进行动平衡试验。如图 5—3—7 所示为 HYQ—100 型机床主轴动平衡机。

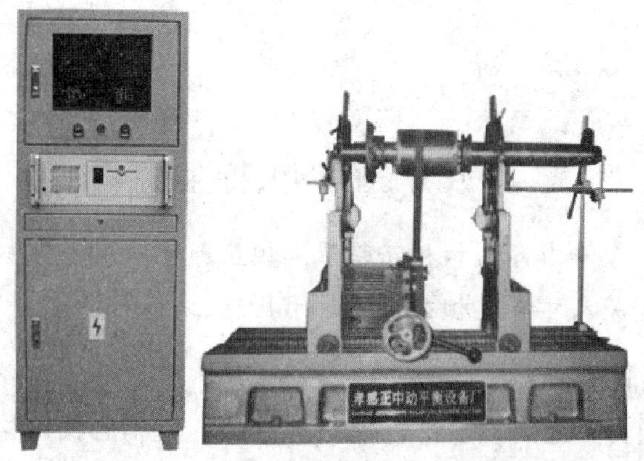

图 5—3—7 HYQ—100 型机床主轴动平衡机

第四节 装配尺寸链与装配方法

一、装配尺寸链

1. 装配尺寸链定义

在零件加工或产品装配过程中，为了达到加工精度或装配精度，要涉及各零件的许多有关尺寸。例如，图 5—4—1a 中齿轮孔与轴配合间隙 A_Δ 的大小，与孔径 A_1 及轴径 A_2 的大小有关；图 5—4—1b 中齿轮端面与机体孔端面配合间隙 B_Δ 的大小，与机体孔端面距离尺寸 B_1、齿轮宽度 B_2 及垫圈厚度 B_3 的大小有关；图 5—4—1c 中机床床鞍与导轨之间配合间隙 C_Δ 的大小，与尺寸 C_1、C_2 及 C_3 的大小有关。这些尺寸可以组成一个封闭外形，这些互相联系且按一定顺序排列的封闭尺寸组合即尺寸链。

影响某一装配精度的各有关装配尺寸所组成的尺寸链即装配尺寸链。

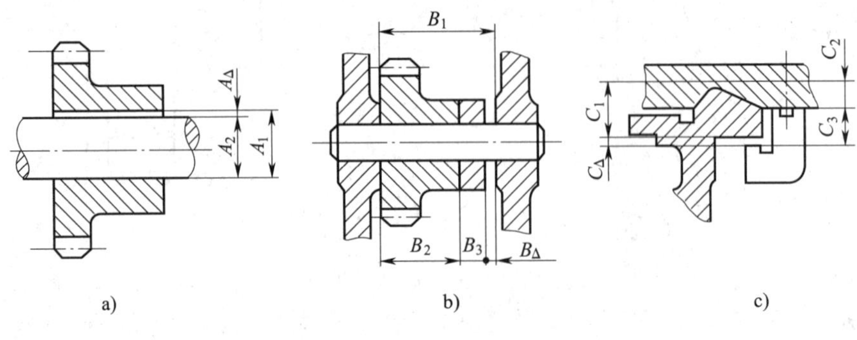

图 5—4—1　装配尺寸链

知识拓展

尺寸链的两大特性

（1）关联性。尺寸链中各尺寸相互联系、相互影响，像链条一样一环扣一环。

（2）封闭性。有关尺寸首尾相接，呈封闭状态。

2. 装配尺寸链简图

为简便起见，通常不绘出该零部件的具体结构，也不必按严格的比例绘制，只要依次绘出各有关尺寸，排列成封闭的外形，这种示意图称为尺寸链简图。表示各零件之间相互装配关系的尺寸链简图称为装配尺寸链简图，图 5—4—1 所示三种情况的装配尺寸链简图如图 5—4—2 所示。

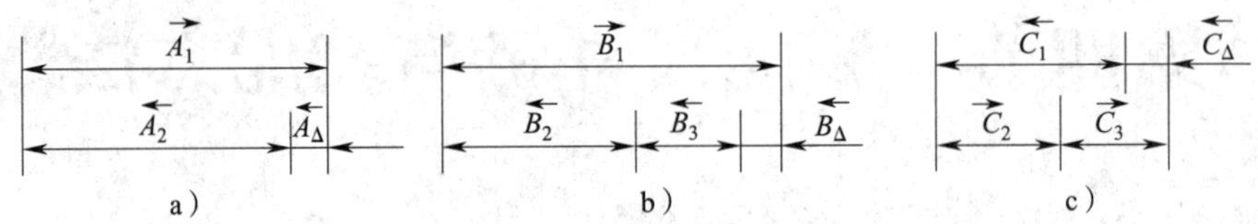

图 5—4—2　装配尺寸链简图

3. 装配尺寸链的环

根据尺寸链的关联性和封闭性，可以判断出每个尺寸链至少由三个尺寸组成，构成尺寸链的每一个尺寸都称为环。为了便于区分各环的作用、含义以及相关数值的计算，将环又细分为以下几种。

（1）封闭环

在零件加工或机器装配过程中，最后自然形成（或间接获得）的尺寸，称为封闭环。一个尺寸链只有一个封闭环，如图 5—4—2 中的 A_Δ、B_Δ 和 C_Δ。

（2）组成环

尺寸链中除封闭环以外的其余尺寸均称为组成环。同一尺寸链中的组成环，用同一字母表示，如 A_1、A_2、A_3，B_1、B_2、B_3，C_1、C_2、C_3等。

（3）增环

在其他组成环不变的条件下，当某组成环增大时封闭环随之增大，那么该组成环称为增环。图 5—4—2 中的 A_1、B_1、C_2、C_3 为增环，用符号 $\overrightarrow{A_1}$、$\overrightarrow{B_1}$、$\overrightarrow{C_2}$、$\overrightarrow{C_3}$ 表示。

（4）减环

在其他组成环不变的条件下，当某组成环增大时封闭环随之减小，那么该组成环称为减环。图 5—4—2 中的 A_2、B_2、B_3、C_1 为减环，用符号 $\overleftarrow{A_2}$、$\overleftarrow{B_2}$、$\overleftarrow{B_3}$、$\overleftarrow{C_1}$ 表示。

知识拓展

封闭环、增环、减环的简易判断方法

封闭环通常指的就是装配技术要求或装配精度。

由尺寸链任一环的基面出发，绕其轮廓转一周，回到这一基面，按旋转方向给每个环标出箭头，凡是箭头方向与封闭环相反的为增环，箭头方向与封闭环相同的为减环，如图 5—4—2 所示。

4. 封闭环极限尺寸计算

（1）封闭环公称尺寸

由装配尺寸链简图可以看出，封闭环公称尺寸等于所有增环公称尺寸之和减去所有减环公称尺寸之和，即：

$$A_\Delta = \sum_{i=1}^{m} \overrightarrow{A_i} - \sum_{i=1}^{n} \overleftarrow{A_i}$$

式中 A_Δ——封闭环公称尺寸，mm；

$\overrightarrow{A_i}$——第 i 个增环公称尺寸，mm；

$\overleftarrow{A_i}$——第 i 个减环公称尺寸，mm；

$\sum$——求和符号；

m——增环数目；

n——减环数目。

（2）封闭环上极限尺寸

当所有增环均为上极限尺寸，所有减环均为下极限尺寸时，则封闭环必为上极限尺寸，其计算公式为：

$$A_{\Delta\max} = \sum_{i=1}^{m} \overrightarrow{A}_{i\max} - \sum_{i=1}^{n} \overleftarrow{A}_{i\min}$$

式中　$A_{\Delta\max}$——封闭环上极限尺寸，mm；

$\overrightarrow{A}_{i\max}$——各增环上极限尺寸，mm；

$\overleftarrow{A}_{i\min}$——各减环下极限尺寸，mm。

（3）封闭环下极限尺寸

当所有增环均为下极限尺寸，所有减环均为上极限尺寸时，则封闭环必为下极限尺寸，其计算公式为：

$$A_{\Delta\min} = \sum_{i=1}^{m} \overrightarrow{A}_{i\min} - \sum_{i=1}^{n} \overleftarrow{A}_{i\max}$$

式中　$A_{\Delta\min}$——封闭环下极限尺寸，mm；

$\overrightarrow{A}_{i\min}$——各增环下极限尺寸，mm；

$\overleftarrow{A}_{i\max}$——各减环上极限尺寸，mm。

（4）封闭环公差

将以上两式相减，可得封闭环公差为：

$$\delta_{\Delta} = \sum_{i=1}^{m+n} \delta_i$$

式中　δ_{Δ}——封闭环公差，mm；

δ_i——各组成环公差，mm。

上式表明，封闭环公差等于各组成环公差之和。

例 5—4—1　图 5—4—1b 所示齿轮轴装配中，要求装配后齿轮端面与箱体凸台端面之间具有 0.1 ~ 0.3 mm 的轴向间隙。已知 $B_1 = 80^{+0.1}_{\ 0}$ mm，$B_2 = 60^{\ 0}_{-0.06}$ mm，那么 B_3 尺寸应控制在什么范围内才能满足装配要求？

解：（1）根据题意绘尺寸链简图。

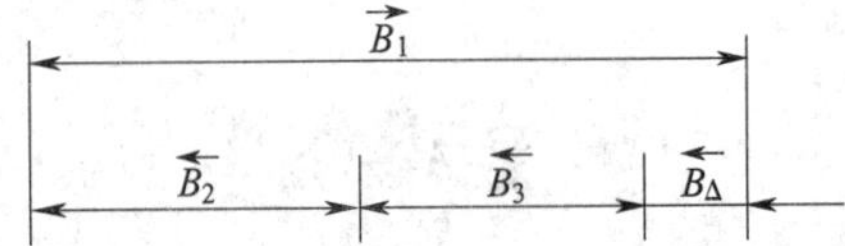

（2）确定封闭环、增环、减环分别为 B_Δ、$\overrightarrow{B_1}$、$\overleftarrow{B_2}$、$\overleftarrow{B_3}$。

（3）列尺寸链方程式，计算 B_3 的公称尺寸。

$$B_\Delta = B_1 - (B_2 + B_3)$$

$$B_3 = B_1 - B_2 - B_\Delta = 80 - 60 - 0 = 20 \text{ mm}$$

（4）确定 B_3 的极限尺寸。

$$B_{\Delta\max} = B_{1\max} - (B_{2\min} + B_{3\min})$$

$$B_{3\min} = B_{1\max} - B_{2\min} - B_{\Delta\max} = 80.1 - 59.94 - 0.3 = 19.86 \text{ mm}$$

$$B_{\Delta\min} = B_{1\min} - (B_{2\max} + B_{3\max})$$

$$B_{3\max} = B_{1\min} - B_{2\max} - B_{\Delta\min} = 80 - 60 - 0.1 = 19.9\ \text{mm}$$

故 $B_3 = 20^{-0.10}_{-0.14}$ mm。

二、装配方法

零件精度是保证装配精度的基础，装配精度直接与零件制造精度有关，但装配精度并不完全取决于零件精度。如果在装配时采取一定的工艺措施，即使零件制造精度降低，也能保证装配要求。常用的工艺措施有：对工件进行测量、挑选，对某一装配件进行修配，调整装配件位置等。为正确处理装配精度与零件制造精度的关系，妥善解决生产的经济性与使用要求之间的矛盾，生产中可采用不同的装配方法。

1. 互换装配法

在装配时，各配合零件不经修配、选择或调整即可达到装配精度的方法称为互换装配法。互换装配法的装配精度完全依赖于零件的制造精度，其特点及适应范围是：

（1）装配操作简便，生产效率高。

（2）装配时间易确定，便于组织流水线装配。

（3）零件磨损后，更换方便。

（4）对零件精度要求高。

（5）适用于组成环数少、装配精度要求不高的场合或大批量生产中。

2. 分组装配法

在成批或大量生产中，将产品各配合副的零件按实测尺寸分组，装配时按组进行互换装配以达到装配精度的方法称为分组装配法。这种装配方法的装配精度取决于分组数。其特点及适用范围是：

（1）经分组后零件的配合精度高。

（2）可增大零件的制造公差，使零件制造成本降低。

（3）虽然增加了测量、分组等工作，但可以提高装配精度。

（4）适用于大批量生产中装配精度要求很高、组成环数较少的场合。

3. 修配装配法

在装配时，修去指定零件上预留修配量，以达到装配精度的方法称为修配装配法。如图 5—4—3 所示，在卧式车床尾座装配中，用修刮尾座底板的方法以保证车床前后顶尖的等高度。这种装配方法的特点及适应范围是：

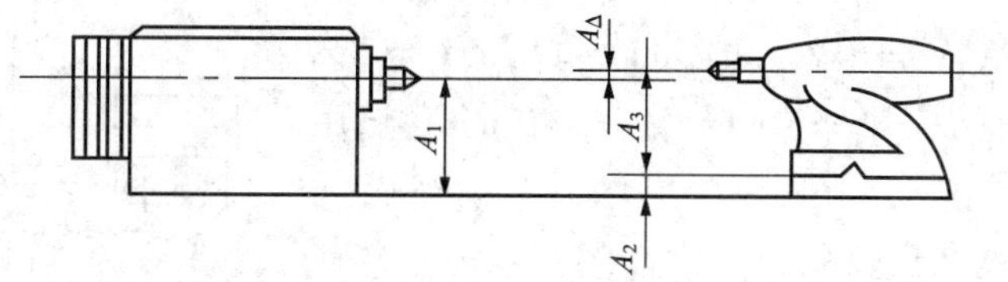

图 5—4—3　修刮尾座底板

（1）零件的加工精度要求降低。

（2）不需要高精度的加工设备，节省机械加工时间。

（3）装配工作复杂化，装配时间增加。

（4）适于单件、小批量生产或成批生产精度高的产品。

4．调整装配法

如图 5—4—4 所示，在装配时，用改变产品中可调整零件的相对位置或选用合适的调整件以达到装配精度的方法称为调整装配法。调整装配法分为可动调整（调整零件的相对位置）和固定调整（调整选用零件的尺寸）两种。其特点是：

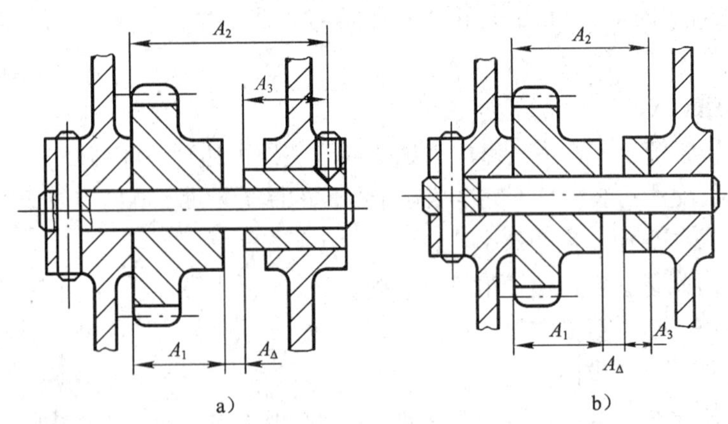

图 5—4—4 调整装配法

a）可动调整 b）固定调整

（1）装配时，零件不需任何修配加工，只靠调整就能达到装配精度。

（2）可以定期进行调整，容易恢复配合精度，对于容易磨损而需要改变配合间隙的结构极为有利。

（3）容易使配合件的刚度受到影响，甚至会影响配合件的位置精度和寿命。

三、装配尺寸链解法

不论采用哪种装配方法，都需要应用尺寸链的概念。根据装配精度（即封闭环公差）对装配尺寸链进行分析，并合理分配各组成环公差的过程，称为解尺寸链。

下面以互换法解尺寸链为例，说明解装配尺寸链的方法。

例 5—4—2 图 5—4—5 所示齿轮箱部件，装配要求为轴向窜动量 $A_\Delta = 0.2 \sim 0.7$ mm。已知 $A_1 = 122$ mm，$A_2 = 28$ mm，$A_3 = A_5 = 5$ mm，$A_4 = 140$ mm，试用完全互换法解尺寸链。

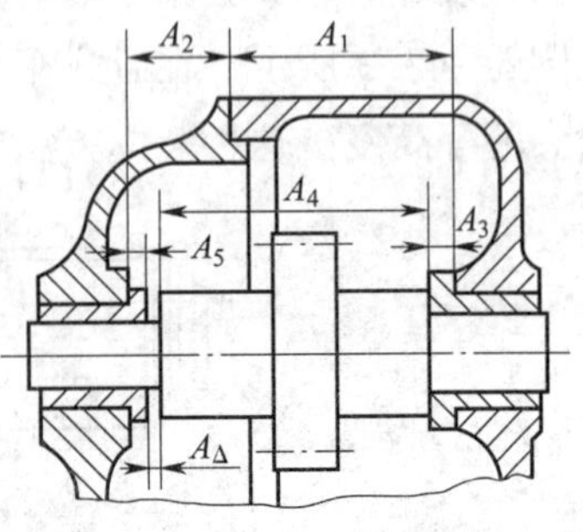

图 5—4—5 齿轮轴装配图

解：（1）根据题意绘出尺寸链简图，并校验各环公称尺寸。

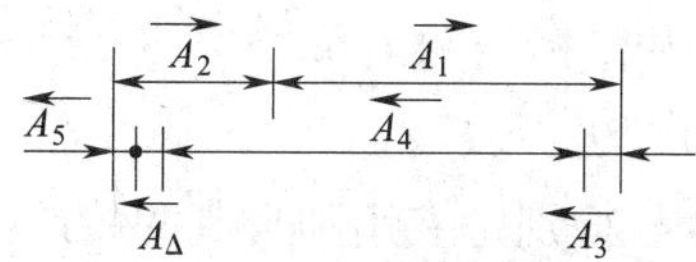

其中 A_1、A_2 为增环，A_3、A_4、A_5 为减环，A_Δ 为封闭环。

$$A_\Delta = (A_1 + A_2) - (A_3 + A_4 + A_5) = (122 + 28) - (5 + 140 + 5) = 0$$

各环公称尺寸确定无误。

（2）确定各组成环公差及极限尺寸。首先求出封闭环公差：

$$\delta_\Delta = 0.7 - 0.2 = 0.5 \text{ mm}$$

根据 $\delta_\Delta = \sum_{i=1}^{m+n} \delta_i = \delta_1 + \delta_2 + \delta_3 + \delta_4 + \delta_5 = 0.5$ mm，同时考虑各组成环尺寸的大小、加工和测量的难易程度，合理分配各环尺寸公差：

$$\delta_1 = 0.20 \text{ mm}，\delta_2 = 0.10 \text{ mm}，\delta_3 = \delta_5 = 0.05 \text{ mm}，\delta_4 = 0.10 \text{ mm}$$

（3）确定协调环。为了能满足装配精度要求，应在各组成环中选择一个环，其极限尺寸由封闭环极限尺寸方程式来确定，此环称为协调环。一般选择便于加工和测量的组成环为协调环。本题选 A_4 为协调环。

（4）确定各组成环极限偏差，并计算协调环极限尺寸。

根据“入体原则”及各组成环公差值，确定各组成环极限偏差和协调环极限尺寸：

$$A_1 = 122^{+0.20}_{\ \ 0} \text{ mm}，A_2 = 28^{+0.10}_{\ \ 0} \text{ mm}，A_3 = A_5 = 5^{\ \ 0}_{-0.05} \text{ mm}$$

$$\begin{aligned} A_{4\min} &= A_{1\max} + A_{2\max} - A_{3\min} - A_{5\min} - A_{\Delta\max} \\ &= 122.20 + 28.10 - 4.95 - 4.95 - 0.7 = 139.70\text{mm} \end{aligned}$$

$$\begin{aligned} A_{4\max} &= A_{1\min} + A_{2\min} - A_{3\max} - A_{5\max} - A_{\Delta\min} \\ &= 122 + 28 - 5 - 5 - 0.2 = 139.80\text{mm} \end{aligned}$$

所以 $A_4 = 140^{-0.20}_{-0.30}$ mm。

第五节　零件拆卸与修理

一、拆卸前的准备工作

拆卸是机器或模具修理过程中的重要环节。在拆卸过程中，若考虑不周、方法不当，就会造成被拆卸零部件损坏，甚至使整台机器或模具的精度、性能降低。拆卸前的准备工作如下：

（1）熟悉有关技术资料，查阅说明书、装配图及历次修理记录，详细了解机器或模具的结构、工作原理、性能、精度检验标准等。

（2）掌握各零部件之间的装配关系、连接和定位方法、配合性质及盈隙大小，测量出有关零部件的相对位置，并做标记和记录。

（3）研究确定正确的拆卸方法。

（4）准备必备的拆卸工具，特别是专用和自制的特殊工、量具。

二、拆卸的基本要求及注意事项

机械设备拆卸时，应该按照与装配相反的顺序进行，一般按照“从外部拆到内部，从上部拆到下部；先拆成部件或组件，再拆成零件”的原则进行。另外，在拆卸中还必须注意下列事项：

（1）对不易拆卸或拆卸后会降低连接质量和损坏一部分连接零件的，应当尽量避免拆卸。如密封零件、过盈连接、铆接和焊接连接件等。

（2）用击卸法冲击零件时，必须垫好软衬垫，或使用软材料（如纯铜）做的锤子或冲棒，以防止损坏零件表面。

（3）拆卸时用力应适当，注意保护主要结构件。对于相配合的两零件，在不得已必须采用破坏性拆卸时，应保存价值较高、制造困难或质量较好的零件。

（4）长径比较大的零件，如较精密的细长轴、丝杠等零件，拆下后应立即进行清洗、涂油并垂直悬挂。重型零件可用多支点支承卧放，以免变形。

（5）拆下的零件应尽快清洗，并涂油防锈，妥善保管。零件较多时，要按部件分门别类，做好标记后放置。

（6）拆下的细小、易丢失的零件，如螺钉、螺母、垫圈及销子等，清洗后尽可能再装到主要零件上去，防止丢失。轴上零件拆下后，最好按原次序方向临时装回轴上或用钢丝串起来放置。

（7）拆下的各种液压件，在清洗后均应将进出口封好，以免灰尘杂质侵入。

（8）在拆卸旋转部件时，应注意尽量不破坏原来的平衡状态。

（9）容易产生位移而又无定位装置或有方向性的相配件，在拆卸时应先做好标记，以便装配时辨认。

知识拓展

（1）拆卸时，若出现异常情况（如拆不动），应仔细查找原因，绝不能猛敲狠打。

（2）拆卸大型零件时，要坚持慎重、安全的原则。拆卸中应仔细检查锁紧螺钉及压板等零件是否拆开。吊挂时要注意安全。

（3）必要时，在设备拆卸前应制定相应的安全措施。

（4）拆下的高精度零件要单独存放。

三、常用的拆卸方法

根据零部件结构特点的不同，应采用合理的拆卸方法。常用拆卸过盈连接的方法有击卸法、拉拔法、顶压法、加热法和破坏法等。

1. 击卸法

击卸法是用锤子或其他重物的冲击能量，把零件拆下来的一种方法。它具有使用工具简单、操作灵活方便、适用广泛等特点，是拆卸工作中最常用的方法。击卸时要注意对受击部位的保护，如图 5—5—1 所示。

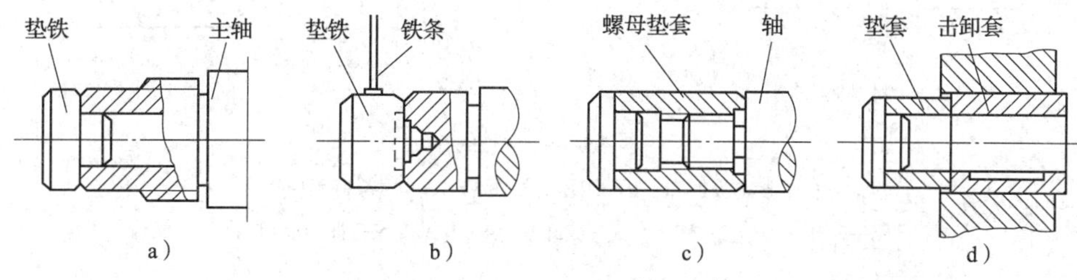

图 5—5—1　击卸时的保护

a）保护主轴的垫铁　b）保护轴端中心孔　c）保护轴端螺纹的垫铁　d）保护轴套的垫套

2. 拉拔法

拉拔法是利用专用拉拔器把零件拆卸下来的一种静力拆卸方法。它具有拆卸件不受冲击力、拆卸安全、不容易损坏零件等特点，适用于拆卸精度较高、不许敲击和无法敲击的零件，如图 5—5—2 所示。

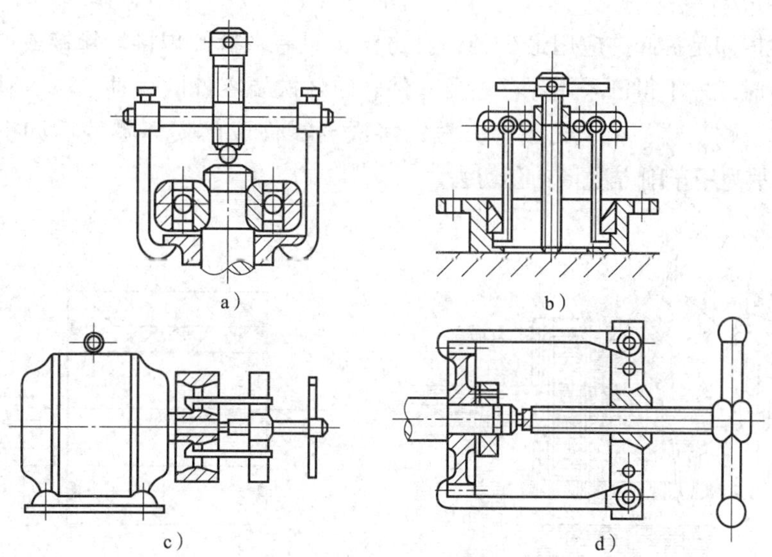

图 5—5—2　拉拔法

a）用拉拔器拉出滚动轴　b）用拉拔器拉卸滚动轴承外圈

c）、d）用拉拔器拉卸带轮、齿轮和滚动轴承

3. 顶压法

顶压法是利用压力机、C 形夹头等设备和工具进行的一种静力拆卸方法，一般用于形状简单的小型过盈配合件，如图 5—5—3 所示。

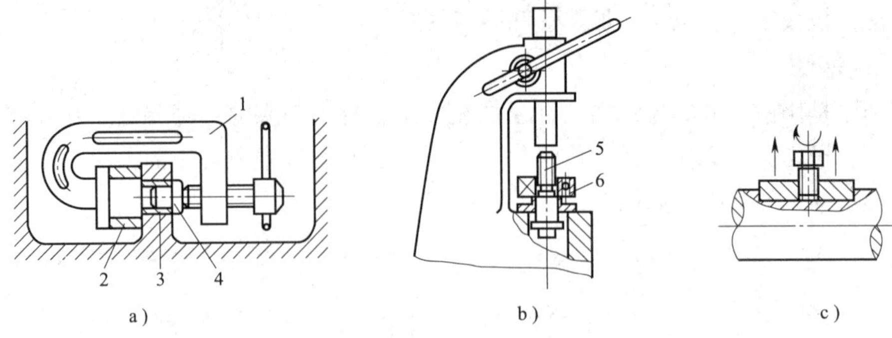

图 5—5—3　顶压法

a）用 C 形夹头拆卸　b）用压力机拆卸　c）用螺钉顶压拆卸

1—C 形夹头　2—垫套　3—被卸套　4—压头　5—轴　6—轴承

4. 加热法

加热法是利用金属材料热胀冷缩的物理特性，将包容件加热膨胀后进行拆卸的方法。加热法适用于配合过盈量较大或无法用击卸法拆卸的连接，如滚动轴承的拆卸。如图 5—5—4 所示，在加热前用石棉把靠近轴承部分的轴颈隔离开，防止轴受热胀大；用拉拔器卡爪钩住轴承内圈，给轴承施加一定拉力；然后迅速将加热到 100℃左右的热油浇注在轴承内圈上，待轴承内圈受热膨胀后，即可用拉拔器将轴承拉出。

5. 破坏法

破坏性拆卸是拆卸中应用最少的一种方法，只有在拆卸焊接、铆接或严重锈蚀等固定连接件时，才不得已采用保存主要零件、破坏次要零件的一种方法。破坏性拆卸一般采用车、锯、錾、钻、气割等方法，将次要零件或已损坏零件拆卸下来。如图 5—5—5 所示为用车削方法将轴套切去。

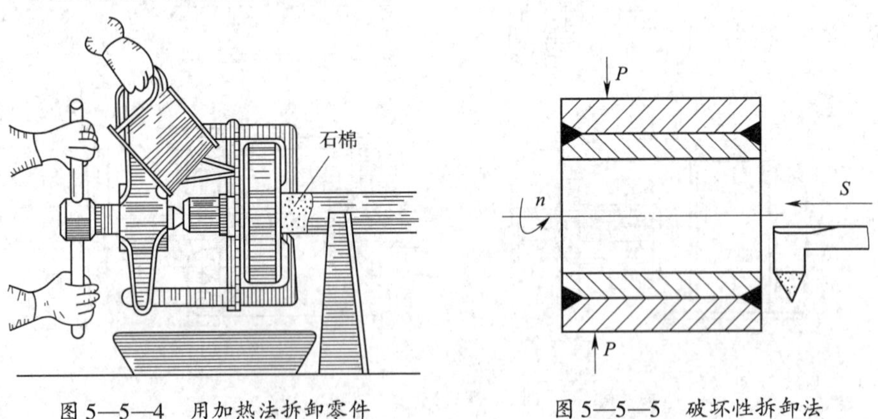

图 5—5—4　用加热法拆卸零件

图 5—5—5　破坏性拆卸法

四、零件常用的修复方法

1. 电镀修复法

常用的有镀铬、镀铁和电刷镀。电镀法不但能恢复磨损零件的尺寸，还能改善表面性能，提高硬度、耐磨性、耐腐蚀性等。电镀修复法多用于轴与轴颈的修复。

如图 5—5—6 所示为电刷镀原理。刷镀时，将专用直流电源的负极接到工件上（作为电刷镀时的阴极），正极与刷镀笔相连接（作为电刷镀时的阳极）。刷镀笔通常采用高纯细石墨块作阳极材料，石墨块包裹着棉套。蘸满刷镀液的刷镀笔以一定的相对运动速度在工件上移动，并保持适当的压力。在刷镀笔与工件接触部位，金属离子在电场力的作用下沉积在工件表面上形成镀层，时间越长沉积越厚，直至达到要求。

电刷镀技术是电镀技术的新发展，它具有设备轻便、工艺灵活、沉积速度快、镀层种类多、镀层结合强度高、环境污染小、适应范围广等特点。

2. 金属喷涂修复法

金属喷涂修复法有气喷法和电喷法两种，多用于轴或轴颈的修复，也可用来修复导轨、青铜轴承等。

气喷法如图 5—5—7 所示。它是利用氧—乙炔火焰熔化非自熔金属合金或尼龙塑料丝或粉末，并通过压缩空气将熔融金属或尼龙塑料吹成雾状，向工件磨损部位喷涂的一种方法。

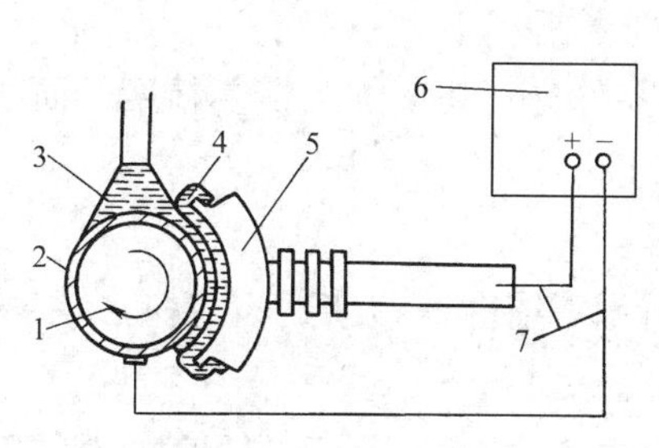

图 5—5—6 电刷镀原理

1—工件 2—镀层 3—刷镀液 4—阳极包套 5—刷镀笔 6—电源 7—电缆线

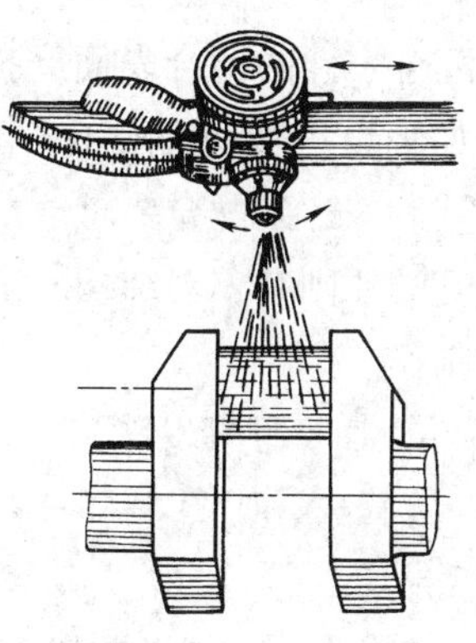

图 5—5—7 气喷法

电喷法是利用一般焊接电弧熔化两根不断进给的电极（金属丝），然后通过压缩空气把熔融金属吹成雾状，向工件上喷涂。

3. 焊接修复法

零件磨损或局部断裂时，可用焊接的方法进行修复。常用的焊接修复方法及其应用范围见表 5—5—1。

表 5—5—1 常用的焊接修复方法及其应用范围

方法	应用范围
振动电堆焊	常用于对主轴、花键轴、齿轮等零件进行修复
气焊	常用于修复断裂损坏的碳素钢、合金钢、铸铁和有色金属及其合金零件，还可以修复薄壁零件和低熔点合金

续表

方法	应用范围
手工电弧焊	常用于修复碳素钢、合金钢和铸铁零件
气体保护电弧焊	用于修复不锈钢，耐热钢以及铝、镁、钛合金等制成的零件
钎焊	用熔点低于零件材料的填充金属（钎料）连接零件或填补缺陷。常用于修复碳素钢、合金钢、铸铁、有色金属及其合金等制成的零件

4. 粘接修复法

利用粘接剂对零件的磨损、缺陷部位进行修补，如在机床导轨面上粘接金属或非金属导轨板，对轴、套、拨叉等零件断裂处进行粘接修复等。图5—5—8所示为用粘接法补偿镶条厚度。

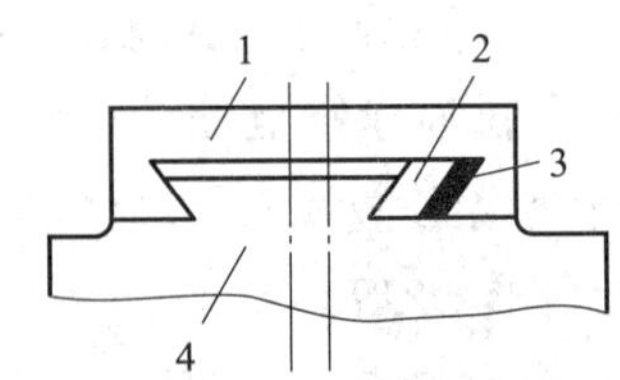

图5—5—8 用粘接法补偿镶条厚度
1—中滑板 2—镶条
3—环氧树脂粘接剂 4—床鞍

5. 机械加工修复法

（1）改变尺寸修复法

相配合零件的配合表面磨损后，可对其主要零件（如轴）进行切削加工，恢复其几何精度和表面粗糙度，并按其新尺寸配作与之配合的零件，达到配合要求。

修复的原则是：对结构复杂而贵重的零件进行切削加工恢复精度，而对其相配件则重新制作。

（2）镶加零件修复法

1）镶套法。如图5—5—9所示，将箱体磨损孔加大后压入镶套，用骑缝螺钉固定。

2）加垫法。当轴肩磨损时，可切去磨损部位，加一个适当尺寸的垫进行补偿，如图5—5—10所示。

3）机械加固法。如图5—5—11所示，在裂纹端部钻一卸荷孔，用钢板加固。

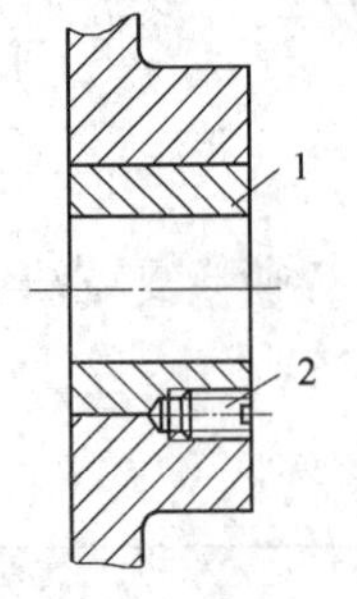

图5—5—9 用镶套法修复箱体孔
1—镶套 2—骑缝螺钉

图5—5—10 加垫法

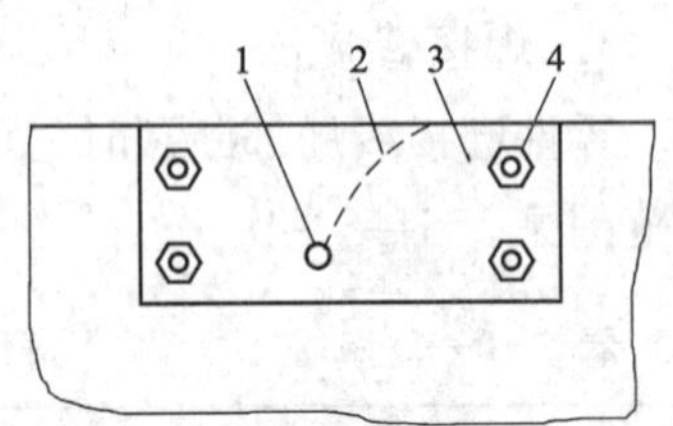

图5—5—11 机械加固法
1—卸荷孔 2—裂纹
3—钢板 4—螺钉

固定连接的装配与修理

在机械产品中，零件之间的连接方法包括固定连接和活动连接两种，其中最常见的固定连接有螺纹连接、键连接、销连接和过盈连接等。

第一节　螺纹连接的装配与修理

螺纹连接是机械设备中最基本的一种连接方法，它是一种可拆卸的固定连接，具有结构简单、连接可靠、装拆方便等优点，在机械设备中应用非常广泛。

一、常用装拆工具

螺纹连接的紧固件主要有螺栓、螺钉、螺柱、螺母等，现已标准化。其种类繁多，形状各异，因此，螺纹连接的装拆工具也各有不同，其特点及应用见表6—1—1。

表6—1—1　　常用螺纹连接装拆工具的特点及应用

工具名称		图示	特点及应用
螺钉旋具	一字旋具		规格用旋体长度表示。使用时，应根据螺钉沟槽的宽度选用
	十字旋具		主要用来装拆头部带十字槽的螺钉，其优点是旋具不易从槽中滑出

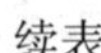
续表

工具名称		图示	特点及应用
扳手	活扳手		开口尺寸可在一定范围内调节。使用时，应让固定钳口承受主要作用力，否则容易损坏扳手。其规格用长度表示
	呆扳手		其规格用开口尺寸表示，一般由多把不同规格的呆扳手组成一套。用于装拆六角形或方头的螺母和螺钉
	梅花扳手		其特点是承载能力大、换位转角小（30°）。适用于工作空间狭小而不能容纳普通扳手的场合
	套筒扳手		由不同规格的梅花套筒组成一套。在受结构限制其他扳手无法装拆或为了节省装拆时间时采用，使用方便，工作效率较高
	内六角扳手		用于装拆内六角螺钉。其规格用六方的对边尺寸表示，使用时必须与螺钉配套

续表

工具名称		图示	特点及应用
扳手	钩头扳手		用于装拆圆螺母
	扭力扳手		常用的有指针型和数显型，主要用于有预紧力要求的场合
	棘轮扳手		此扳手不用换位，反复摆动手柄即可拧紧或松开螺母和螺钉。具有使用方便、效率高等特点

二、螺纹连接的类型

螺纹连接的主要类型有螺栓连接、螺钉连接、双头螺柱连接和紧定螺钉连接等。其结构、特点及应用见表6—1—2。

表6—1—2　　常见螺纹连接的结构、特点及应用

类型	结构	特点及应用
螺栓连接		无须在连接件上加工螺纹，连接件不受材料的限制 主要用于连接件不太厚，并能从两边进行装配的场合
螺钉连接		螺钉直接拧入一连接件的螺纹孔中，结构简单 主要用于连接件的结构受到限制，且不需经常装拆的场合

续表

类型	结构	特点及应用
双头螺柱连接		将螺柱一端拧入并紧定在一连接件的螺纹孔中，拆卸时只需旋下螺母，螺柱仍留在机体螺纹孔内，故螺纹孔不易损坏 主要用于连接件的结构受到限制，且需经常装拆的场合
紧定螺钉连接		将紧定螺钉拧入一连接件的螺纹孔中，其末端顶住另一零件的表面，或顶入相应的凹坑中 常用于固定两个零件的相对位置，并可传递不大的力或转矩

三、螺纹连接的装配技术要求

1. 保证一定的拧紧力矩

为了达到连接可靠和紧固的目的，装配时要施加一定的拧紧力矩，保证螺纹牙间产生足够的预紧力和摩擦力矩。

2. 有可靠的防松措施

螺纹连接一般都具有自锁性，正常情况下不会自行松脱，但在冲击、振动、交变载荷或工作温度变化很大的情况下，为了保证连接可靠，必须采取有效的防松措施。

3. 保证螺纹连接的配合精度

螺纹连接的配合精度由螺纹公差带和旋合长度两个因素确定。国家标准将用于连接的螺纹分为精密、中等、粗糙三种，每种各有规定的公差带和旋合长度要求，以保证足够的连接强度。

四、螺纹连接的装配要点

1. 双头螺柱的装配

（1）双头螺柱的装配必须保证与机体螺孔的配合有足够的紧固性（在装拆螺母过程中，双头螺柱不能松动）。通常利用螺纹尾部的不完整牙型来实现过盈配合而达到紧固的目的。

将双头螺柱拧入机体螺孔的方法很多，常用的有以下两种：

1）双螺母拧紧法。如图 6—1—1 所示，先将两个螺母相互锁紧在双头螺柱上，然后转动上面的螺母，将双头螺柱拧入螺孔。

2）长螺母拧紧法。如图 6—1—2 所示，先将长螺母旋入双头螺柱上，再拧紧止动螺钉，然后扳动长螺母，即可将双头螺柱拧入螺孔。取下长螺母时，先旋松止动螺钉，再拧出长螺母。

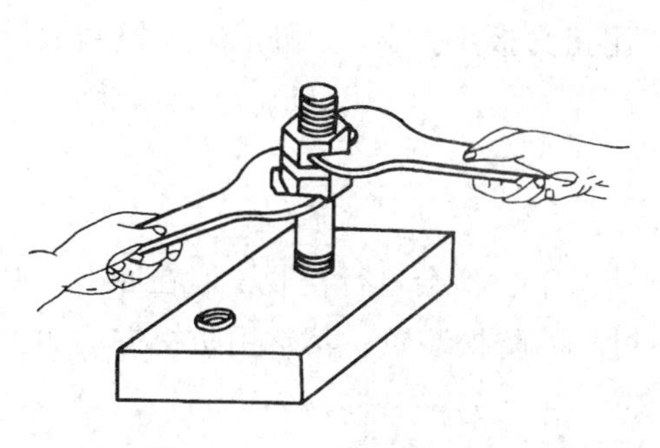

图 6—1—1　双螺母拧紧法

图 6—1—2　长螺母拧紧法
1—止动螺钉　2—长螺母

（2）双头螺柱的装配应保证螺柱轴线与机体表面垂直，配合面应加注润滑油。

2. 螺钉、螺栓、螺母的装配

螺钉、螺栓、螺母的装配要求如下：

（1）应保证螺钉或螺母端面与零件表面接触良好。

（2）被连接件应紧密贴合，受力均匀，连接牢固。

（3）拧紧成组螺钉或螺母时，应先中间、后两边、对称、分层次、逐步拧紧，以确保连接件及螺钉受力均匀，如图 6—1—3 所示。

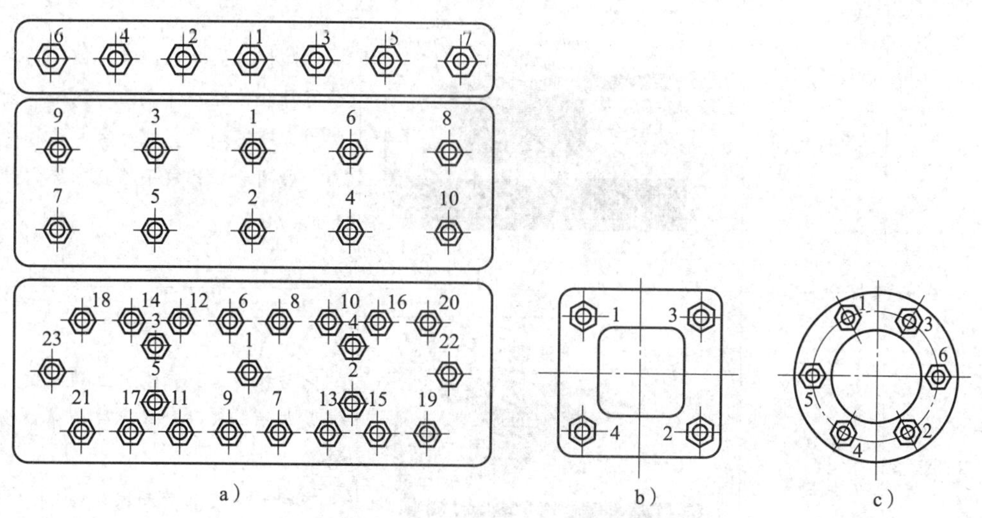

图 6—1—3　拧紧成组螺钉的顺序
a）长方形结构　b）方形结构　c）圆形结构

五、螺纹连接的预紧

螺纹连接的预紧就是在正常状态下把螺纹拧紧后，再加大拧紧力量，使螺纹连接在承受工作载荷之前受到预紧力的作用（材料有微量的变形）。

螺纹进行预紧的目的是增强螺纹连接的刚度、紧密性和防松性能，保证螺纹连接的正常工作，还可以提高螺纹件的疲劳强度。

常用预紧力的控制方法有扭矩法（用扭力扳手控制）、扭角法（控制螺钉或螺母的转角）和控制螺栓伸长法。

六、螺纹连接的防松

螺纹连接一般都具有自锁性，通常情况下，不会自行松脱，但在冲击、振动或交变载荷下，为避免螺纹连接松动，应有可靠的防松装置，其常用防松方法的特点及应用见表6—1—3。

表6—1—3　　常用螺纹连接防松方法的特点及应用

防松方法		图示	特点及应用
附加摩擦力防松	双螺母		将主螺母拧紧至预定位置，然后再拧紧副螺母。此防松装置增加了结构尺寸和质量 一般用于低速重载或较平稳的场合
	弹簧垫圈		此防松装置结构简单，但容易刮伤螺母和被连接件表面，同时，因弹力分布不均匀，螺母容易偏斜 一般用于工作较平稳且不经常装拆的场合
机械防松	槽螺母		它防松可靠，但螺杆上销孔位置不易与螺母最佳锁紧位置的槽口吻合 多用于交变载荷和振动场合

续表

防松方法		图示	特点及应用
机械防松	止动垫圈		装配时，先把垫圈的内翅插入螺杆槽中，然后拧紧螺母，再把外翅弯入螺母的外缺口内 常用于受力不大的圆螺母防松
	带耳垫圈		垫圈耳部分别与连接件和六角螺钉或螺母紧贴，防止回松 常用于连接部分可容纳弯耳的场合
	串联钢丝		用钢丝穿过各螺钉头部的径向小孔，利用钢丝的相互牵制作用防止回松。使用时应注意钢丝的穿绕方向 适用于结构紧凑的成组螺纹连接
破坏螺纹副防松	焊点或冲点		将螺钉或螺母拧紧后，在螺纹旋合处焊点或冲点。防松效果好 用于不再拆卸的场合

七、螺纹连接的修理方法

螺纹连接的损坏形式和修理方法见表6—1—4。

表6—1—4　　螺纹连接的损坏形式和修理方法

损坏形式	修理方法
螺孔损坏，使配合过松	可将螺孔钻大，攻制大直径的新螺纹，配换新螺钉。当螺孔的螺纹只损坏端部几牙时，可将螺孔加深，配换稍长的螺钉

续表

损坏形式	修理方法
螺钉、螺柱的螺纹损坏	一般更换新的螺钉、螺柱
螺钉头拧断	若螺钉断处在孔外，可在螺钉上锯槽、锉方或焊上一个螺母后再拧出。若断处在孔内，可用比螺纹小径小一点的钻头将螺钉钻出，再用丝锥修整内螺纹
螺钉、螺柱因锈蚀难以拆卸	可将煤油加入锈蚀处，待煤油渗入螺纹部分后即可拆卸；也可用锤子敲打螺钉或螺母，使铁锈受振动脱落后拧出螺钉或螺母

第二节　键连接的装配与修理

键连接是通过键实现轴和轴上零件间的周向固定以传递运动和转矩的。其中，有些类型还可以实现轴向固定及传递轴向力。它具有结构简单、工作可靠、装拆方便等优点，应用广泛。键连接可分为松键连接、紧键连接和花键连接。

一、松键连接的装配

1. 松键连接的特点及应用

键是键连接的主要零件，现已标准化。按键的结构不同，松键连接分为普通平键连接、半圆键连接、滑键连接和导向平键连接四种，其特点及应用见表 6—2—1。

表 6—2—1　　松键连接的特点及应用

键连接类型	图示	特点及应用
普通平键连接	A型　B型　C型 普通平键 连接图示	普通平键连接靠键的侧面传递转矩，只对轴上零件作周向固定，不能承受轴向力，轴与轮毂的同轴度较高 应用广泛，常用于高精度、传递重载荷、冲击载荷及双向转矩的场合

续表

键连接类型	图示	特点及应用
半圆键连接	半圆键 连接图示	半圆键连接的工作原理与平键连接相同。轴上键槽用与半圆键半径相同的盘形铣刀铣出，因此，半圆键在槽中可绕其几何中心摆动，以适应轮毂槽底面的斜度 半圆键连接的结构简单，制造及装拆方便，但由于轴上键槽较深，对轴的强度削弱较大，故一般多用于轻载连接，尤其是锥形轴端与轮毂的连接中
滑键连接	滑键 连接图示	将键固定在轮毂上，键随轮毂一起沿轴槽滑动 适用于轴向移动距离较大的场合
导向平键连接	导向平键 连接图示	导向平键用螺钉固定在轴上的键槽中，轮毂沿键的侧面做轴向滑动 用于轮毂沿轴向移动距离较小的场合

2. 松键连接的装配技术要求

（1）应保证键与键槽的配合要求。键与轴槽或轮毂槽的配合性质一般取决于机构的工作要求。

（2）键与键槽应有较小的表面粗糙度值。

（3）键装入键槽中应与槽底贴紧，长度方向与键槽有 0.1 mm 的间隙，键与轮毂键槽底部有 0.3～0.5 mm 的间隙。

3. 松键连接的装配要点

（1）清理键与键槽上的毛刺，以防配合后产生较大过盈而影响配合的正确性。

（2）对于重要的键连接，装配前应检查键的直线度、键槽与轴线的对称度和平行度。

（3）用键的头部与键槽试配，应能使键较紧地嵌在键槽中（对普通平键和导向平键而言）。

（4）在配合面上加润滑油，用铜棒将键轻轻敲入键槽中，使键与键槽底部贴紧，允许长度方向有 0.1 mm 的间隙。

（5）试配并安装轮毂（齿轮、带轮等）时，键与键槽的非配合面应有间隙，以保证轴与轴上零件的同轴度要求。装配后，套件在轴上不允许有圆周方向的晃动。

二、紧键连接的装配

紧键连接主要指楔键连接，楔键有普通楔键和钩头楔键两种，如图 6—2—1 所示。楔键上、下两面是工作面，键的上表面与轮毂槽的底面均有 1∶100 的斜度，键侧与键槽间有一定的间隙。装配时需打入，靠楔紧作用来传递转矩。紧键连接还能轴向固定零件，并传递单方向的轴向力，但使轴上零件与轴的配合产生偏心和歪斜，多用于对中性要求不高、转速较低的场合。钩头楔键用于不能从另一端将键打出的场合。

装配楔键时一定要用涂色法检查键与轮毂槽底面的接触情况，若接触不良，应对轮毂槽进行修整，合格后，在配合面加润滑油，用铜棒轻轻敲入，保证轮毂周向、轴向紧固可靠。对于钩头楔键，钩头与轮毂端面间应留有一定的距离，以便拆卸。

三、花键连接的装配

花键连接由轴与轮毂孔上的多个键齿和键槽组成，如图 6—2—2 所示。按齿形不同，分为矩形花键和渐开线花键；按使用要求不同，分为动花键连接和静花键连接两种。它具有承载能力强、传递转矩大、同轴度高和导向性好等优点，但制造成本高。适用于载荷大和同轴度要求高的传动机构中，在机床和汽车中应用广泛。

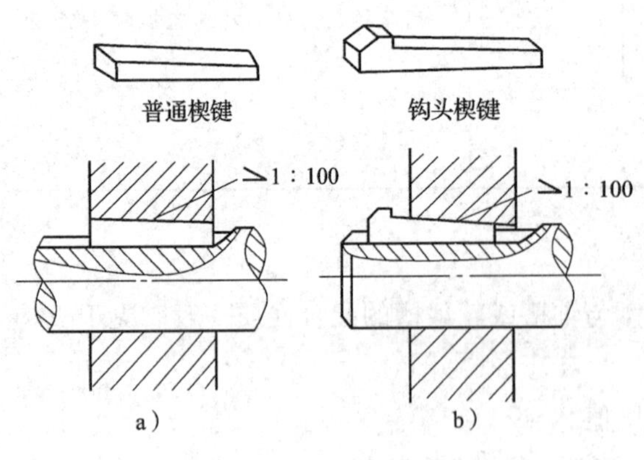

图 6—2—1 楔键连接

a）普通楔键连接 b）钩头楔键连接

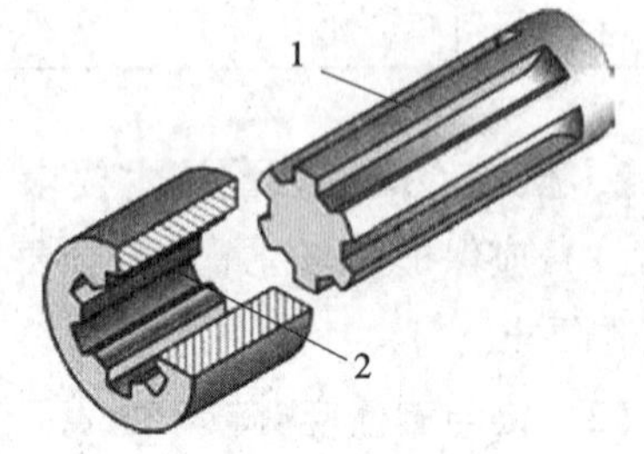

图 6—2—2 花键连接

1—外花键（花键轴） 2—内花键（花键孔）

1. 静花键连接的装配

内花键与外花键之间有少量过盈。当过盈量较小时，可用铜棒轻轻敲入；当过盈量较大时，可将内花键加热到80～120℃后再进行装配。

2. 动花键连接的装配

内花键零件能在花键轴上自由滑动，没有阻滞现象。连接时应保证正确的配合间隙，但用手摆动时，不应感觉有明显的周向间隙。装配时，应用涂色法检查配合情况，修整套件与花键轴，加注润滑油后装入。

知识拓展

花键连接的定心方式有大径定心、小径定心和键侧定心三种。但国家标准《矩形花键尺寸、公差和检验》（GB/T 1144—2001）中只规定了小径定心一种，其理由如下：

（1）采用小径定心，有利于以花键孔为基准。

（2）小径定心稳定性好，易实现热处理后磨削花键的工艺，可获得较高的精度。

四、键连接的修理方法

键连接的损坏形式和修理方法见表6—2—2。

表6—2—2　键连接的损坏形式和修理方法

损坏形式	修理方法
松键和紧键损坏	一般是更换新键
轮毂或轴上的键槽损坏	将损坏的键槽加宽，再配制新键
尺寸较大的外花键磨损	可进行镀铬或堆焊，然后再加工到规定尺寸予以修复。堆焊时要缓慢冷却，以防花键轴变形

第三节　销连接的装配与修理

销连接主要用来固定零件之间的相对位置，起定位作用，也可用于轴与轮毂的连接，传递不大的载荷，还可作为安全装置中的过载剪断元件，如图6—3—1所示。它具有连接可靠、定位方便、装拆容易、制造简便等特点，在各种机械中应用广泛。

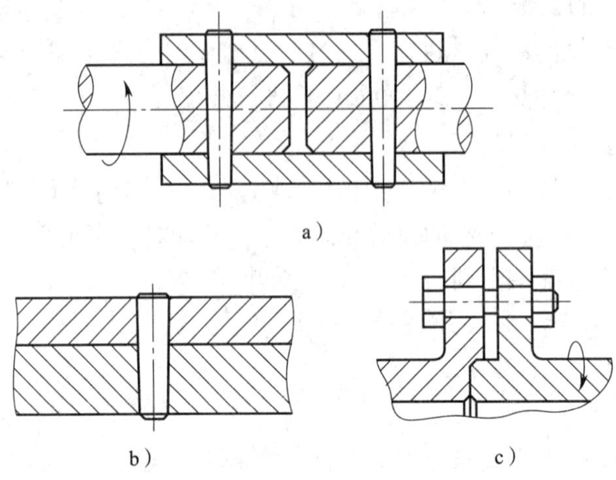

图 6—3—1　销连接

a）连接作用　b）定位作用　c）过载保护

一、销的种类

销是销连接中的主要元件，它的种类较多，其中圆柱销和圆锥销是最基本的类型，这两类销均已标准化，因此在机械制造中应用广泛。常用圆柱销和圆锥销的特点及应用见表 6—3—1。

表 6—3—1　　常用圆柱销和圆锥销的特点及应用

类型		图示	特点及应用
圆柱销	普通圆柱销		圆柱销利用微量过盈固定在销孔中，经过多次装拆后，连接的紧固性及定位精度降低，故只宜用于不常拆卸处，可用来连接和定位
	带内螺纹圆柱销		主要用于盲孔或从对面不便于拆卸的场合，装入盲孔时应在轴向上开通气槽
圆锥销	普通圆锥销		圆锥销有 1∶50 的锥度，装拆比圆柱销方便，多次装拆对连接的紧固性及定位精度影响较小，可用来连接和定位

续表

<table>
<tr><th colspan="2">类型</th><th>图示</th><th>特点及应用</th></tr>
<tr><td rowspan="4">圆锥销</td><td>带内螺纹圆锥销</td><td></td><td rowspan="2">主要用于盲孔或从对面不便于拆卸的场合，装入盲孔时应在轴向上开通气槽</td></tr>
<tr><td>大端带外螺纹圆锥销</td><td></td></tr>
<tr><td>小端带外螺纹圆锥销</td><td></td><td>小端带外螺纹的圆锥销可用螺母锁紧，适用于有冲击的场合</td></tr>
<tr><td>开尾圆锥销</td><td></td><td>开尾圆锥销的销尾可分开，能防止松脱，多用于受振动、冲击的场合</td></tr>
</table>

二、圆柱销的装配

为保证配合精度，必须同时钻削、铰削被连接件的两孔，然后在销上涂润滑油，用铜棒将其轻轻敲入孔中。

三、圆锥销的装配

圆锥销在轴向力的作用下能保证自锁。圆锥销以小端直径和长度代表其规格。装配时，以小端直径选择钻头，同时钻削、铰削连接件的两孔，孔径大小以锥销长度的80%左右能自由插入为宜，用铜棒轻轻敲入后，锥销的大端可稍露出或平于被连接件。

四、销连接的拆卸与修理

1. 拆卸

拆卸圆锥销时，应注意大、小端的方向。有螺尾的圆锥销可用螺母旋出，如图6—3—2所示。拆卸带内螺纹的圆柱销和圆锥销时，可用螺钉旋出或用拔销器拔出，如图6—3—3所示。

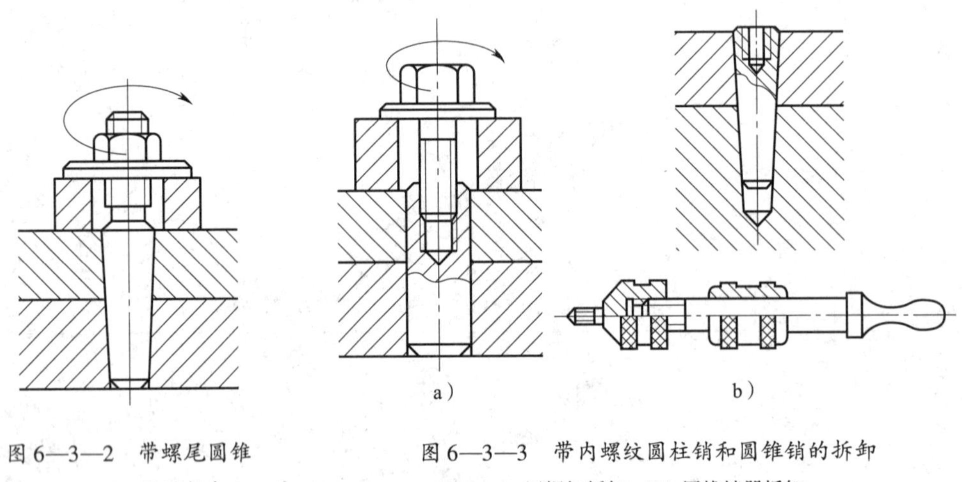

图6—3—2　带螺尾圆锥销的拆卸

图6—3—3　带内螺纹圆柱销和圆锥销的拆卸
a）用螺钉拆卸　b）用拔销器拆卸

2. 修理

销连接损坏或磨损时，一般是更换销。若销孔损坏或磨损严重时，可重新钻削、铰削较大尺寸的销孔，更换相适应的新销。

第四节　过盈连接的装配与修理

过盈连接是指靠包容件（孔）和被包容件（轴）配合后的过盈量来达到紧固连接目的的一种连接方法，如图6—4—1所示。过盈连接能传递转矩、轴向力和一定的冲击载荷，具有结构简单、同轴度高、承载能力强等优点，但对配合面加工精度要求较高，装拆比较困难。

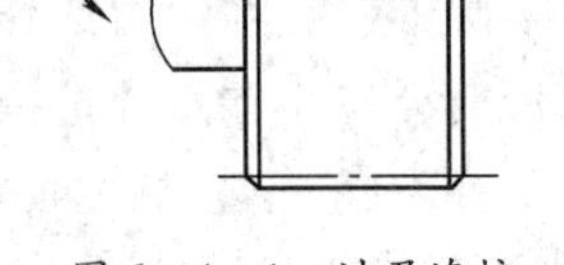

图6—4—1　过盈连接

一、过盈连接的装配技术要求

（1）配合件要有较高的几何精度，并保证配合时有足够、准确的过盈量。

（2）配合表面应有较小的表面粗糙度值。

（3）装配时，擦净配合表面并涂上润滑油，压入过程应连续，速度要稳定，不宜太快，一般以 2 ~ 4 mm/s 为宜，并准确地控制压入行程。

（4）装配细长件或薄壁零件前应注意检查过盈量和几何公差，装配时最好沿垂直方向压入，以免变形。

二、过盈连接的装配方法

1. 圆柱面过盈连接的装配

装配圆柱面过盈连接时，相配合的孔口和轴端应有 3° ~ 5°的倒角，以便于装配。根据过盈量的大小不同，采用以下几种不同的装配方法：

（1）压入法

当配合尺寸和过盈量较小时，可采用常温下的压入法。常用的压入方法和设备如图 6—4—2 所示。

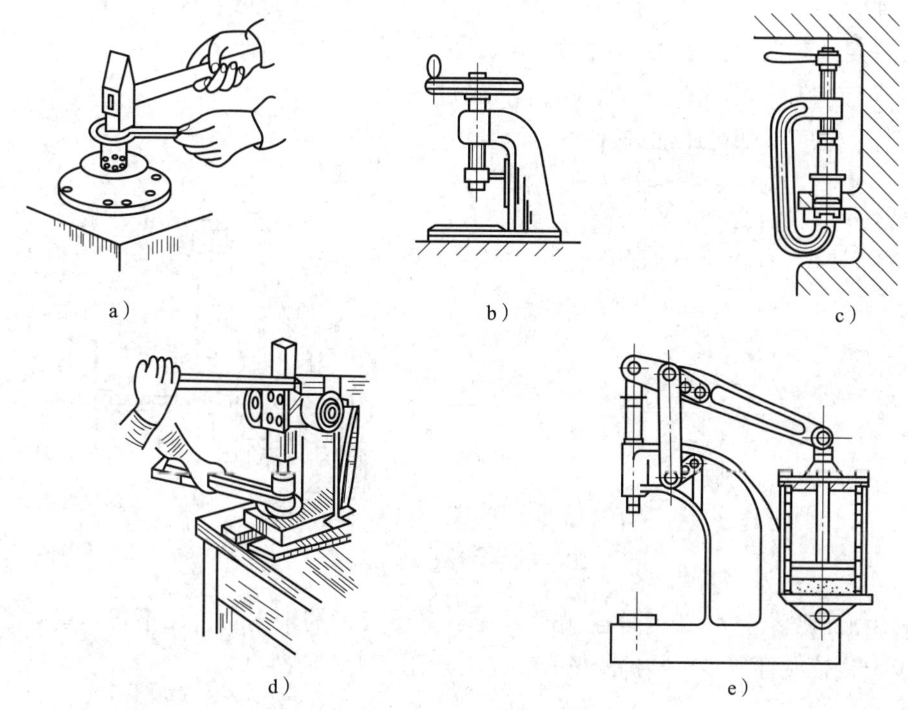

图 6—4—2 常用压入方法和设备

a）锤子加垫块 b）螺旋压力机 c）C 形夹头 d）齿条压力机 e）气动杠杆压力机

（2）热胀法

热胀法是指利用金属材料热胀冷缩的物理特性，将包容件（孔）加热胀大，再将常温状态的被包容件（轴）压入，达到过盈连接的目的。加热温度和加热方法应根据过盈量和轮毂尺寸的大小来选择。常用的加热方法有沸水加热（80 ~ 100℃）、蒸汽加热（120℃）、油加热（90 ~ 230℃）、电阻炉加热、红外线辐射加热和感应加热等。

（3）冷缩法

冷缩法是指利用热胀冷缩的特性将轴冷却，轴颈缩小后装入常温的孔中。常用的方法是采用干冰（－78℃）和液氮（－195℃）冷缩。

2．圆锥面过盈连接的装配

圆锥面过盈连接是利用轴和孔零件在轴向上的相对位移，使径向产生过盈量而获得的过盈连接。常用的装配方法有以下两种：

（1）螺母压紧法

如图 6—4—3 所示，拧紧螺母可使配合面压紧形成过盈连接。过盈量的大小取决于两零件在轴向上相对位移量的大小。常用的锥度为 1∶30～1∶8。

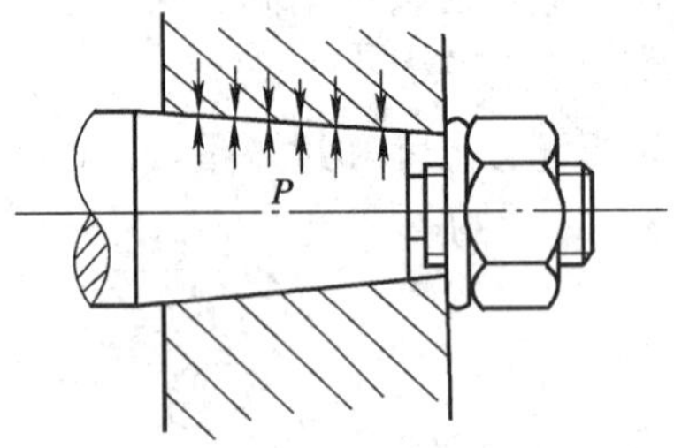

图 6—4—3　螺母压紧法

（2）液压套合法

如图 6—4—4 所示，装配时将高压油压入配合面间，使包容件内径胀大，被包容件外径缩小，同时施加一定的轴向力，使之互相压紧，当压紧到预定的轴向位置后，排出高压油，即可形成过盈连接。同样，也可以用高压油进行拆卸。

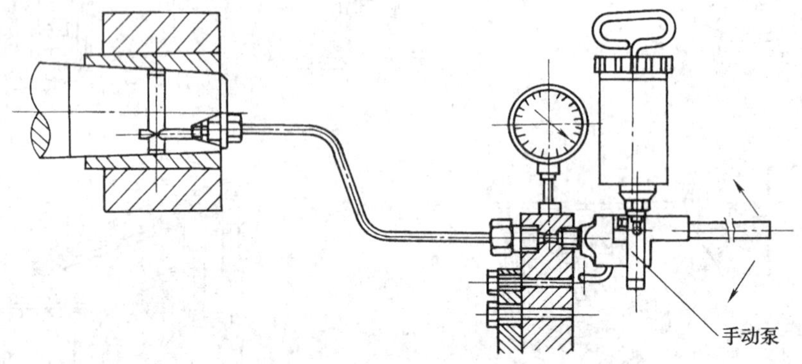

图 6—4—4　液压套合法

利用液压套合法装卸过盈连接时，既不需要很大的轴向力，又不损伤配合表面，多用于承载较大且需多次装拆的场合，尤其适用于大型零件。

三、过盈连接的拆卸与修理

过盈连接的零件一般不进行拆卸，因为拆卸时容易损伤或破坏连接零件。过盈连接的损坏形式是过盈量的丧失而使配合松动。对于简单的包容件，一般采取更换的办法重新建立过盈连接。若采用修复法时，一般先修复孔，以孔为基准，改变修复后的轴的尺寸，使轴、孔重新产生需要的过盈量。

轴的修复方法较多，可采用喷涂、刷镀、补焊后进行加工的方法。经修复后的孔、轴配合面必须具有合格的尺寸精度、表面粗糙度和同轴度。

机床夹具

第一节 机床夹具概述

在机床上用以装夹工件（或引导刀具）的装置称为机床夹具。它是机械制造工艺过程中的重要组成部分，广泛应用于机械加工、装配、检验等工艺过程中。

一、机床夹具的组成

如图7—1—1所示为某轴套的零件图，其中 ϕ12H9的孔需要钻削加工，要求该孔轴线位于距左端面（30±0.1）mm处，且限定在间距等于0.05 mm、对称于基准轴线 *A* 和基准中心平面 *B* 的两平行平面之间。为满足此项技术要求，便于加工，采用了图7—1—2所示的机床（钻床）夹具，它由以下几部分组成：

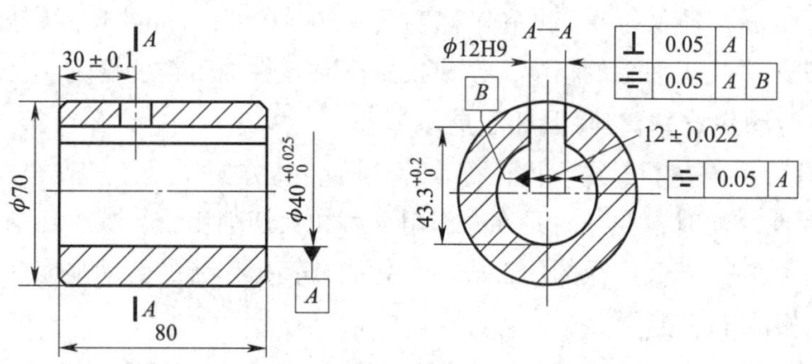

图7—1—1 某轴套零件图

1. 定位元件

确定工件在机床上或夹具中占有正确位置的元件（起定位作用的零部件）称为定位元件。如图7—1—2中的定位心轴3、定位销7和夹具体6（内侧平面）均是定位元件。

2. 夹紧装置

工件定位后将其固定，使其在加工过程中保持定位位置不变的装置称为夹紧装置。如图7—1—2中的螺母4和开口垫圈5均为夹紧件（起夹紧作用的零部件）。

3. 导向元件

确定刀具相对于工件正确位置并引导刀具沿正确方向进行切削的元件（起引导刀具作用的零部件）称为导向元件。如图7—1—2中的钻套1是导向元件。

4. 夹具体

将定位元件、夹紧装置、导向元件等连接成一个整体的基础件（起支承作用的零部件）称为夹具体。如图7—1—2中的夹具体6。

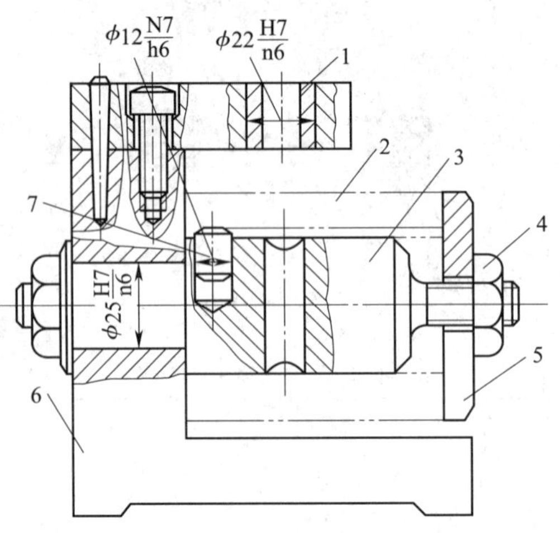

图7—1—2　某轴套钻床夹具

1—钻套　2—工件　3—定位心轴　4—螺母　5—开口垫圈　6—夹具体　7—定位销

一般机床夹具至少由夹具体、定位元件和夹紧装置这三部分组成。而导向元件或某些辅助装置（如连接元件、对刀元件、分度装置等）则根据夹具的作用和要求而定。

二、机床夹具的作用

1. 保证加工精度

由图7—1—2可知，轴套在加工时，避免了因划线和找正而造成的加工误差，其零件的加工精度主要取决于夹具的制造精度。因此，采用夹具后更容易保证零件的精度，且在成批生产时能始终保持加工精度的稳定性。如图7—1—1所示，ϕ12H9孔轴线对$\phi 40^{+0.025}_{0}$ mm孔轴线的垂直度和对称度及（30±0.1）mm的尺寸精度都必须用夹具保证。它比划线找正加工的精度高，成批生产时零件加工精度稳定。

2. 提高劳动生产率，降低加工成本

采用夹具后，省去了划线、找正等工序，且装夹方便、迅速、安全、可靠，大大缩短了辅助时间。同时，在导向元件的作用下可加大切削用量，减少切削时间。因此，能提高劳动生产率，降低产品的加工成本，并能减轻操作者的劳动强度。

3. 扩大机床加工范围

使用夹具还可以扩大机床的加工范围，可以一机多用，解决缺乏设备的困难。例如，在车床或摇臂钻床上使用镗模，则可以代替镗床进行镗孔加工。

三、机床夹具的分类

由于被加工零件的结构和加工工艺要求有所不同，所以机床夹具的类型非常多。常用金属切削机床夹具的分类见表7—1—1。

表 7—1—1　　　　　　　　常用金属切削机床夹具的分类

分类方法	夹具种类	说明
按通用特性分类	专用夹具	专为某一工件的某一工序而设计的夹具
	通用夹具	加工两种或两种以上工件的同一夹具
	组合夹具	由可循环使用的标准夹具零部件（或专用零部件）组装成易于连接、拆卸和重组的夹具
	可调夹具	通过调整或更换个别零部件，能适应多种工件加工的夹具
	成组夹具	根据成组技术原理设计的用于成组加工的夹具
	标准夹具	已纳入标准的夹具
按夹紧方式分类	手动夹具	以人力产生夹紧力的夹具
	气动夹具	以压缩空气产生夹紧力的夹具
	液压夹具	以压力油产生夹紧力的夹具
	电动夹具	以电力产生夹紧力的夹具
	磁力夹具	以磁力产生夹紧力的夹具
	自夹紧夹具	用离心力或切削力自动夹紧工件的夹具
按使用机床分类	车床夹具	在车床上使用的夹具
	铣床夹具	在铣床上使用的夹具
	镗床夹具	在镗床上使用的夹具
	钻床夹具	在钻床上使用的夹具
	磨床夹具	在磨床上使用的夹具
	组合机床夹具	在组合机床上使用的夹具

第二节　工件的定位

为了保证工件被加工表面的技术要求，必须使工件相对刀具和机床处于正确的加工位置。确定工件在机床上或夹具中占有正确位置的过程称为定位。

一、工件定位原理

1. 六点定位规则

一个尚未定位的工件，其位置是不确定的。如图 7—2—1 所示，在空间直角坐标系中，工件可沿三个坐标轴自由移动及绕这三个坐标轴自由转动，通常把这种运动的可能性称为自由度。用 $\vec{x}$、$\vec{y}$、$\vec{z}$ 分别表示沿 x 轴、y 轴和 z 轴的移动自由度。用 $\overset{\curvearrowright}{x}$、$\overset{\curvearrowright}{y}$、$\overset{\curvearrowright}{z}$

分别表示绕 x、y、z 轴转动的自由度。也就是说任何物体在空间中，如果不加任何约束和限制，都具有以上 6 个自由度。因此，要使工件在夹具中占有确定的位置，就必须限制这 6 个自由度。

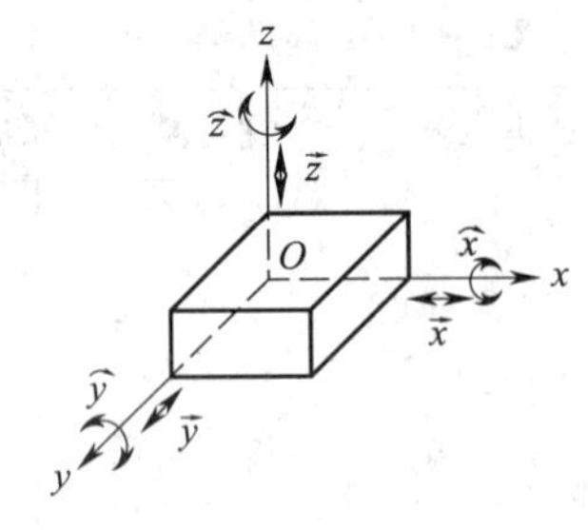

图 7—2—1　工件的六个自由度

用合理分布的六个定位支承点与工件定位基准面（工件在加工中用作定位的基准）接触来限制工件的六个自由度，使工件在夹具中的位置完全确定的方法称为六点定位规则，简称“六点定则”。

2. 定位支承点的分布

为使工件在夹具中的位置完全确定，六个定位支承点必须根据工件形状和加工要求合理分布。

（1）长方体工件定位

如图 7—2—2 所示，在长方体工件上加工槽时，为保证加工尺寸 $A \pm \Delta A$，需要限制工件的 $\vec{z}$、$\widehat{x}$、$\widehat{y}$ 三个自由度；为保证尺寸 $B \pm \Delta B$，需限制 $\vec{x}$、$\widehat{z}$ 两个自由度；为保证尺寸 $C \pm \Delta C$，需限制 $\vec{y}$ 自由度。所以，应将工件的六个自由度全部加以限制，才能满足所有加工要求，其支承点应按图 7—2—3 所示分布。

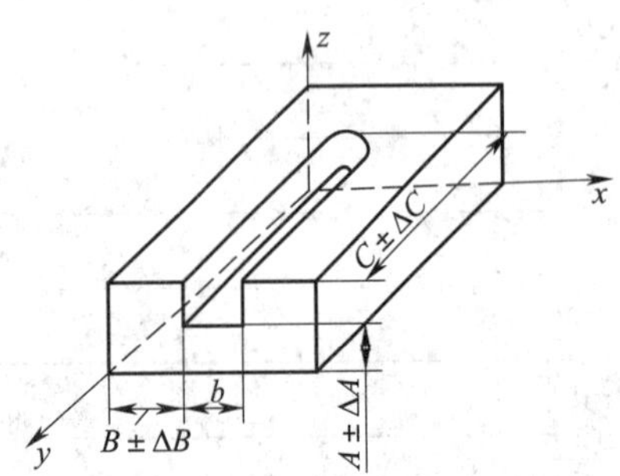

图 7—2—2　长方体工件加工要求简图

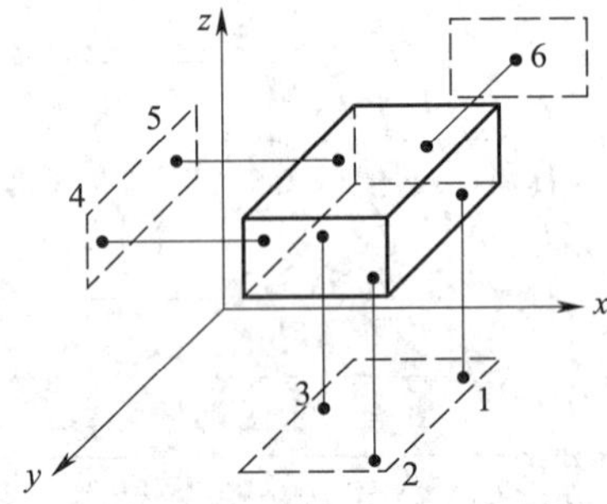

图 7—2—3　长方体工件定位支承点分布

在工件的底面上均匀布置三个支承点，可限制工件的 $\vec{z}$、$\widehat{x}$、$\widehat{y}$ 三个自由度，该平面称为主要定位基准面。这三个定位支承点应处于同一个水平面内，且相互距离要尽可能远（所组成的三角形面积应尽量大些），这样工件安放更平稳，也容易保证其各表面间的位置精度。由于主要定位基准面通常要承受较大的外力（如夹紧力、切削力等），因此，往往选取工件上最大的表面作为主要定位基准面。主要定位基准面的三个支承点不能处于同一直线上，如图 7—2—4b 所示，它将导致 $\widehat{y}$ 不能被限制。

在工件的垂直侧面上布置两个支承点，可限制工件的 $\vec{x}$、$\widehat{z}$ 两个自由度，该面称为导向基准面。要求两支承点距离要远些，并且要在同一平面上，以便导向正确。一般应选取工件上狭而长的表面为导向基准面。导向定位基准的两个支承点的连线不能与主要定位基准面垂直，否则 $\widehat{z}$ 不能被限制，如图 7—2—4c 所示。

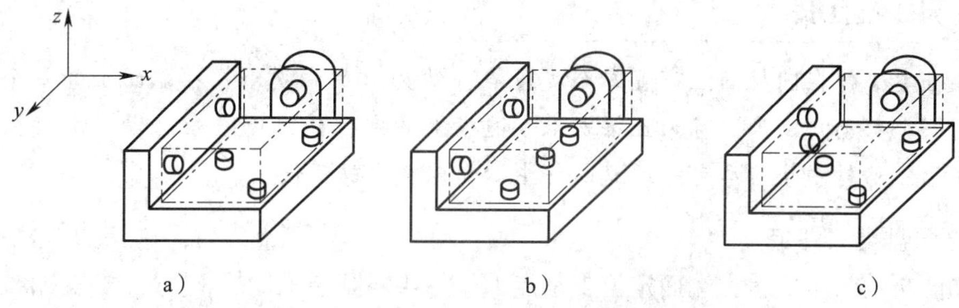

图 7—2—4　长方体工件定位支承点分布分析

a）正确　b）主定位基准错误　c）导向定位基准错误

在工件的正垂直面上布置一个支承点，可限制工件的 $\vec{y}$ 自由度，该面称为止推定位基准面。一般选取工件上最窄小且与切削力方向相对应的表面作为止推定位基准面。

（2）长轴类工件定位

如图 7—2—5 所示，在轴上铣槽，为保证槽宽 b 的中心平面相对于轴线对称，需在轴的侧母线上布置两个支承点，限制 $\vec{x}$、$\overset{\curvearrowright}{z}$ 两个自由度。为保证槽深尺寸 $H \pm \Delta H$ 及槽底面与轴线的平行度，需在下母线上布置两个支承点，限制 $\vec{z}$、$\overset{\curvearrowright}{x}$ 两个自由度。即在长轴类工件的圆柱面上布置 4 个支承点，可限制 4 个自由度，如图 7—2—6a 所示。若将图 7—2—6a 所示的直角体旋转 45°，即可演变成 V 形架定位形式，其限制的自由度的数目不变，如图 7—2—6b 所示。为保证槽宽 b 与已有槽的相对位置，需在已有槽内布置一个支承点，限制 $\overset{\curvearrowright}{y}$ 自由度。为保证槽的长度尺寸 $L \pm \Delta L$，需在轴的端面上布置一个支承点，限制 $\vec{y}$ 自由度。

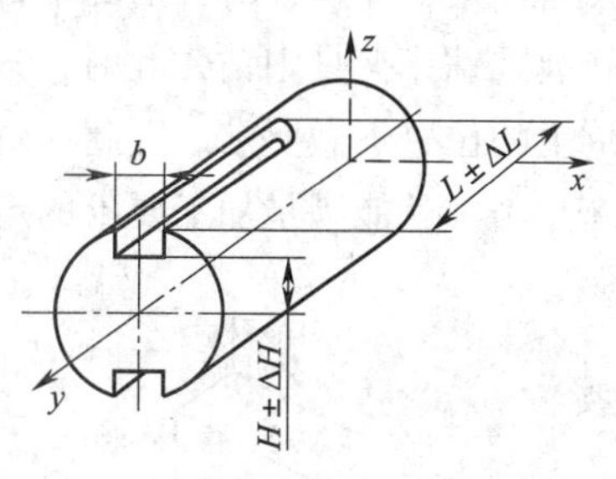

图 7—2—5　长轴类工件加工要求简图

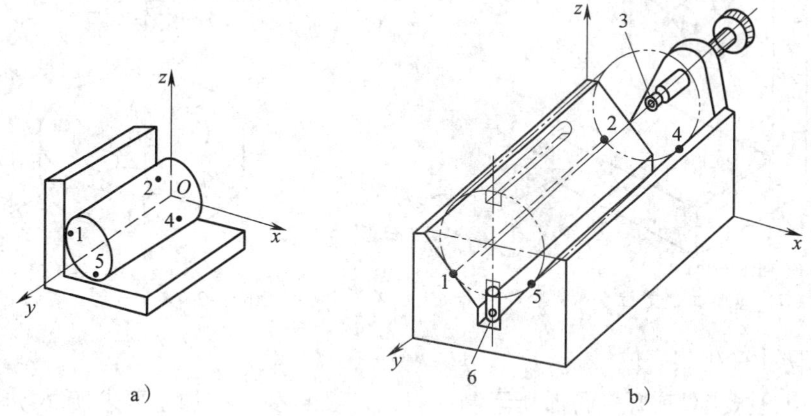

图 7—2—6　长轴类工件定位支承点分布分析

a）V 形架定位原理　b）V 形架定位支承点分布

知识拓展

长轴类工件在圆柱面上布置四个支承点，称为双导向支承。在端面上的一个支承钉限制一个移动自由度，称为止推支承。键槽上的定位销限制一个转动自由度，称为防转支承。防转支承应尽可能远离回转中心，以减小转角误差。

（3）盘类工件定位

如图 7—2—7 所示，端面定位支承点 1、3、4 限制了工件的 $\vec{x}$、$\overset{\curvearrowright}{y}$、$\overset{\curvearrowright}{z}$ 三个自由度；短心轴的定位支承点 5、6 限制了工件的 $\vec{y}$、$\vec{z}$ 两个自由度；防转支承点 2 限制了工件的 $\overset{\curvearrowright}{x}$ 自由度。

通过以上分析可知，工件加工时应限制的自由度取决于加工要求，定位支承点的分布取决于工件形状。

3. 工件定位时应注意的问题

（1）完全定位和不完全定位

工件在夹具中的六个自由度全部被限制，使工件在夹具中占有完全确定的唯一位置，称为完全定位。图 7—2—4a、图 7—2—6b 和图 7—2—7 所示的工件定位都是完全定位。但是，并非在所有情况下都必须使工件完全定位。如图 7—2—8 所示的圆盘工件，装入钻床夹具中钻 A 孔时，只要孔 A 的轴线在以 R 为半径的圆周上即可，对其在圆周上的位置不做要求。因此，就不需要限制工件 $\overset{\curvearrowright}{z}$ 自由度。这种没有完全限制工件的六个自由度就能满足加工要求的定位称为不完全定位。

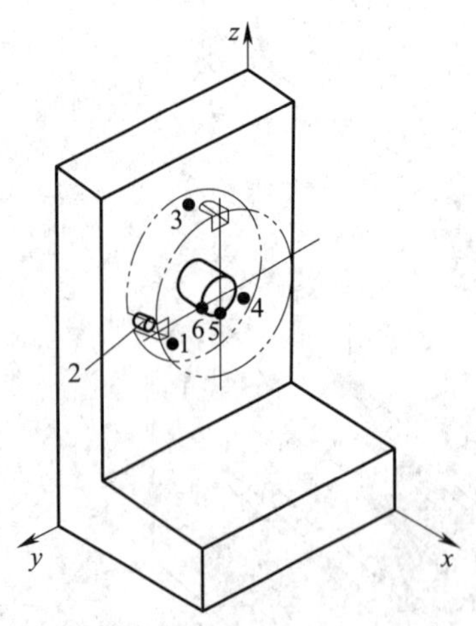

图 7—2—7　盘类工件定位支承点分布分析

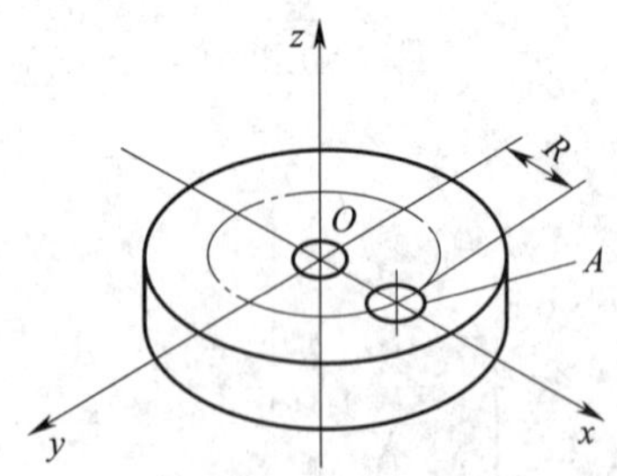

图 7—2—8　不完全定位

（2）防止产生欠定位

欠定位是指工件实际定位时所限制的自由度数目少于按加工要求所必须限制的自由度数目。如加工图 7—2—9 所示工件上的键槽时，若 y 轴方向无定位点，则键槽沿工件轴线方向的尺寸 A 就无法控制。因此，欠定位无法保证加工质量，是绝不允许的。

(3) 正确处理过定位

在夹具中工件的几个定位支承点重复限制同一个自由度的现象称为过定位。如图 7—2—10 所示，心轴的大端面限制了工件的 $\vec{x}$、$\overset{\curvearrowright}{y}$、$\overset{\curvearrowright}{z}$三个自由度，而长心轴限制了工件的 $\vec{y}$、$\vec{z}$、$\overset{\curvearrowright}{y}$、$\overset{\curvearrowright}{z}$四个自由度。此时，$\overset{\curvearrowright}{y}$、$\overset{\curvearrowright}{z}$两个自由度被重复限制，形成了过定位。

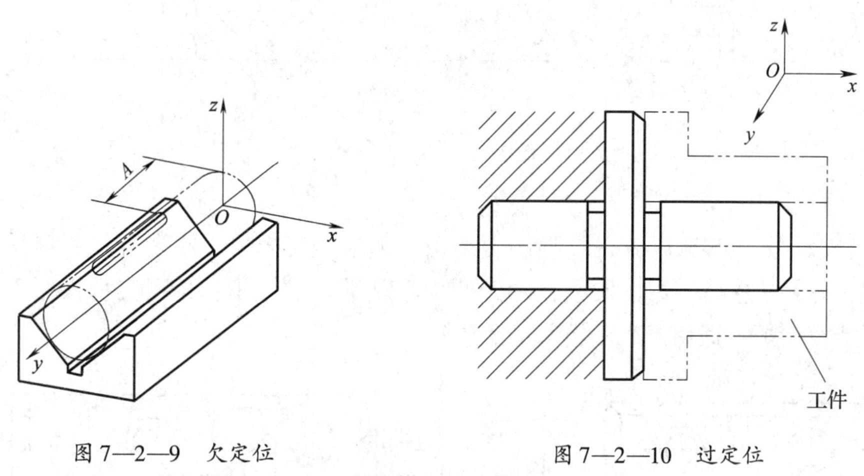

图 7—2—9　欠定位　　　　图 7—2—10　过定位

如果工件的定位基准面和定位元件精度不高，过定位可造成工件或定位元件夹紧后的变形。因此，在工件定位时应尽量避免出现过定位现象。但是，有时为了提高工件在加工中的刚度及稳定性，在工件定位基准面和定位元件精度很高的前提下，也可适当采用过定位。

二、定位方法和定位元件的选用

工件在夹具中定位，实际是定位支承点布置的具体实施，靠定位元件来完成。选择定位方法和定位元件时，应根据工件加工要求、定位基准的形状特点，确定定位支承点数目和布置方案，进而选定合适的定位元件，以保证工件定位的稳定性，并使定位误差最小。

1. 工件以平面定位

工件在夹具中大多数都以平面作为定位基准面，为提高定位的刚度和稳定性，常以支承钉或支承板等充当理论上的支承点。夹具中的支承分为基本支承和辅助支承两类。

(1) 基本支承

基本支承是用来限制工件自由度，具有独立定位作用的定位支承。常用的有支承钉、支承板、自位支承和可调支承等。

1) 支承钉。如图 7—2—11 所示，常用的有 A 型平头支承钉，适用于定位基准较光滑的工件平面；B 型球头支承钉接触面积较小，便于与粗糙表面稳定接触，适用于工件粗基准定位；C 型齿纹头支承钉可增大接触间的摩擦力，更适合于粗基准侧面定位。支承钉多用于工件平面上需三点定位及侧面支承的场合。

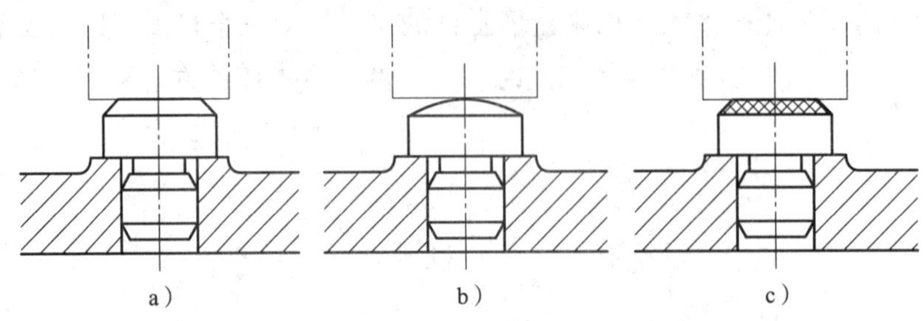

图 7—2—11　支承钉

a）A 型　b）B 型　c）C 型

2）支承板。如图 7—2—12 所示，A 型支承板结构简单，制造方便，但易将切屑埋在沉头螺钉坑中，不易清除，适用于侧面精基准定位支承；B 型支承板便于清除切屑，制造较麻烦，适用于底面精基准定位支承。

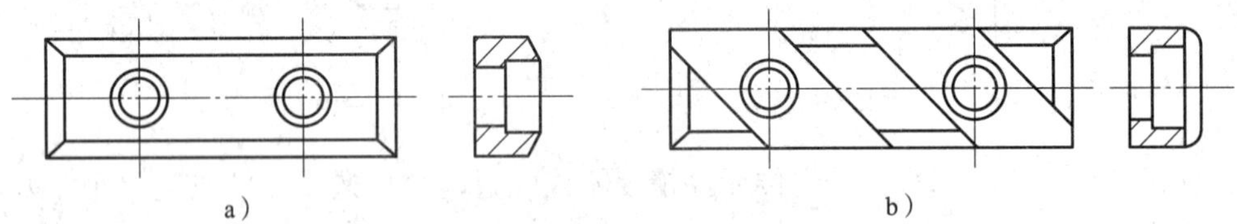

图 7—2—12　支承板

a）A 型　b）B 型

3）自位支承。又称浮动支承，是指支承本身在定位时所处的位置可以变动，以适应工件定位基准的变化。如图 7—2—13 所示为杠杆式两点自位支承，定位时虽两点接触，但只起一个定位支承点的作用。这类支承主要用于工件刚度较低，而且定位基准面的形状和位置误差较大的场合。

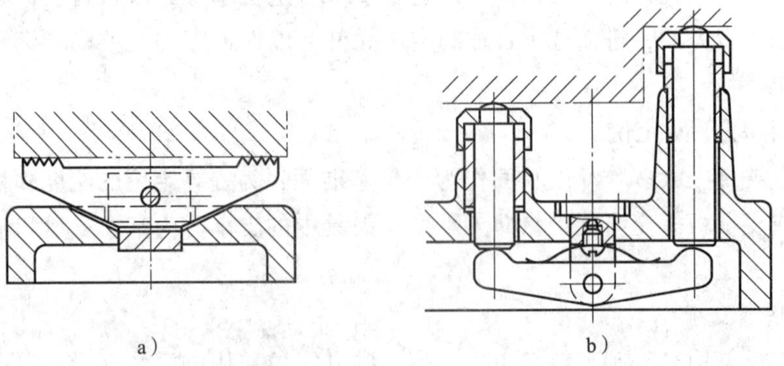

图 7—2—13　自位支承

4）可调支承。可调支承的结构如图 7—2—14 所示，当每批工件的加工余量不同，定位尺寸、基准稍有变化时，可采用可调支承。一般用于粗基准定位支承。

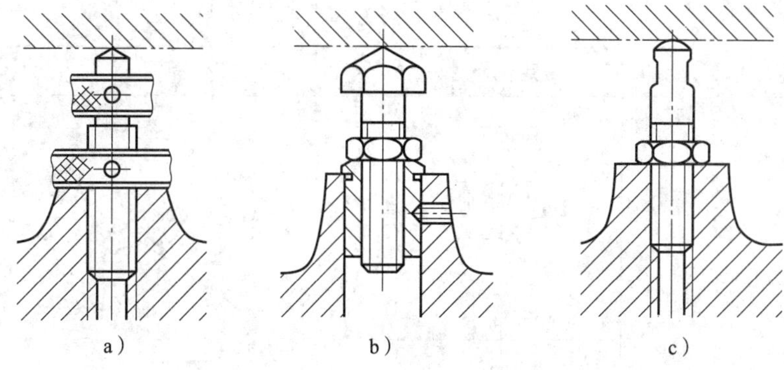

图 7—2—14　可调支承的结构

（2）辅助支承

辅助支承是指加强工件的安装刚度而不起定位作用的支承。如图 7—2—15 所示，辅助支承通常在工件定位后才与工件适当接触，以防止工件在切削力的作用下产生变形或振动。

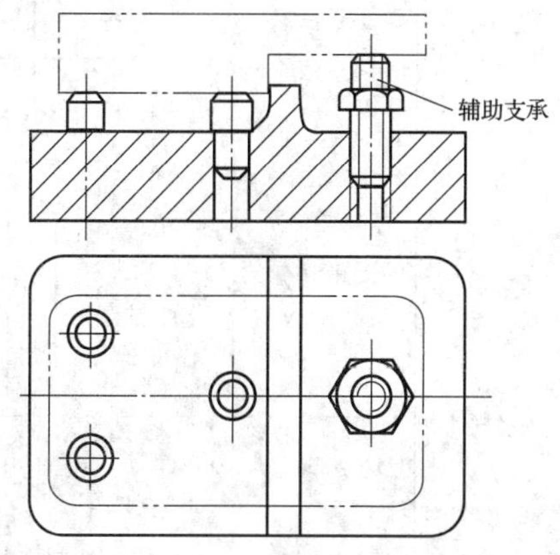

图 7—2—15　辅助支承

2. 工件以外圆柱面定位

工件以外圆柱面定位时，常用的定位元件有 V 形架（60°、90°、120°）和定位套等，其定位方法见表 7—2—1。

表 7—2—1　　工件以外圆或内孔定位常用方法

工件定位基准	定位元件		定位简图	限制自由度
z O x y 外圆柱面	V 形架	长 V 形架		$\vec{x}$、$\vec{z}$ $\overset{\curvearrowright}{x}$、$\overset{\curvearrowright}{z}$

续表

工件定位基准	定位元件		定位简图	限制自由度
	V 形架	短 V 形架	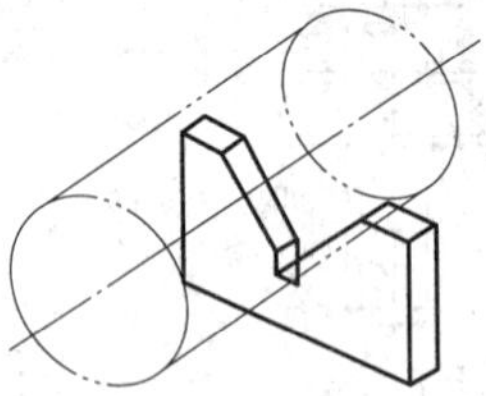	$\vec{x}$、$\vec{z}$
	定位套	长定位套	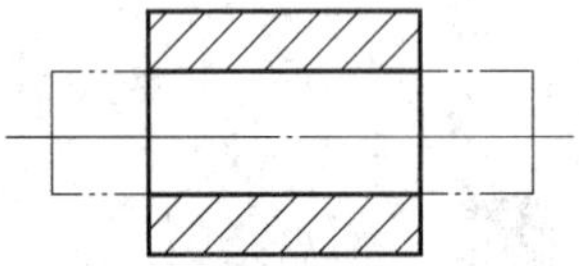	$\vec{x}$、$\vec{z}$ $\overset{\curvearrowright}{x}$、$\overset{\curvearrowright}{z}$
		短定位套	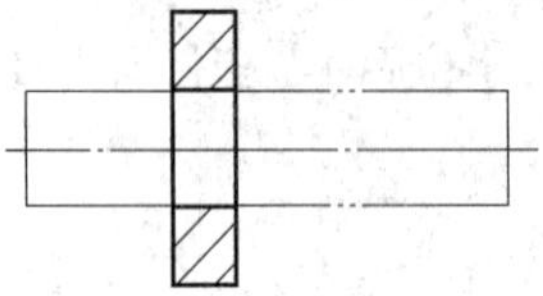	$\vec{x}$、$\vec{z}$
z O x y 圆柱孔	圆柱销	长圆柱销	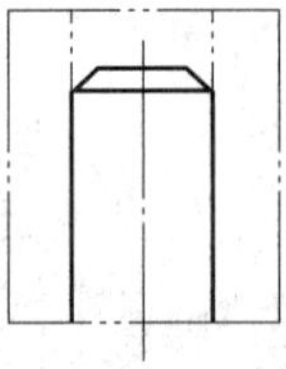	$\vec{x}$、$\vec{y}$ $\overset{\curvearrowright}{x}$、$\overset{\curvearrowright}{y}$
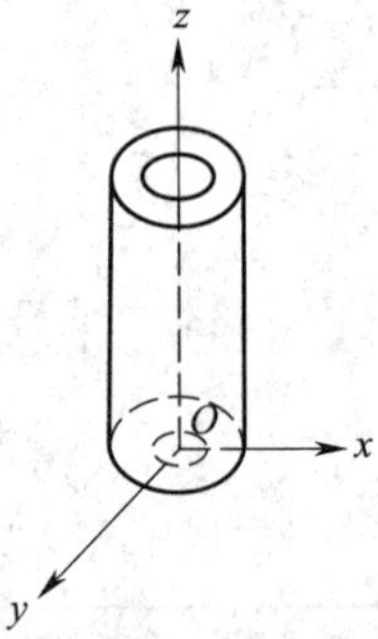		短圆柱销	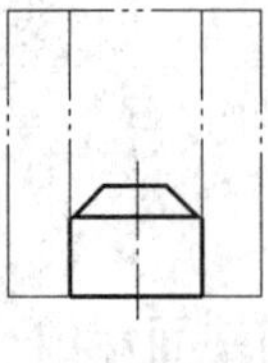	$\vec{x}$、$\vec{y}$
	削边销	长削边销	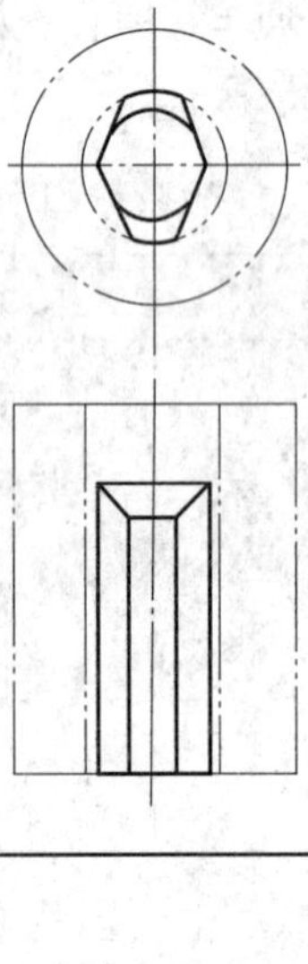	$\vec{y}$、$\overset{\curvearrowright}{x}$

续表

工件定位基准	定位元件		定位简图	限制自由度
	削边销	短削边销	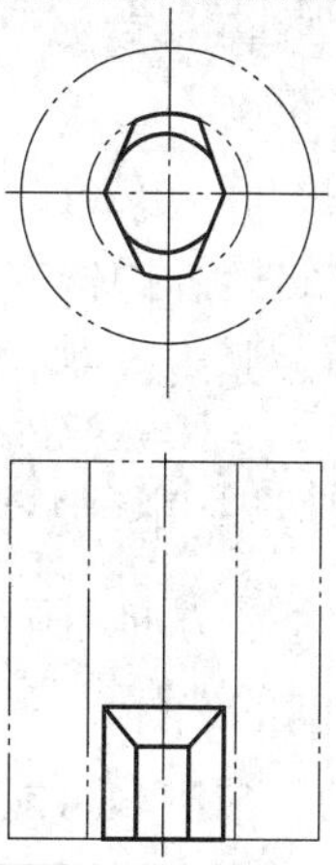	$\vec{y}$
	锥销		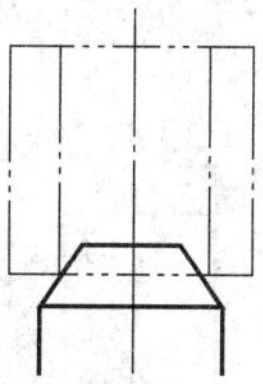	$\vec{x}$、$\vec{y}$、$\vec{z}$

3. 工件以圆柱孔定位

工件以圆柱孔定位时，常用的定位元件是圆柱销（心轴），其定位方法见表7—2—1。

知识拓展

选择工件定位基准时应注意以下问题：

（1）尽量使定位基准与设计基准重合，以消除基准不重合误差。

（2）尽量用已加工表面作为定位基准，以减小定位误差。当不得不用毛坯面作为定位基准时，应尽量只使用一次，而且应选用表面较光滑、误差和加工余量较小的表面或与加工表面有直接关系的表面，以有利于保证加工精度要求。

第三节　工件的夹紧

工件定位后，为了不使工件受到切削力、离心力、惯性力及工件自重的作用而产生位移和振动，必须对工件进行夹紧。因此，夹紧装置的合理、可靠和安全性对工件的加工质量和效率有着重大影响。

一、对夹紧装置的基本要求

为了确保加工质量和提高生产效率，对夹紧装置提出以下基本要求：

（1）保证加工精度。

（2）夹紧作用准确、安全、可靠。

（3）夹紧动作迅速，操作方便、省力。

（4）结构简单、紧凑，并有足够的刚度。

二、夹紧力确定的基本原则

夹紧力包括大小、方向和作用点三要素。

1. 夹紧力方向的选择

（1）夹紧力的方向应尽可能垂直于主要定位基准面，使夹紧稳定、可靠，保证定位精度。如图 7—3—1 所示，B 为主要定位基准面。

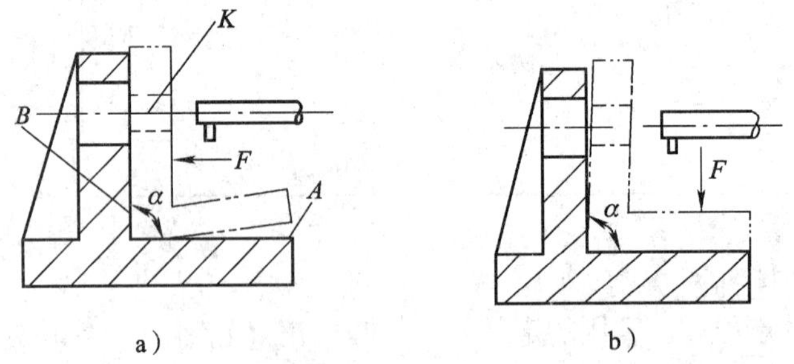

图 7—3—1　夹紧力的作用方向应垂直于主要定位基准面

a）正确　b）错误

（2）夹紧力的方向应尽量与切削力、工件重力方向一致，以减小工件在切削力的作用下所引起的夹紧力的削弱及工件振动。

2. 夹紧力作用点的选择

（1）夹紧力的作用点应能保持工件定位稳固，不至于使工件产生位移或偏转，如图 7—3—2 所示。

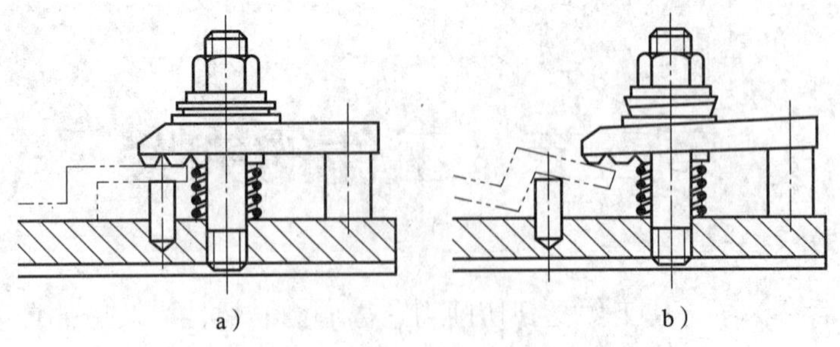

图 7—3—2　夹紧力的作用点应保持工件定位稳固

a）正确　b）错误

（2）夹紧力的作用点应使夹紧变形尽可能小，如图7—3—3所示。

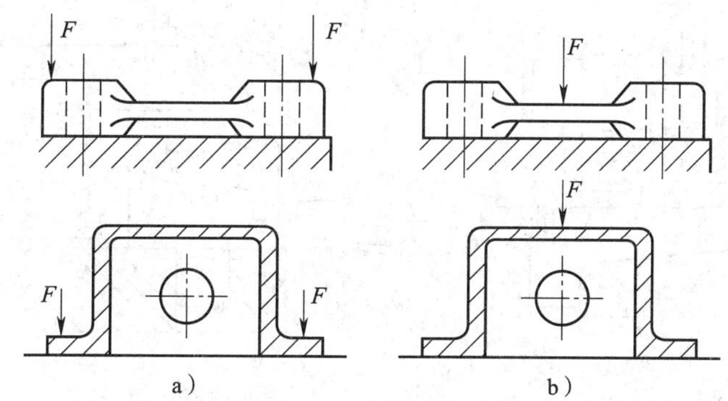

图7—3—3　夹紧力应作用在工件刚度高的部位

a）正确　b）错误

（3）夹紧力的作用点应尽可能靠近工件被加工表面，以提高定位稳定性和夹紧可靠性。如图7—3—4所示，为防止产生振动，应增加附加夹紧力 F_2，并在 F_2 下加辅助支承。

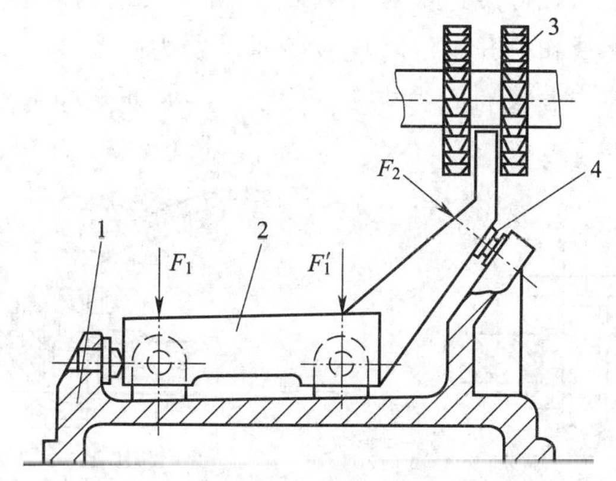

图7—3—4　夹紧力应靠近工件被加工表面

1—夹具　2—工件　3—铣刀　4—辅助支承

3. 夹紧力大小的确定

夹紧力的大小必须能保证工件在加工过程中位置不变。夹紧力太小，在加工过程中将产生位移而破坏定位；夹紧力太大，将使工件产生变形，增大夹紧装置的结构尺寸，所以夹紧力的大小必须恰当。

夹紧力的大小可以计算，但一般情况下可根据经验估算出来。

三、常用夹紧装置

1. 斜楔夹紧装置

如图7—3—5所示，斜楔夹紧装置是利用楔块斜面将楔块推力转变为夹紧力，把工件夹紧的一种装置。为使斜楔有自锁作用，斜楔的斜面升角应小于摩擦角。

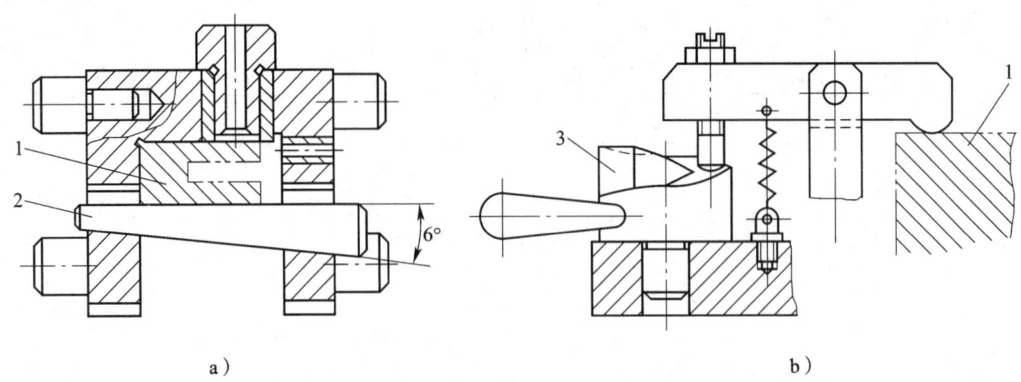

图 7—3—5　斜楔夹紧装置

a）普通斜楔夹紧机构　b）螺旋斜楔夹紧机构

1—工件　2—斜楔　3—螺旋斜楔

2. 螺旋夹紧装置

螺旋夹紧装置是利用螺杆旋进夹紧工件的。由于其结构简单，夹紧可靠，在夹具中应用广泛。缺点是夹紧和松开工件时比较费时、费力。

在夹紧机构中，螺旋夹紧的形式较多，图 7—3—6 所示为常见的典型结构。

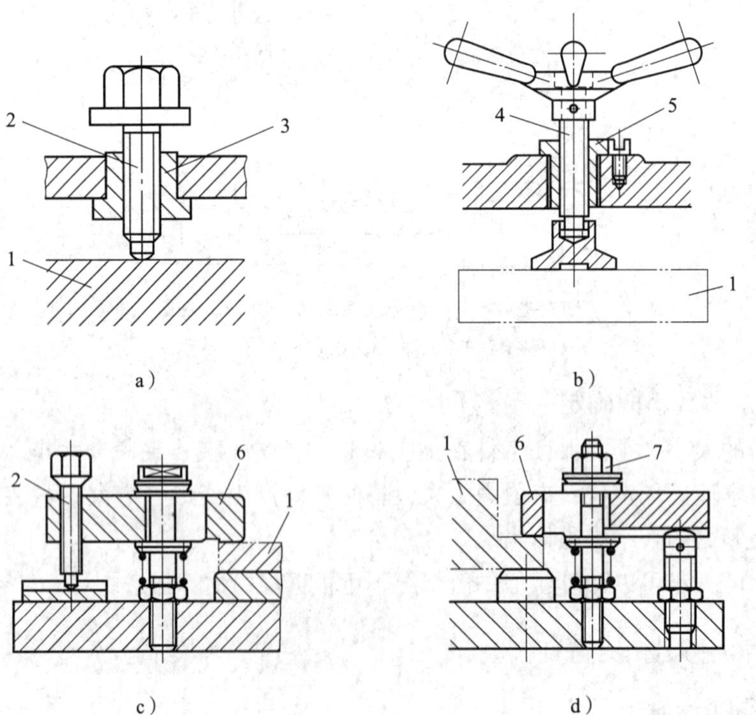

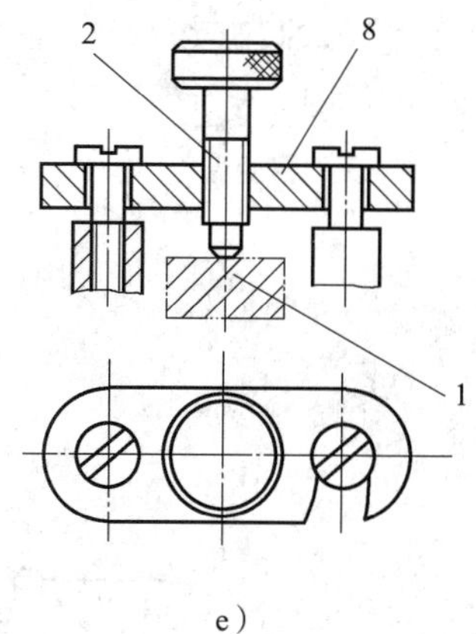

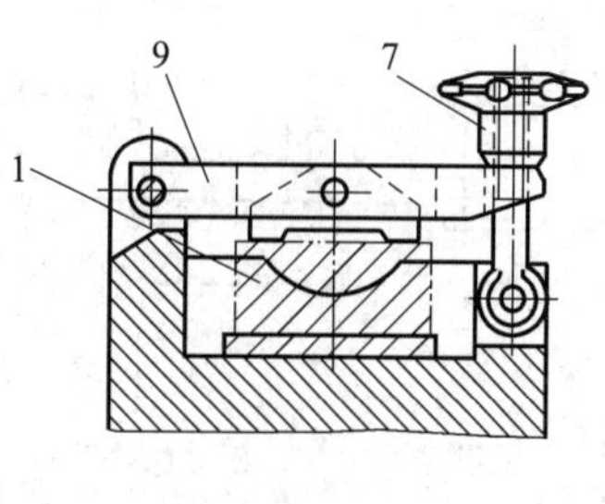

图 7—3—6 螺旋夹紧装置

a）螺钉夹紧 b）带压紧头螺旋夹紧 c）压板顶压夹紧

d）压板夹紧 e）旋转压板螺旋夹紧 f）翻转压板螺旋夹紧

1—工件 2—夹紧螺钉 3—螺母 4—夹紧螺杆 5—可换螺母

6—压板 7—夹紧螺母 8—旋转压板 9—翻转压板

3. 偏心夹紧装置

如图 7—3—7 所示，偏心夹紧装置是利用偏心零件实现夹紧作用的一种机构。常用的偏心零件有偏心轮和偏心轴等，其特点是结构简单、夹紧迅速、自锁性好。

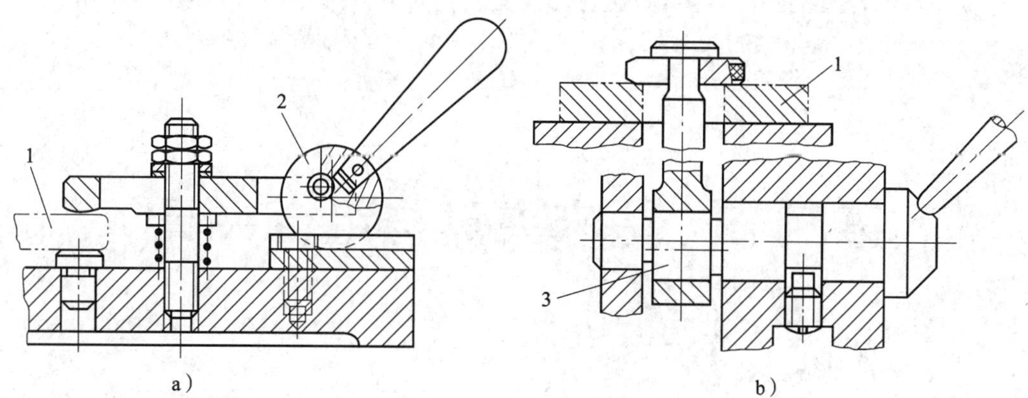

图 7—3—7 偏心夹紧装置

a）偏心轮夹紧机构 b）偏心轴夹紧机构

1—工件 2—偏心轮 3—偏心轴

4. 铰链夹紧装置

铰链夹紧装置是一种增力机构，它结构简单，增力倍数大，在气动和液压夹具中应用广泛。如图 7—3—8 所示为铰链夹紧装置的五种基本类型。

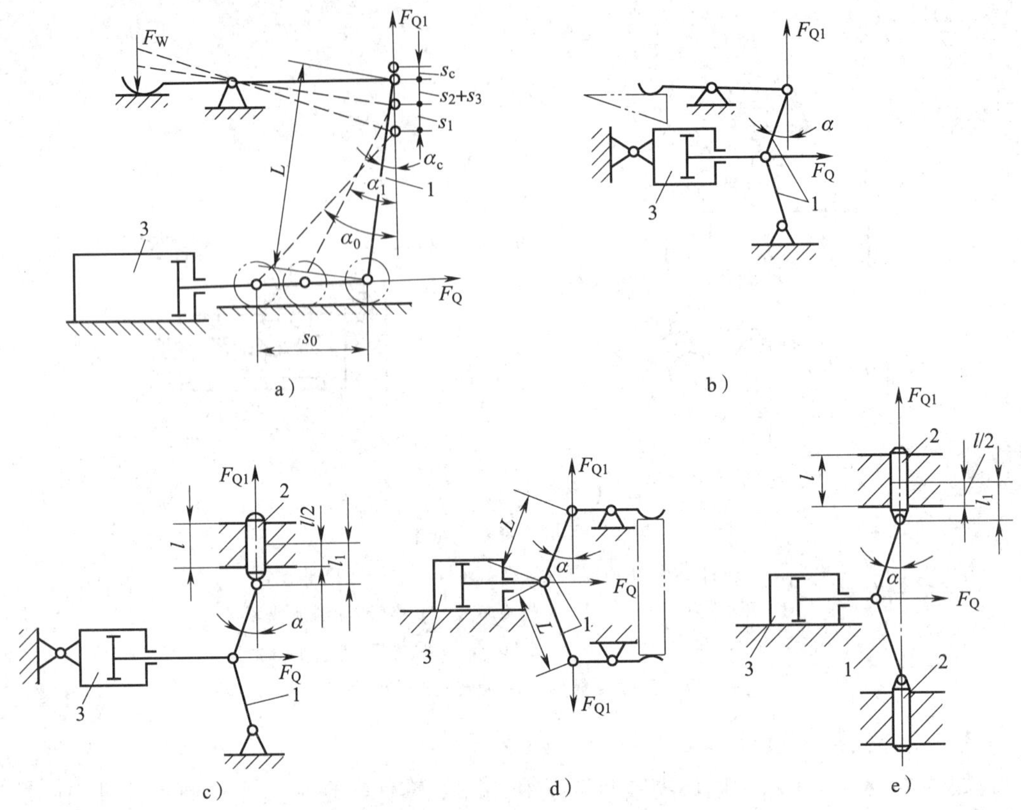

图 7—3—8　铰链夹紧装置的基本类型

a）单臂铰链夹紧装置　b）双臂单向作用铰链夹紧装置　c）双臂单向作用带移动柱塞铰链夹紧装置

d）双臂双向作用铰链夹紧装置　e）双臂双向作用带移动柱塞铰链夹紧装置

1—铰链臂　2—柱塞　3—气缸

第四节　钻床夹具与组合夹具

一、钻床夹具

在钻床上进行钻孔、扩孔、铰孔等孔加工时所用的机床夹具称为钻床夹具（俗称钻模）。因工件上被加工的孔分布情况不同，钻床夹具的类型也不同。常用的钻床夹具有固定式、回转式、移动式、翻转式和盖板式等类型。

1. 固定式钻床夹具

固定式钻床夹具在使用过程中，夹具和工件在机床上的位置固定不变。如图 7—4—1 所示为钻削某工件斜孔用的一种固定式钻床夹具。根据工件的技术要求，此钻床夹具利用支承板 2 的平面和定位短心轴 4 作主定位支承，用定位削边销 3 限制被加工孔的周向位置，使工件在夹具中只有唯一正确位置。为方便工件的装卸，采用快速螺旋夹紧机构（多头螺纹）。由于在工件斜面上起钻，钻头径向切削分力较大，钻套容易磨损，为保证钻头良好起钻及得到正确的引导，采用了斜端面可换钻套6，以满足加工要求。

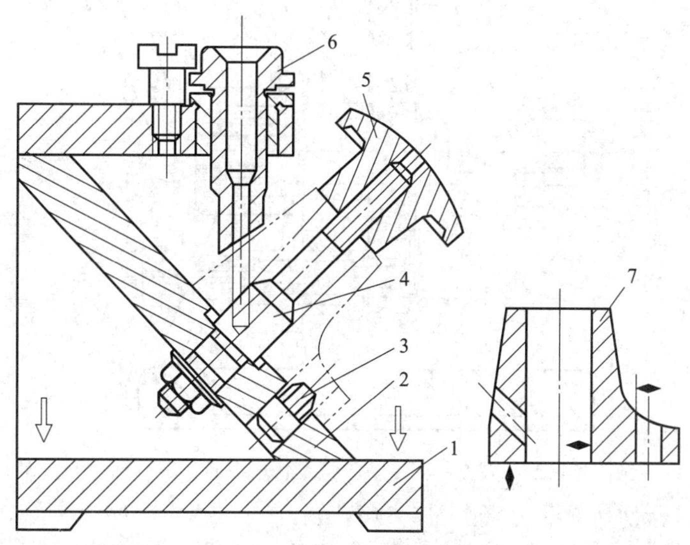

图7—4—1　固定式钻床夹具

1—夹具体　2—支承板　3—定位削边销　4—定位短心轴

5—快速夹紧螺母　6—可换钻套　7—工件

2. 回转式钻床夹具

回转式钻床夹具用于加工同一圆周上的平行孔系，或分布在圆周上的径向孔。如图7—4—2所示为钻削某圆盘工件径向均匀分布孔用的回转式钻床夹具。该夹具设有由分度盘1和分度销6等元件组成的分度装置，以保证被加工孔的周向位置。工件在夹具中以短心轴7和端面作主定位支承。用开口垫圈9和螺母8实现快速夹紧。当钻完一孔后，将分度销6拔出，通过手柄3带动分度盘1旋转至第二钻孔位置，从而完成工件的钻削。

3. 移动式钻床夹具

移动式钻床夹具用于钻削中、小型工件同一表面上的多个孔。如图7—4—3所示为某移动式钻床夹具，用于加工连杆大、小头上的孔。工件以端面及大、小圆弧面为定位基准面，在定位套12和13、固定V形架2和活动V形架7上定位，先通过手轮8推动活动V形架7压紧工件，然后转动手轮8带动螺钉11转动，压迫钢球10，使两片半月键9向外胀开而锁紧。V形架带有斜面，使工件在夹紧分力作用下与定位套贴紧。通过移动钻床夹具的位置，使钻头分别在两个钻套4、5中导入，从而加工工件上的两个孔。

4. 翻转式钻床夹具

翻转式钻床夹具用于加工中、小型工件分布在不同表面上的孔。如图7—4—4所示为加工某套筒径向孔的翻转式钻床夹具。工件以内孔及端面在台肩轴1上定位，用开口垫圈2和螺母3夹紧。钻完一组孔后，翻转60°钻另一组孔。

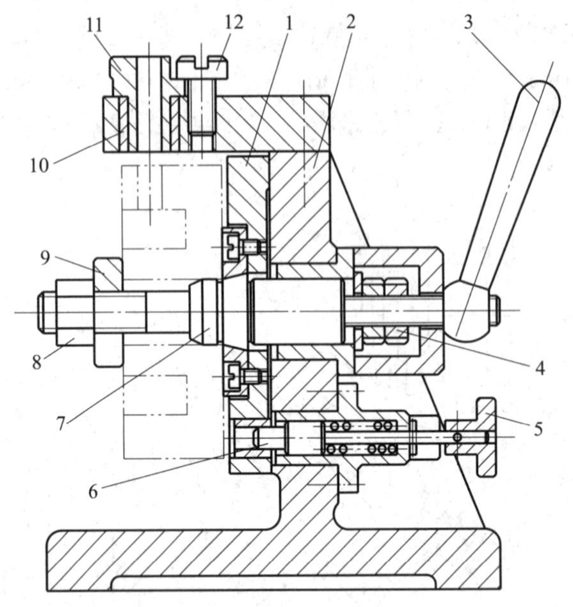

图 7—4—2　回转式钻床夹具

1—分度盘　2—夹具体　3—手柄　4、8—螺母　5—把手　6—分度销
7—短心轴　9—开口垫圈　10—衬套　11—钻套　12—螺钉

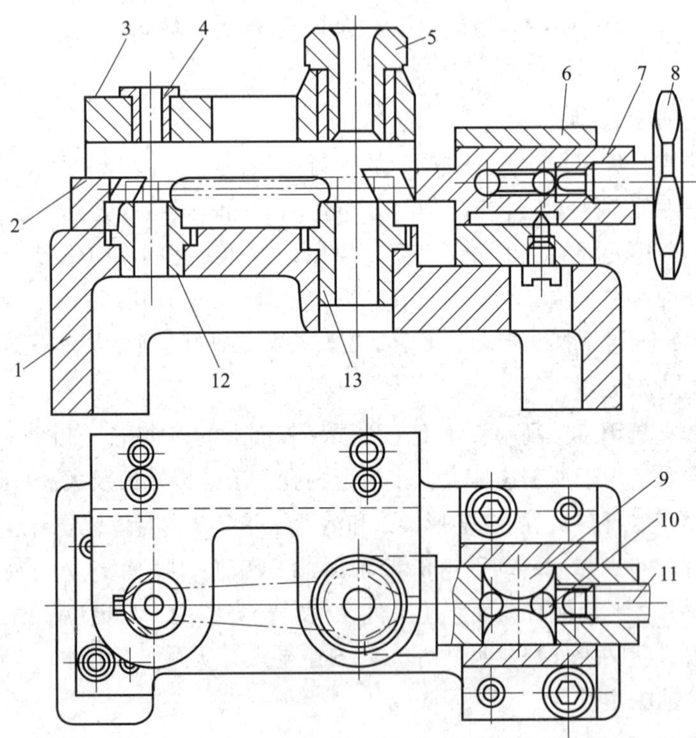

图 7—4—3　移动式钻床夹具

1—夹具体　2—固定 V 形架　3—钻模板　4、5—钻套　6—支座　7—活动 V 形架
8—手轮　9—半月键　10—钢球　11—螺钉　12、13—定位套

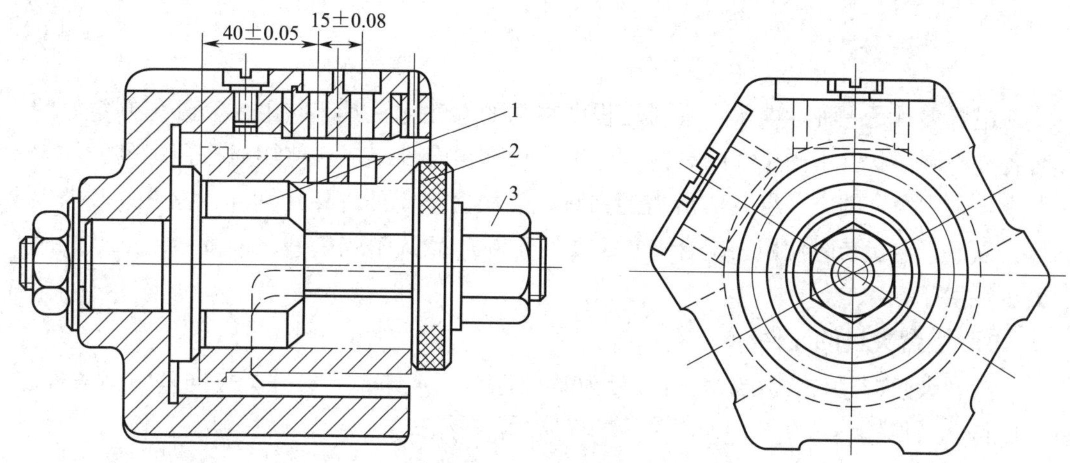

图 7—4—4 翻转式钻床夹具

1—台肩轴 2—开口垫圈 3—螺母

5. 盖板式钻床夹具

盖板式钻床夹具没有夹具体，钻模板上除钻套外，一般还装有定位元件和夹紧装置，只要将它覆盖在工件上即可进行加工，多用于加工大型工件上的小孔。如图 7—4—5 所示为加工车床溜板箱上多个小孔用的盖板式钻床夹具。在钻模板 1 上不仅装有钻套，还装有定位用的圆柱销 2、削边销 3 和支承钉 4。由于是钻削小孔，钻削力矩小，故未设置夹紧装置。

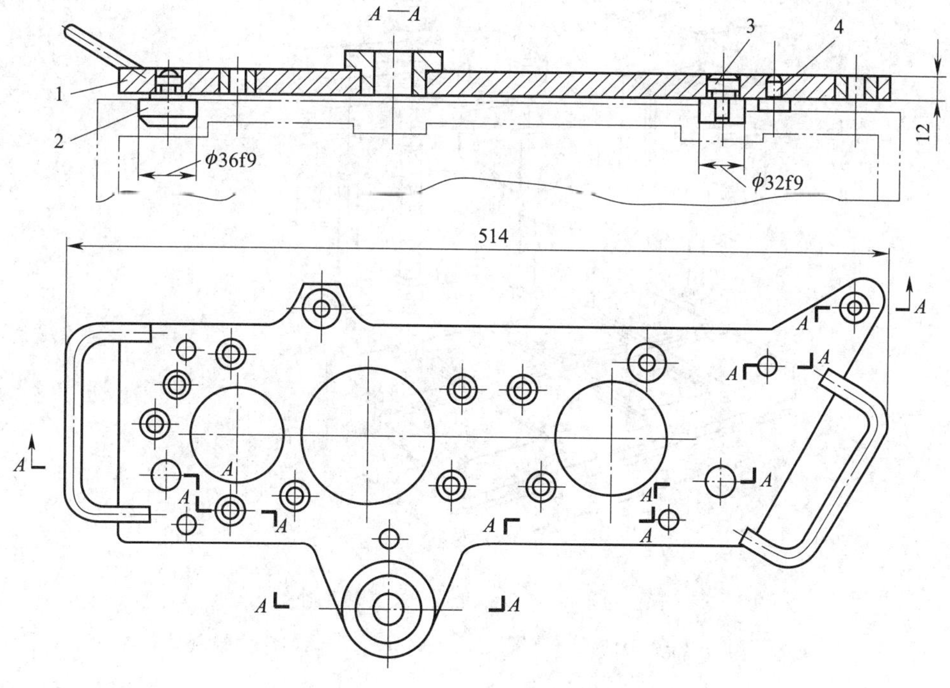

图 7—4—5 盖板式钻床夹具

1—钻模板 2—圆柱销 3—削边销 4—支承钉

二、组合夹具

组合夹具是一种标准化、系列化程度很高的柔性化夹具。它由一套预先制定好的有各种不同形状、不同尺寸的高精度标准元件和组合件组成，使用时按照工件的加工要求，采用组合的方式组装成所需的夹具。使用完毕，可将夹具拆开，擦洗并归档保存，以便于再组装时使用。组合夹具主要用于新产品试制或单件、小批量生产及临时突击性生产。

1. 组合夹具的元件

组合夹具的元件按用途不同可分为基础件、支承件、定位件、导向件、夹紧件、紧固件、其他件、合件等，如图 7—4—6 所示。

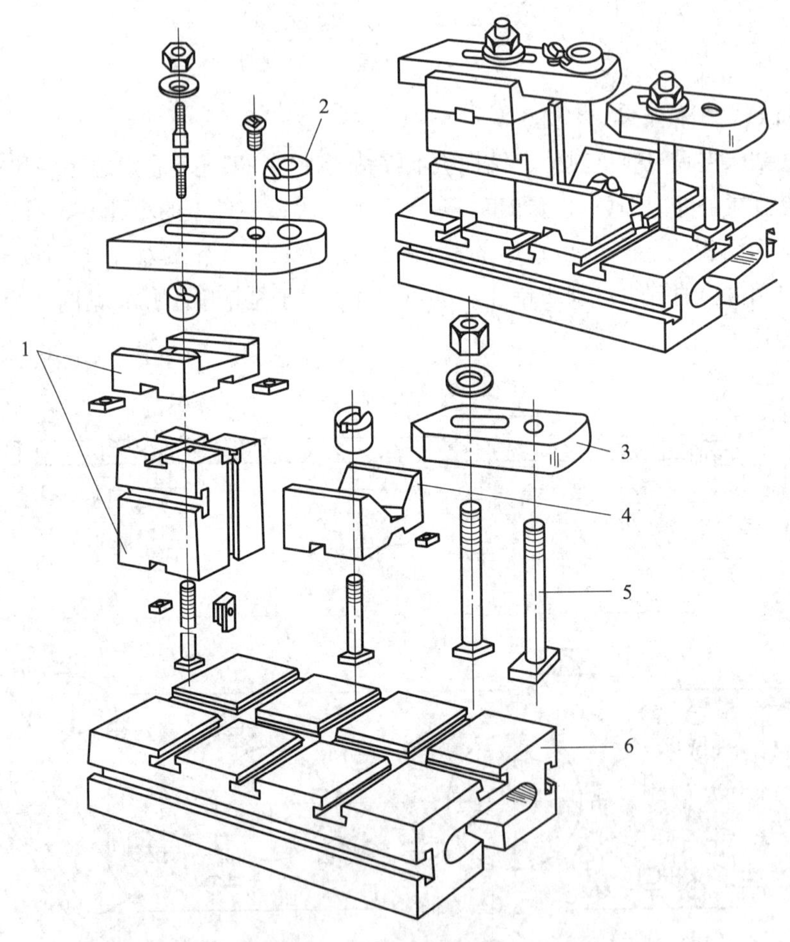

图 7—4—6 钻孔用组合夹具的元件

1—支承件 2—导向件 3—夹紧件 4—定位件 5—紧固件 6—基础件

（1）基础件

基础件主要作为夹具体，也是各类元件组装的基础。常用的有各种形状的基础板和基础角铁等。

(2) 支承件

支承件主要用作不同高度的支承或角度关系的支承，包括各种方形支承、长方形支承、伸长板、角铁支承和角度垫板等。

(3) 定位件

定位件主要用于工件的定位及确定元件与元件之间的相对位置，如各种定位销、定位盘、定位支承、V 形支承、定位键等。

(4) 导向件

导向件是用来确定刀具与工件之间相对位置的元件，包括各种尺寸规格的钻套、钻模板、导向支承等。

(5) 夹紧件

夹紧件是指各种形式的压板、螺杆等，用于夹紧工件。

(6) 紧固件

紧固件用于连接组合夹具元件及紧固工件，包括各种螺钉、螺母、垫圈等。

(7) 其他件

其他件包括连接板、摇板、弹簧、平衡块等。

(8) 合件

合件是一种由多元件组成的结构较复杂的独立标准部件，如分度组件等。

2. 组合夹具的特点

(1) 能保证加工精度，提高生产效率。

(2) 通用性好，适用范围广。

(3) 可重复使用，降低产品的制造成本。

(4) 缩短生产周期，减少夹具的库存量，易于管理。

(5) 组合夹具的外形尺寸较大，结构较笨重，刚度低。

冷冲压模具的装配与调试

冷冲压是指在自然的常温环境中，在相应的锻压机械配合下，利用冷冲压模具对各种材料采用冲裁切割分离或加压产生塑性变形，从而获得一定形状和尺寸制件的加工方法。

第一节　常用冷冲压设备

在冷冲压生产中，主要使用的冲压设备是压力机，它分为机械压力机和液压机两大类，如开式可倾压力机、闭式双点压力机、四柱液压机等。

一、通用锻压机械的分类及型号

1. 型号的组成

我国目前执行的锻压机械型号是按国家标准《锻压机械　型号编制方法》（GB/T 28761—2012）编制的，其型号构成如图 8—1—1 所示。

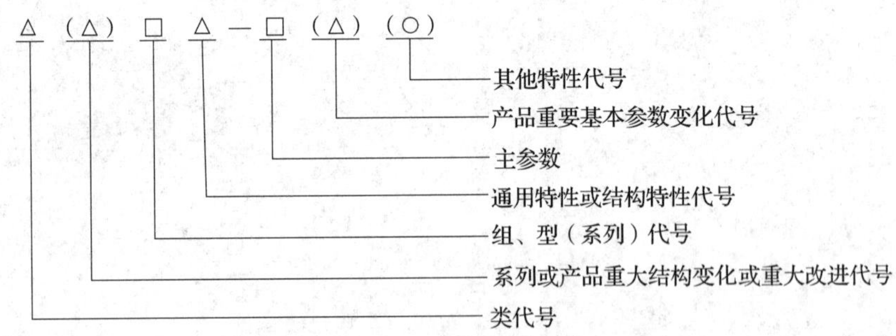

注：1. 有“（）”的代号，如无内容时则不表示，有内容时则无括号。
2. 有“△”符号的，为大写汉语拼音字母。
3. 有“□”符号的，为阿拉伯数字。
4. 有“○”符号的，为大写汉语拼音字母或（和）阿拉伯数字。

图 8—1—1　通用锻压机械型号构成

2. 分类及其代号

通用锻压机械分为机械压力机、液压机、自动锻压（成形）机、锤、锻机、剪切与切割机、弯曲矫正机和其他综合类，用大写汉语拼音字母表示，具体见表 8—1—1。

表 8—1—1　　通用锻压机械的分类及代号（摘自 GB/T 28761—2012）

类别	机械压力机	液压机	自动锻压（成形）机	锤	锻机	剪切与切割机	弯曲矫正机	其他综合类
字母代号	J	Y	Z	C	D	Q	W	T

知识拓展

对于具有两类特性的锻压机械，以主要特性分类为准。对分类中未能包含的锻压机械产品，应根据其锻压工艺和接近的类型产品进行分类命名。

3. 系列或产品重大结构变化或重大改进代号

当锻压机械的结构、性能指标有重大变化或更高的要求，并按新产品设计、试制和鉴定时，按改进的先后顺序选用正楷大写字母 A、B、C 等（I、O 字母除外），凡属局部的小改进或增减某些附属装置等，未对原锻压机械的结构、性能做重大的改进，其型号不变。

4. 组、型（系列）代号

国家标准将每类锻压机械划分为 10 个组，每组又划分为 10 个型（系列）。用两位阿拉伯数字表示，位于类代号或结构变化代号之后。具体表示方法见相关国家标准。

5. 通用特性或结构特性代号

通用特性代号有统一的规定含义，在各类锻压机械中表示的意义相同。当某类锻压机械有某种通用特性时，则在组、型（系列）代号后加通用特性代号。当需要排列多个通用特性代号时，应按重要程度顺序排列。具体通用特性代号见表 8—1—2。

表 8—1—2　　锻压机械的通用特性代号（摘自 GB/T 28761—2012）

名称	功能	代号	读音
数控	数字控制	K	控
自动	带自动送卸料装置	Z	自
液压传动	机器的主传动采用液压装置	Y	液
气动传动	机器的主传动（力、能量来源）采用气动装置	Q	气
伺服驱动	主驱动为伺服驱动	S	伺
高速	机器每分钟行程次数或速度显著高于同规格普通产品，有标准的以标准为准，没有标准的按高出同规格普通产品的 100% 以上计	G	高

续表

名称	功能	代号	读音
精密	机器运动精度显著高于同规格普通产品，有标准的以标准为准，没有标准的按高出同规格普通产品的25%以上计	M	密
数显	数字显示功能	X	显
柔性加工	柔性加工功能	R	柔

对主参数相同而结构、性能不同的锻压机械，可加结构特性代号予以区分，在型号中没有统一的含义，并应排在通用特性代号之后。按结构的不同选用大写字母 A、B、C 等或字母组合（通用特性代号已用的字母和 I、O 两个字母不能再用）表示。

6. 主参数

主参数表示最大工作能力，其数值位于组、型（系列）代号或特性代号之后，并用短横线“—”隔开。有两个或多个主参数的，中间以“×”或“/”分开。当主参数为公称力时（单位为 kN），表示主参数的数值为公称力实际数值的十分之一；当主参数为公称打击能量时（单位为 kJ），表示主参数的数值为公称打击能量实际数值的十分之一；主参数的单位为 mm、kg 的，表示主参数的数值为实际数值。

7. 产品重要基本参数变化代号

凡是主参数相同而重要的基本参数不同者，用 A、B、C（I、O 字母除外）等字母加以区别，位于主参数之后。

8. 其他特性代号

其他特性代号置于型号的最后，用以表示各类锻压机械的辅助特性，如不同的数控系统，反映锻压机械的控制轴数、移动工作台等。其他特性代号用 A、B、C（I、O 字母不得选用）等字母表示，如 L 表示数控轴数、F 表示复合等。

9. 型号示例

JC21Z—200D 表示经第三次重大改进，行程可调，带自动送料装置的 2 000 kN 开式固定台压力机。

J75GM—160 表示 1 600 kN 闭式单点高速精密压力机。

二、机械压力机

机械压力机是指通过曲柄滑块机构将电动机的旋转运动转换为滑块的往复直线运动，对坯料进行成形加工的锻压机械。

1. 特点

机械压力机动作平稳，工作可靠，广泛用于冲压、挤压、模锻和粉末冶金制件等工艺。机械压力机在数量上约占各类锻压机械总数的一半以上。机械压力机的规格用公称工作力（kN）表示，它是以滑块运动到距行程的下止点 10 ~ 15 mm 处（或从下止点算起，曲柄转角 α 为 15° ~ 30°时）为计算基点设计的最大工作力。

2. 结构

机械压力机按机身结构形式不同通常分为开式压力机和闭式压力机两大类。

开式压力机俗称冲床，应用最为广泛，开式压力机多为立式，如图 8—1—2 所示为开式可倾压力机。机身呈 C 形，前、左、右三面敞开，结构简单，操作方便，机身可倾斜某一角度，以便使冲好的工件滑下，落入料斗，易于实现自动化。但开式机身刚度较低，影响制件精度和模具使用寿命，仅适用于 40 ~ 4 000 kN 的中、小型压力机。闭式压力机机身呈框架形，如图 8—1—3 所示为闭式双点压力机。机身前、后敞开，刚度和精度高，工作台面的尺寸较大，适用于压制大型零件，公称工作力多为 1 600 ~ 60 000 kN。冷挤压、热模锻和双动拉深等重型压力机都使用闭式机身。

图 8—1—2　开式可倾压力机

图 8—1—3　闭式双点压力机

机械压力机主要由主体结构和滑块结构两大部分组成。其中，主体结构包括工作机构、传动系统、操作系统、能源系统、支承部件和辅助部件，其各部分的组成和作用见表 8—1—3。

表 8—1—3　机械压力机主体结构各部分的组成和作用

名称	组成	作用
工作机构	由曲柄轴、连杆、滑块等零件组成的曲柄滑块机构	将旋转运动转化为往复直线运动
传动系统	由带传动机构和齿轮传动机构组成，将能量传到工作机构	传动过程中，转速逐渐降低，转矩逐渐增大
操作系统	由离合器、制动器等组成	控制工作机构的运行状态，实现间歇或连续工作
能源系统	由电动机和飞轮组成	开机后，电动机对飞轮进行加速，压力机短时工作能量由飞轮提供（飞轮起储存和释放能量的作用）

续表

名称	组成	作用
支承部件	由机身、工作台和紧固件组成	把压力机所有零部件连成一个整体
辅助部件	由气路系统、润滑系统、过载保护系统、拉伸垫（气垫）、快换模、打料装置、监控装置等组成	起提高压力机的安全性和操作方便性的作用

3. 工作原理

如图 8—1—4 所示，机械压力机工作时，由电动机通过 V 带驱动大带轮（通常兼作飞轮），经过齿轮副和离合器带动曲柄滑块机构，使滑块和凸模直线下行。锻压工作完成后滑块回程上行，离合器自动脱开，同时曲柄轴上的制动器接通，使滑块停止在上止点附近。

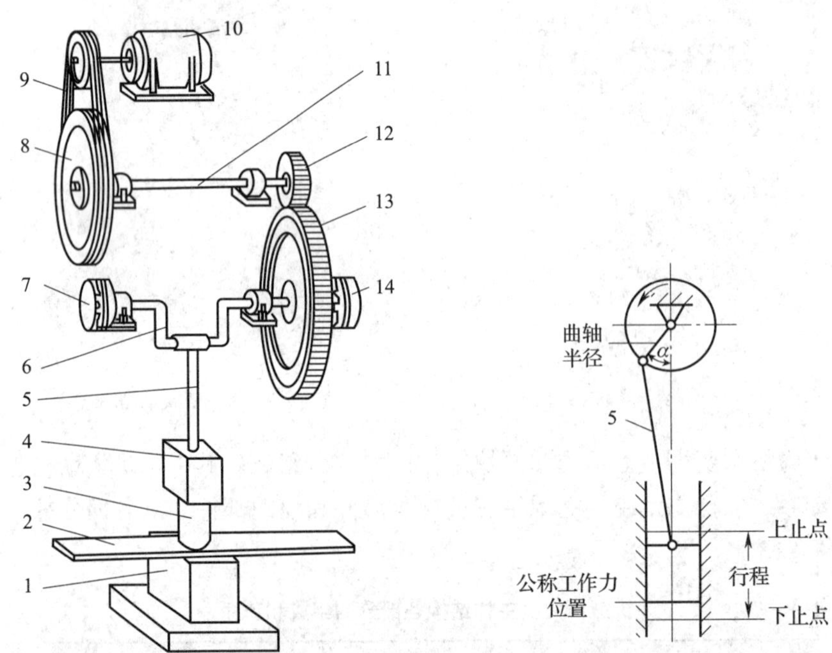

图 8—1—4　机械压力机工作原理图

1—凹模　2—板材　3—凸模　4—滑块　5—连杆　6—曲柄轴　7—制动器　8—大带轮
9—V 带　10—电动机　11—传动轴　12—小齿轮　13—大齿轮　14—离合器

机械压力机的载荷是冲击性的，即在一个工作周期内锻压工作的时间很短。短时的最大功率比平均功率大十几倍以上，因此，在传动系统中都设置有飞轮。按平均功率选用的电动机启动后，飞轮运转至额定转速，积蓄动能。凸模接触坯料开始锻压工作时，电动机的驱动功率小于载荷，转速降低，飞轮释放出积蓄的动能进行补偿。锻压工作完成后，飞轮再次加速积蓄动能，以备下次使用。

机械压力机上的离合器与制动器之间设有机械或电气联锁，以保证离合器接合前制动器松开，制动器制动前离合器脱开。机械压力机的操作方式分为连续、单次行程和寸动（微动），大多数是通过控制离合器和制动器来实现的。滑块的行程长度不变，但其底面与工作台面之间的距离（称为封密高度）可以通过螺杆调节。

在实际生产中，有可能发生超过压力机公称工作力的现象。为保证设备安全，常在压力机上装设过载保护装置。为了保证操作者人身安全，压力机上面装有光电式或双手操作式人身保护装置。

4. 使用时的注意事项

（1）安装模具时，必须使模具的闭合高度与压力机的闭合高度相适应。调整压力机的闭合高度时，应采用寸动冲程。压力机的工作台不允许处于最低极限位置，而应处于其调节量的中限，模具固定要牢靠。

（2）使用前认真检查设备的操纵系统、润滑系统是否正常。检查离合器、制动器和防护装置是否安全、完好。

（3）为防止压力机的滑块被卡住，严禁超负荷作业。

（4）电动机启动后，要等飞轮转速正常后方可操纵滑块进行压力加工。工作中，操作人员不得离开工作岗位，也不准清理、调整、润滑设备。不准将手或工具等伸入滑块行程范围内。

（5）脚踏操纵板上应装安全罩，以免别人或其他物体误压而引起滑块突然下滑，造成意外事故。

（6）压力机长时间连续工作时，应注意检查电动机、离合器、制动器、滑块、导轨等处有无过热、冒烟、打火花等现象。

（7）工作结束后，要使滑块落到下止点位置，并切断电源，整理好工作场地，做好交接班工作。

知识拓展

在机械压力机上，每个曲柄滑块机构称为一个“点”。最简单的机械压力机采用单点式，即只有一个曲柄滑块机构。有的大工作面机械压力机，为使滑块底面受力均匀且运动平稳，常采用双点式或四点式。

三、液压机

液压机是一种以液体为工作介质，根据帕斯卡原理制成的用于传递能量以实现各种工艺的机器。可用于对金属或非金属材料进行压力加工，如金属材料的拉伸、冲裁、弯曲、翻边、冷挤压等各种冲压工艺，或用于校正，压装，粉末冶金制件、磨料制件、塑料制件和绝缘制件的压制成形等，加工的能量由液压力产生。

1. 特点

液压机与机械压力机相比有以下特点：

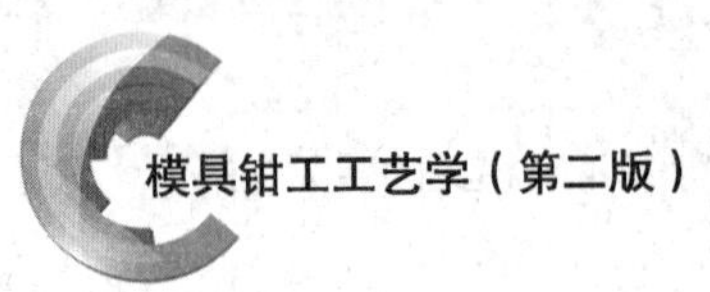

（1）工作平稳，冲击和振动小，噪声小。

（2）液压机易于实现大的工作压力，并且具有较大的工作空间和较长的工作行程。因此，液压机的适应性强，便于压制大型或较长、较高的工件。

（3）液压机在行程的任何位置均可产生额定的最大压力，并可长时间保压，这对许多成形工艺来说是十分需要的。

（4）滑块的总行程可以在一定范围内任意改变，滑块可以在一定范围内进行无级调速。

（5）液压元件已通用化、标准化、系列化，这给液压机的维护带来方便，并且液压机操作方便，便于实现自动控制。

2. 结构

液压机按其结构不同分为立式和卧式两类，其中，立式应用较为普遍，如图8—1—5所示为立式四柱液压机。液压机通常由动力机构、控制机构、执行机构、辅助机构和工作介质组成。

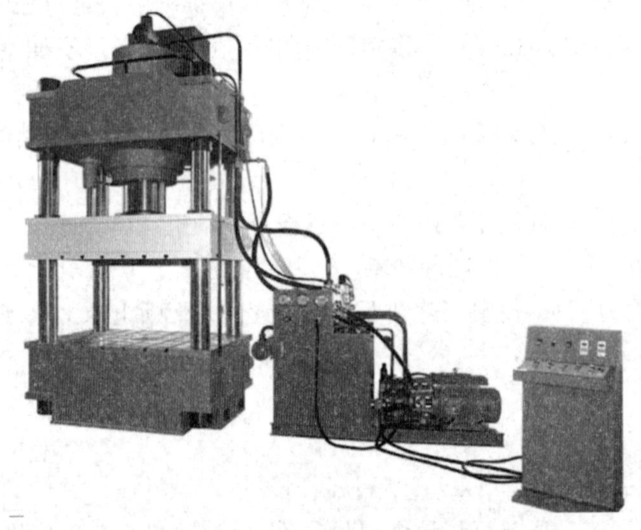

图8—1—5　立式四柱液压机

（1）动力机构

动力机构是指将机械能转换成液压能的装置，通常采用油泵作为动力机构，一般为容积式油泵，低压（油压小于2.5 MPa）用齿轮泵，中压（油压小于6.3 MPa）用叶片泵，高压（油压小于32.0 MPa）用柱塞泵。

（2）控制机构

控制机构利用各类阀（如单向阀、换向阀、溢流阀、减压阀、顺序阀、节流阀、调速阀等）控制液压油的流量、流向、压力，以实现执行机构的工作顺序。

（3）执行机构

执行机构是指将液压能转化为机械能的装置，如液压缸、液压马达等。

（4）辅助机构

辅助机构主要指液压系统以外的其他装置。

（5）工作介质

工作介质是指传递动力的液体。按液体种类来分，有油压机和水压机两大类，水压机产生的总压力较大。一般中、小型液压机均采用矿物油作为工作介质。

3. 工作原理

液压机基本工作原理是油泵把液压油输送到集成插装阀块，通过各个单向阀和溢流阀把液压油分配到液压缸的上腔或下腔，在高压油的作用下使液压缸进行运动，并将压力传递给相关模具完成压力加工。液压机是利用液体传递压力的设备，液体在密闭的容器中传递压力时遵循的是帕斯卡定律。如图 8—1—6 所示为某 3 150 kN 通用液压机液压系统图。

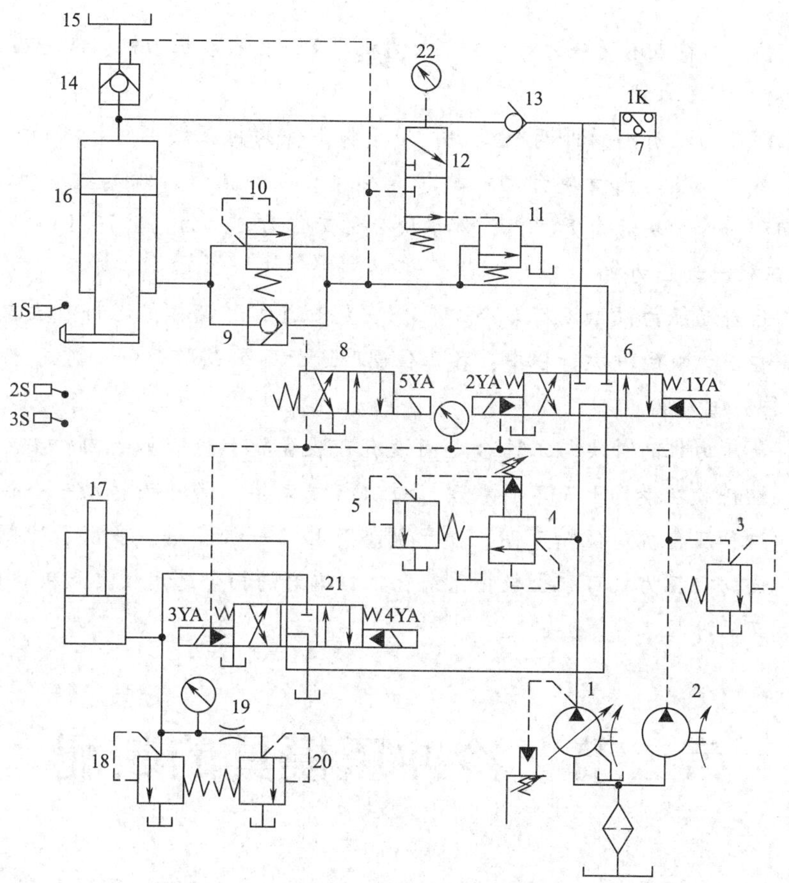

图 8—1—6　某 3 150 kN 通用液压机液压系统图

1—主泵　2—辅助泵　3、4、18—溢流阀　5—远程调压阀　6、21—电液换向阀

7—压力继电器　8—电磁换向阀　9—液控单向阀　10、20—背压阀

11—顺序阀　12—液控滑阀　13—单向阀　14—充液阀　15—油箱

16—上缸　17—下缸　19—节流器　22—压力表

该通用液压机液压系统采用主泵和辅泵供油方式，主泵 1 是一个高压、大流量、恒功率控制的压力反馈变量柱塞泵，远程调压阀 5 控制高压溢流阀 4，限定系统最高工作压力，其最高压力可达 32 MPa。辅助泵 2 是一个低压小流量定量泵（与主泵为单轴双联结构），其作用是为电液换向阀、液控滑阀和液控单向阀的正确动作提供控制油源，辅助泵 2 的压力由低压溢流阀 3 调定。液压机工作的特点是上缸竖直放置，当上滑块组件没有接触到工件时，系统为空载高速运动；当上滑块组件接触到工件后，系统压力急剧升高，且上缸的运动速度迅速降低，直至为零，进行保压。

知识拓展

压力机的分类

压力机按应用特点不同分为双动拉深压力机、多工位自动压力机、回转头压力机等。

1. 双动拉深压力机

双动拉深压力机有内、外两个滑块，用于杯形件的拉深成形。拉深前，外滑块首先压紧板料外缘，然后内滑块带动凸模拉深杯体，以防板料外缘起皱。拉深完成后，内滑块先回程，外滑块后松开。内、外滑块公称工作力之比为（1.7～1）：1。

2. 多工位自动压力机

在多工位自动压力机上设有多个工位，装置多道成形模具，坯料依次自动向下一工位移动。在压力机的一次行程中，各工位同时进行各道成形工序，制成一个工件。

3. 回转头压力机

在回转头压力机的滑块与工作台之间设有可装置数十组模具的回转头，可按需要选用模具。坯料放在模具上而不再移动。每次行程完毕，回转头转动一个位置，完成一道工序。这种压力机定位精度高，便于调整产品，一机多用，多用于冲制仪器底板和面板等。回转头压力机可配上数控系统，根据编好的指令选用模具和板材成形部位，自动完成复杂的冲压工作。

第二节　冷冲压模具的装配

冷冲压模具在国家标准《冲模术语》（GB/T 8845—2006）中称为冲模，是指通过加压将金属、非金属板料或型材分离、成形或接合而获得制件的工艺装备。

为了适应冷冲压生产的需要，冲模的结构必须满足冲压生产的要求，既要能冲出合格的制件，又要适应批量生产、操作及使用方便、安全可靠、成本低廉、使用寿命长的要求，而且还要容易制造和便于维修。在冷冲压生产中，由于所要冲制的零件形状、材料性质不同，采用的冲模结构和类型也有所不同。

根据工艺性质分类，冷冲压模具可分为冲裁模、弯曲模、拉深模、成形模。根据工序组合方式分类，冷冲压模具可分为单工序冲模、复合模、级进模。根据导向方式分类，冷冲压模具可分为无导向冲模、导柱模、导板模。

一、冷冲压模具的基本类型

1. 冲裁模

冲裁模是指分离出所需形状与尺寸制件的冲模。冲裁模和其他冲模一样，按冲压性质不同可分为落料模、冲孔模、修边模、切口模、切舌模、剖切模、整修模、切断模等；按工序组合方式不同可分为单工序冲裁模、连续冲裁模、复合冲裁模；按导向方式不同可分为无导向敞开冲裁模、导柱导向冲裁模和导板导向冲裁模。下面以落料模为例介绍冲裁模的结构、工作原理及特点。

（1）无导向单工序落料模

落料模是指分离出带封闭轮廓制件的冲裁模。

1）结构及工作原理。如图 8—2—1 所示，无导向单工序落料模没有专门的导向装置，模具的上半部分由上模座 1、凸模 2 组成，通过模柄安装在压力机滑块上做往复运动；下模部分由凹模 5、卸料板 3、导料板 4、下模座 6 和定位板 7 组成，通过螺栓、压板固定在压力机工作台上。导料板 4 对条料起导向作用，定位板 7 限制条料的送进步距。冲裁时，分离后的制件靠凸模直接从凹模洞口依次推出，箍在凸模上的废料由卸料板刮下，上模和下模没有直接的导向关系。

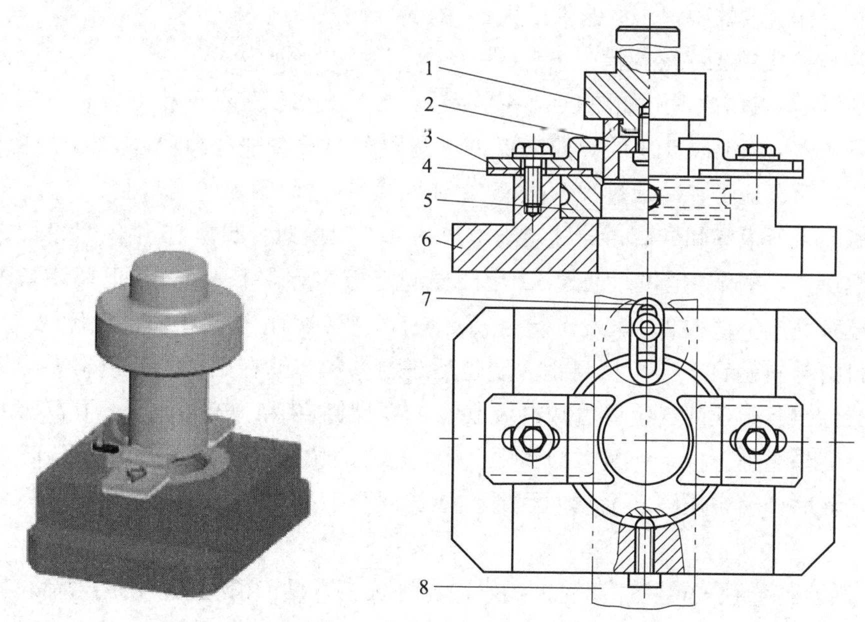

图 8—2—1　无导向单工序落料模

1—上模座　2—凸模　3—卸料板　4—导料板　5—凹模　6—下模座　7—定位板　8—料坯

2）特点。该类模具具有一定的通用性，通过更换凹模和凸模，调整导料板、定位板、卸料板的位置，可以冲裁不同的制件，还可用于冲孔。它具有结构简单、制造容易、周期短、成本低的优点。但调试凹模和凸模间隙时较麻烦，冲裁件质量不高，模具使用寿命短，操作不安全。因此，用于一些形状简单、精度要求不高、生产批量不大及试制性产品零件的冲裁。

（2）导板式单工序落料模

1）结构及工作原理。如图 8—2—2 所示，导板式单工序落料模在凹模的上面安装有一个起导向作用的导板。在冲裁过程中，当条料沿导料板 10 送到始用挡料销 20 时，凸模 5 由导板 9 导向进入凹模，完成首次冲裁，冲下一个零件。条料继续送至固定挡料销 16 时，进行第二次冲裁，第二次冲裁时落下两个零件。此后，条料继续送进，其送进步距由固定挡料销 16 控制，而且每一次冲压都是同时落下两个零件，分离后的零件靠凸模从凹模洞口中依次推出。

这种冲模的主要特征是凸模和凹模的正确配合依靠导板导向。为了保证导向精度和导板的使用寿命，工作过程中凸模始终不离开导板的导向孔做上下运动，导板与凸模为间隙配合，其配合间隙必然小于凸模和凹模间隙。为此，要求压力机行程较小。根据这个要求，选用行程较小且可调节的偏心式冲床较合适。在结构上，为了拆装和调整间隙的方便，固定导板的两排螺钉和销钉内缘之间的距离（见俯视图）应大于上模相应的轮廓宽度。

2）特点。导板模比无导向模的精度高，可达 IT12 级以上，使用寿命也较长，使用时安装较容易，卸料可靠，操作较安全，轮廓尺寸也不大。适用于料厚 $t \geqslant 0.5$ mm 且形状不十分复杂的中、小型制件的批量冲压。

（3）导柱式单工序落料模

1）结构及工作原理。如图 8—2—3 所示，导柱式单工序落料模上模和下模的正确位置利用导柱 14 和导套 13 的导向来保证。凸模和凹模在进行冲裁之前，导柱已经进入导套，从而保证了在冲裁过程中凸模 12 和凹模 16 之间间隙的均匀性。

上模座、下模座和导套、导柱装配组成的部件为模架。凹模 16 用内六角螺钉和销钉与下模座 18 紧固并定位。凸模 12 用凸模固定板 5、螺钉、销钉与上模座紧固并定位，凸模背面垫上垫板 8。压入式模柄 7 装入上模座并以止动销 9 防止其转动。

坯料沿导料螺钉 2 送至挡料销 3 定位后进行落料。箍在凸模上的边料靠弹压卸料装置进行卸料，弹压卸料装置由卸料板 15、卸料螺钉 10 和弹簧 4 组成。在凸模和凹模进行冲裁工作之前，由于弹簧力的作用，卸料板先压住条料，上模继续下压时进行冲裁分离，此时弹簧被压缩。上模回程时，弹簧回复，推动卸料板，把箍在凸模上的边料卸下。

2）特点。导柱式单工序落料模的导向比导板模可靠，精度高，使用寿命长，使用及安装方便，但轮廓尺寸较大，模具较重，制造工艺复杂，成本较高。它广泛用于生产批量大、精度要求高的冲裁件，是目前最常用的冲模结构形式。

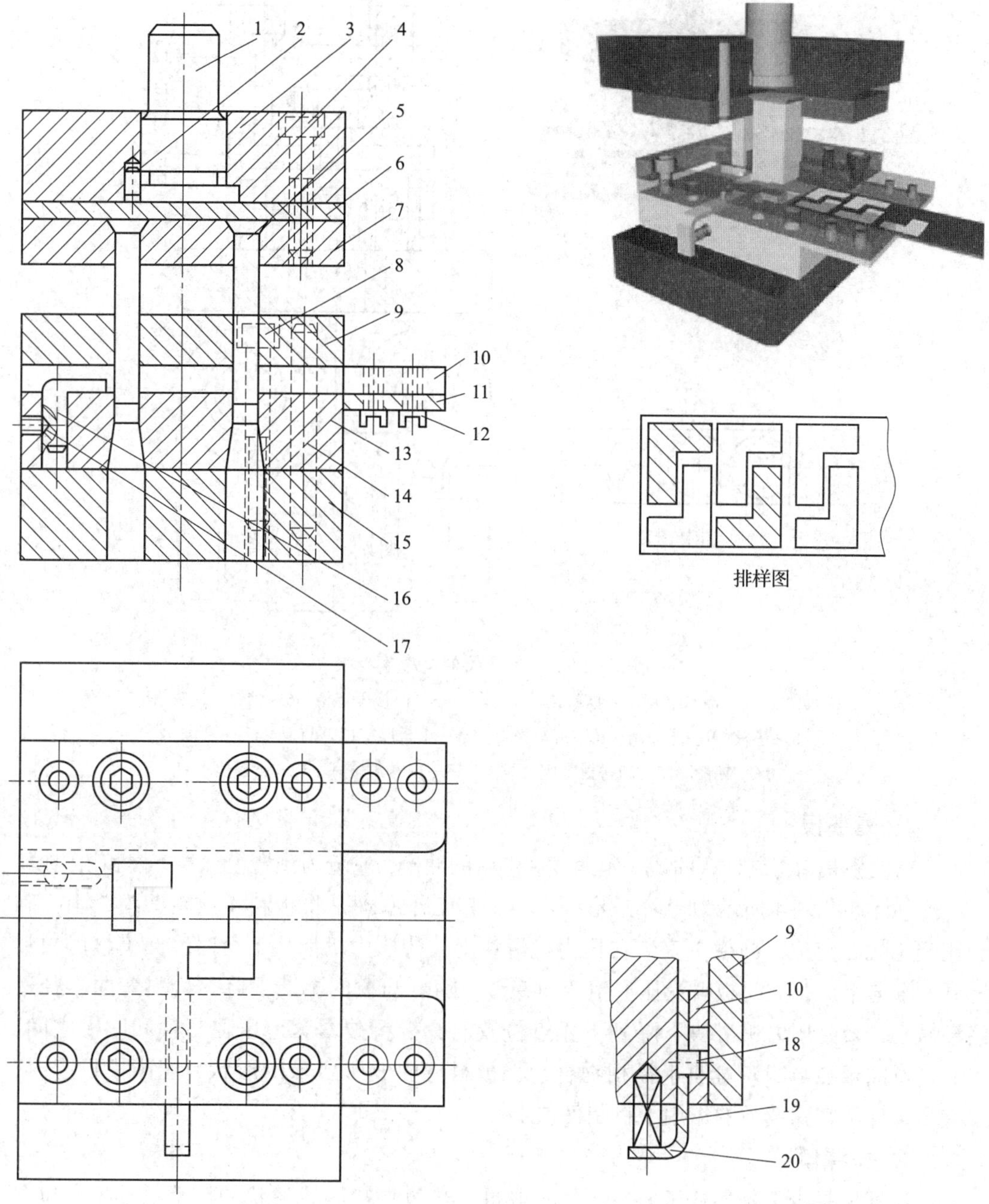

图 8—2—2 导板式单工序落料模

1—模柄 2—止动销 3—上模座 4、8—内六角螺钉 5—凸模 6—垫板 7—凸模固定板 9—导板 10—导料板 11—承料板 12—螺钉 13—凹模 14—圆柱销 15—下模座 16—固定挡料销 17—止动销 18—限位销 19—弹簧 20—始用挡料销

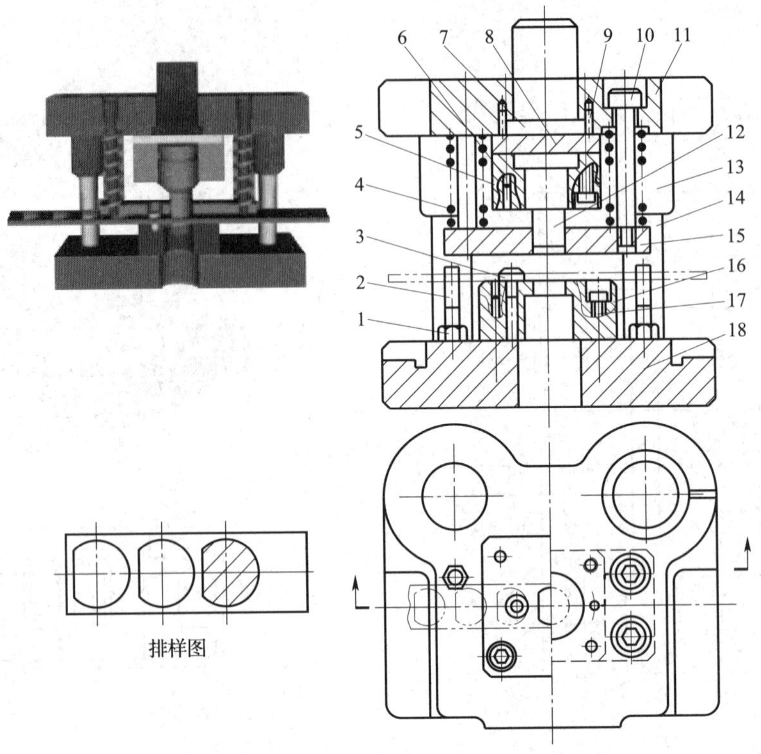

图 8—2—3　导柱式单工序落料模

1—螺母　2—导料螺钉　3—挡料销　4—弹簧　5—凸模固定板　6—销钉　7—模柄　8—垫板　9—止动销　10—卸料螺钉　11—上模座　12—凸模　13—导套　14—导柱　15—卸料板　16—凹模　17—内六角螺钉　18—下模座

2. 弯曲模

弯曲模是指将制件弯曲成一定角度和形状的冲模，它分为预弯模、卷边模和扭曲模。

如图 8—2—4 所示为台阶 U 形预弯模，其工作原理是将板料 4 放在凹模 2 上，利用定位板 6 定位，凸模 3 安装在压力机滑块上，待压力机滑块下行时，凸模接触板料并逐渐向下压，此时板料受压产生弯曲变形，随着凸模的不断下降，板料弯曲半径逐渐减小，直到压力机滑块下降到下止点位置时，板料被紧紧地压在凸模和凹模之间，其内弯曲半径与凹模弯曲半径相吻合，将板料弯曲成所要求的形状。当凸模抬起时，弹压顶杆 7 在弹簧力的作用下将制件顶出。

3. 拉深模

拉深模是指把制件拉压成空心体，或进一步改变空心体形状和尺寸的冲模。拉深模分为反拉深模、正拉深模和变薄拉深模。

如图 8—2—5 所示，拉深模工作时，首先将板料放在凹模 7 上并定位。待压力机滑块带着凸模 10 下降时，板料同时受到凸模压力和压边圈 5 压力的作用，压边圈将板料压紧，防止板料位置偏移。在凸模向下压力的继续作用下，迫使板料进入凹模洞口，最后将板料拉深成所要求的开口空心状零件。

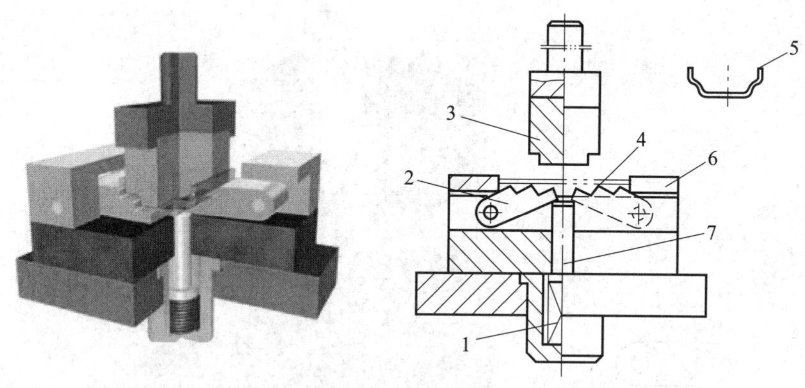

图 8—2—4 预弯模

1—弹簧 2—凹模 3 凸模 4—板料 5—制件 6—定位板 7—弹压顶杆

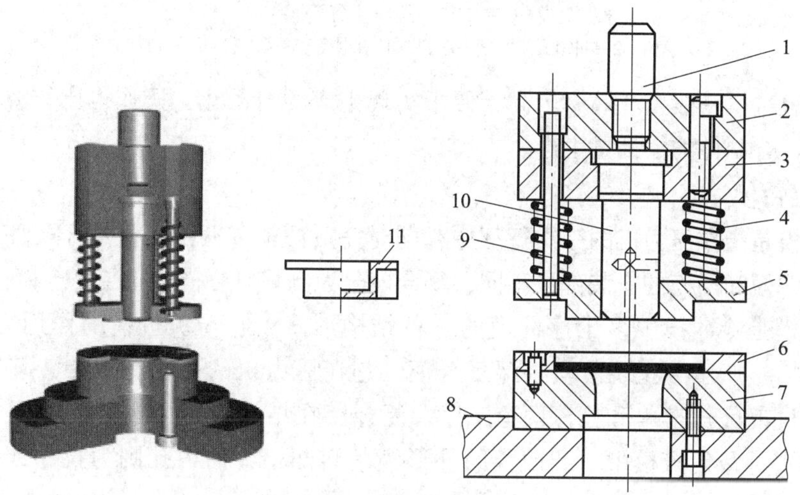

图 8—2—5 拉深模

1—模柄 2—上模座 3—凸模固定板 4—压边弹簧 5—压边圈 6—定位板
7—凹模 8—下模座 9—卸料板螺栓 10—凸模 11—制件

拉深模是冷冲压生产中应用最为广泛的一种高效率加工模具。它主要用来压制圆筒形、圆锥形、球形及方盒形等制件。

4. 级进模

级进模又称连续模或跳步模，它是指压力机的一次行程中，在送料方向连续排列的多个工位上同时完成多道冲压工序的冲模。

如图 8—2—6 所示，在冲孔落料级进模的工作部位将其分成若干个等距工位（两工位），在每个工位上设置了一定的冲压工序（冲孔工序和落料工序），在模具内或模具外设置了控制条料（卷料）送进的固定距离（步距）的机构，使条料沿模具各工位依序冲压后，到最后工位从条料上便可冲出一个合格的制件。

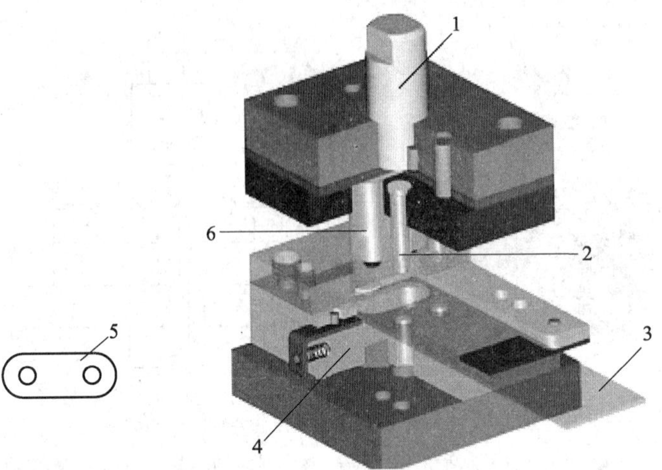

图 8—2—6　冲孔落料级进模

1—模柄　2—冲孔凸模　3—坯料　4—凹模　5—制件　6—落料凸模

采用级进模一般生产效率较高，便于实现生产的自动化，操作也比较方便，安全可靠，很适合制件的大批量生产。

5. 复合模

复合模是指在压力机的一次行程中，同时完成两道或两道以上冲压工序的单工位冲模。按凹模和凸模的安装部位不同，复合模分为倒装复合模和正装复合模。

复合模是冷冲模中多工序冲模的一种结构形式，它与级进模的作用方式不同。如图 8—2—7 所示为正装落料拉深复合模，它在压力机的一次行程中，坯料在一个位置上，同时完成落料和拉深两道工序。复合模在结构上的主要特点是具有一个凸凹模，如在冲裁复合模中，凸凹模的外形为落料凸模，而内孔则为拉深或冲孔的凹模。

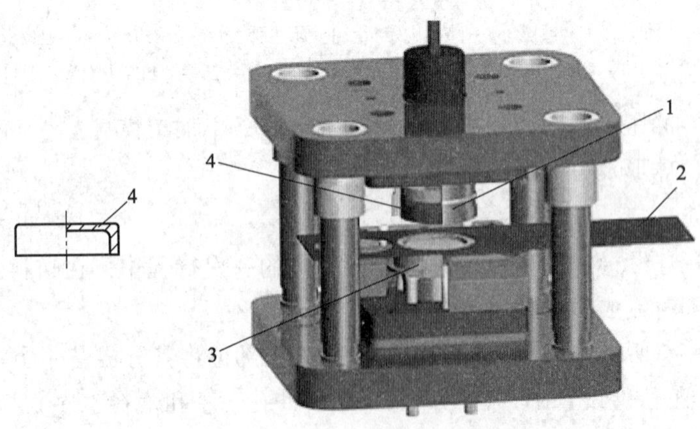

图 8—2—7　正装落料拉深复合模

1—凸凹模　2—坯料　3—凹模和凸模　4—制件

复合模加工制件的精度较高，生产效率高，且不受条料外形尺寸的精度限制。但模具零部件制造比较困难，成本较高，并且凸凹模容易受到最小壁厚的限制。

二、冷冲压模具的结构

冷冲模是一个完整的独立整体，它是由各种不同零部件组合而成的。按其功能分为工艺结构零件和辅助结构零件。工艺结构零件直接参与完成冲压过程，并与毛坯直接发生作用。辅助结构零件不与毛坯直接作用，但对模具完成工艺过程起保证作用或对模具的功能起完善作用。

1. 工艺结构零件

工艺结构零件又分为工作零件，定位零件，压料、卸料及送料零件。

（1）工作零件

工作零件是指直接对板料进行冲压加工（分离或成形）的零件。主要有凸模、凹模、凸凹模、定位侧刃等，如图 8—2—8 中的零件 2、3、4、6 等。

（2）定位零件

定位零件是指确定板料、制件或模具零件在冲模中正确位置的零件。主要有定位销、定位板、挡料销、始用挡料销、导正销、抬料销、导料板、侧刃挡块、止退键、侧压板、限位块、限位柱等。定位零件基本上都已标准化，可根据坯料或制件形状、尺寸、精度和模具结构形式及生产效率要求等选用相应的标准件。在图 8—2—8 中，起定位作用的零件有左导料板 1、右导料板 5、挡板 15 等。利用这些零件确定坯料送进时在模具中有准确的位置，以保证冲压出合格的制件。

（3）压料、卸料及送料零件

压料、卸料及送料零件是指使制件与废料得以出模，保证实现正常冲压的零件。主要有压边圈（压料板）、卸料板、推件器、顶件器等。如图 8—2—8 所示的冲裁模中，利用切边凸模 14 将前一组完成冲裁的部分切掉，保证了冲裁时定位的准确和连续。

2. 辅助结构零件

辅助结构零件主要包括导向零件、固定零件及其他零件。

（1）导向零件

导向零件是指为运动导向及确定上模、下模相对位置的零件。主要有导柱、导套、滚珠导柱、滚珠导套、导板、滑块、耐磨板、凸模保护套等，如图 8—2—8 中的导向板 7。

（2）固定零件

固定零件是指将凸模、凹模固定于上模和下模，以及将上模和下模固定在压力机上的零件。主要有上模座、下模座、凸模固定板、凹模固定板、预应力圈、垫板、模柄、浮动模柄、斜楔等，如图 8—2—8 中的固定板 8、盖板 10、模柄 11 等。

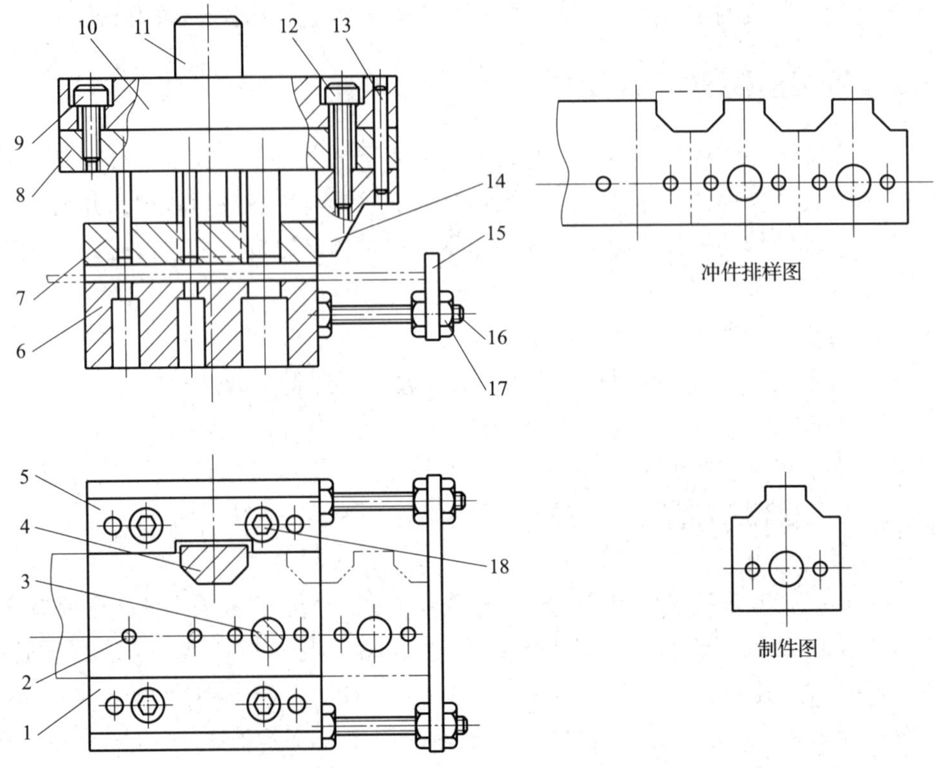

图 8—2—8　简单冲裁模装配示意图

1—左导板　2、3、4—凸模　5—右导板　6—凹模　7—导向板　8—固定板　9、12、18—内六角螺钉　10—盖板　11—模柄　13—圆柱销　14—切边凸模　15—挡板　16—双头螺柱　17—螺母

3. 标准模架

模架是指上模座、下模座、导柱、导套等的组合体。其主要作用是把模具的结构零件和工作零件连接起来，以保证模具工作部分在工作时有一个确定的相对位置。为了满足模具实际生产的需要，我国早已将冲模模架进行了标准化。标准化的实施有效地简化了模具设计程序，提高了模具制造质量和生产效率，缩短了生产周期，降低了生产成本。

标准模架按导向形式的不同可分为滑动导向模架和滚动导向模架。按导向件的配置形式不同，标准模架又有对角导向模架、后侧导向模架、中间导向模架、四导柱导向模架等。滚动导向模架和滑动导向模架的结构基本相同，仅导向部分不同。滚动导向模架的导柱与导套之间装有滚动体（一般为钢球）和滚动体保持架。我国现行的国家标准是《冲模滑动导向模架》（GB/T 2851—2008）和《冲模滚动导向模架》（GB/T 2852—2008），其中对角导向模架如图 8—2—9 所示，后侧导向模架如图 8—2—10 所示，中间导向模架如图 8—2—11 所示，四导柱导向模架如图 8—2—12 所示。

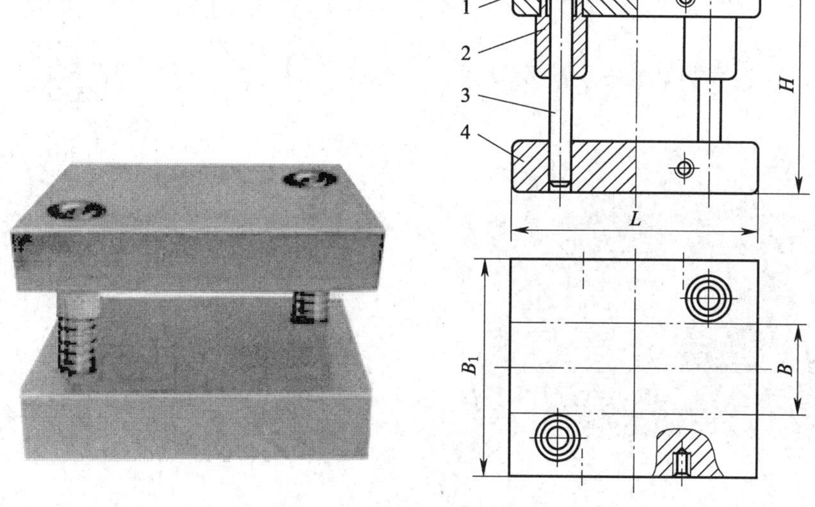

图 8—2—9　对角导向模架

1—上模座　2—导套　3—导柱　4—下模座

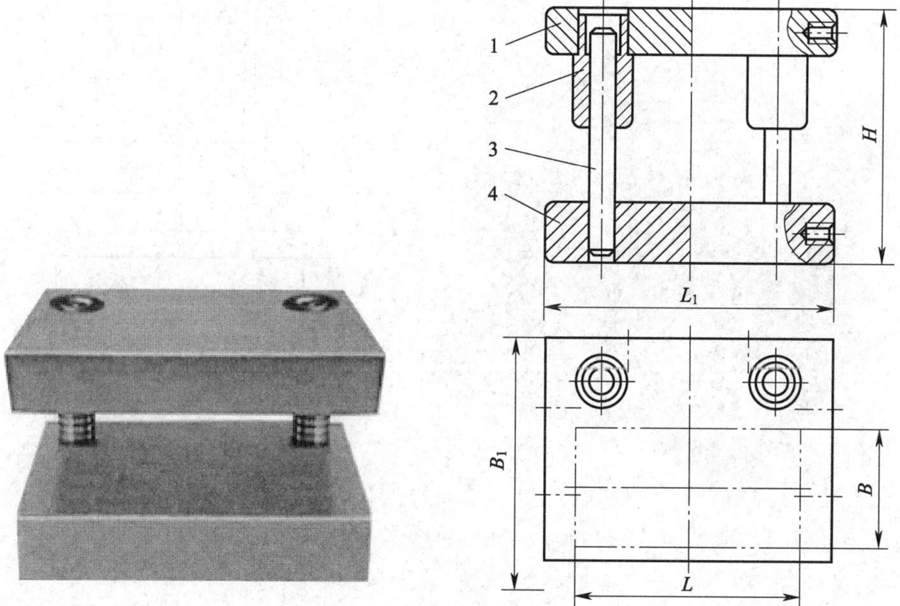

图 8—2—10　后侧导向模架

1—上模座　2—导套　3—导柱　4—下模座

三、冷冲压模具的装配技术要求

（1）装配好的模具外形尺寸、闭合高度应符合图样规定的要求。

（2）上模座的上平面与下模座的底面必须平行，一般要求在 300 mm 长度上误差不大于 0.02 mm。装配好的模架，上模沿导柱上下滑动应平稳、灵活、无阻滞。

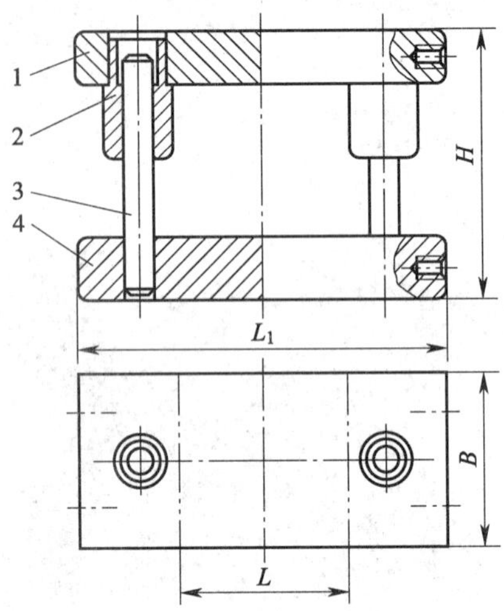

图 8—2—11　中间导向模架

1—上模座　2—导套　3—导柱　4—下模座

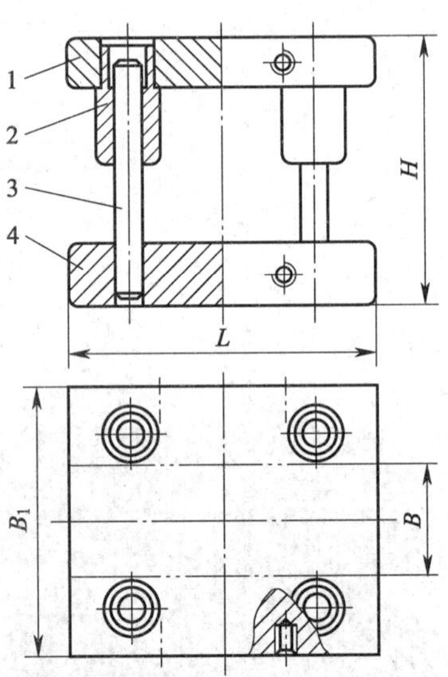

图 8—2—12　四导柱导向模架

1—上模座　2—导套　3—导柱　4—下模座

（3）凸模和凹模的配合间隙应符合图样要求，周围间隙应均匀一致；凸凹模的工作行程应符合技术要求。冲裁模的凸模、凹模在装配前必须先用油石进行修磨。

（4）对于圆孔凹模，在钻线切割工艺孔时，应一并将漏料孔钻出（若有因工艺问题不能预先钻出的，则按工艺要求执行）。装配好的模具，落料孔或出屑槽应畅通无阻，保证制件或废料能自由排出。

（5）模柄的圆柱部分应与上模座上平面垂直；模柄装入上模座后，其轴线对上模座上平面的垂直度误差在全长范围内不大于 0.05 mm。

（6）装入模架的每对导柱和导套的配合间隙应符合规定要求，它们之间的相对滑动应平稳而均匀，无歪斜和阻滞现象；导柱和导套装配后，其轴线应分别垂直于下模座的底平面和上模座的上平面；装配后的导柱，其固定端面与下模座下平面应保留 1～2 mm 的距离，选用 B 型导套时，装配后其固定端面比上模座上平面低 1～2 mm。

（7）定位装置要保证定位正确、可靠，卸料及顶件装置灵活、正确，出料孔畅通无阻，保证制件及废料不卡在冲模内。

（8）加工固定销孔时，应按钻孔→扩孔→铰孔的工艺进行。

（9）各零件外形棱边（工作棱边除外）以及销孔、螺钉沉孔必须倒角。

（10）各种附件应按图样要求装配齐全。

（11）模具在压力机上的安装尺寸需符合选用设备的要求，起吊零件安全、可靠。

（12）模具应在生产的条件下试模，试模所得制件应符合工序图要求，并能稳定地冲出合格的制件。

四、冷冲压模具的装配方法

1. 装配方案的确定

装配前必须仔细分析和研究图样，根据模具的结构特点和技术要求，确定合理的装配方案。某冲裁模装配图如图 8—2—13 所示，该冲裁模在使用时，下模座 1 部分被压紧在压力机的工作台上，是模具的固定部分。上模座 6 部分通过模柄 12 与压力机的滑块连为一体，是模具的活动部分。模具工作时安装在活动部分和固定部分上的模具工作零件必须保持正确的相对位置，能使模具获得正常的工作状态。装配模具时为了方便地将上、下两部分的工作零件调整到正确位置，使凸模 10、凹模 2 具有均匀的冲裁间隙，应正确安排上模和下模的装配顺序，否则，在装配中可能出现困难，甚至出现无法装配的情况。

上模和下模的装配顺序应根据模具的结构来决定。对于无导柱的模具，凸模和凹模的配合间隙是在模具安装到压力机上时才进行调整的。上模和下模的装配顺序对装配过程不会产生影响，可以分别进行。

装配有模架的模具时，一般应先将模架装配好，再装配模具工作零件和其他结构零件。上模和下模部分的装配顺序应根据上模和下模在装配及调整过程中所受限制的情况来决定。如果上模部分的零件在装配及调整时所受的限制最大，应先装上模部分，并以它为基准调整下模上的零件，并保证凸模和凹模配合间隙均匀；反之，则先装模具的固定部分（下模），并以它为基准调整模具活动部分（上模）的零件。

通过上述分析，该模具的装配顺序如下：装配模柄→装配模架（导套、导柱）→装配下模部分→装配上模部分→调整与试模。

2. 装配操作要点

（1）检查模具零件

装配前须认真按图样检查模具零件的加工质量，不合格的零部件不能投入使用。

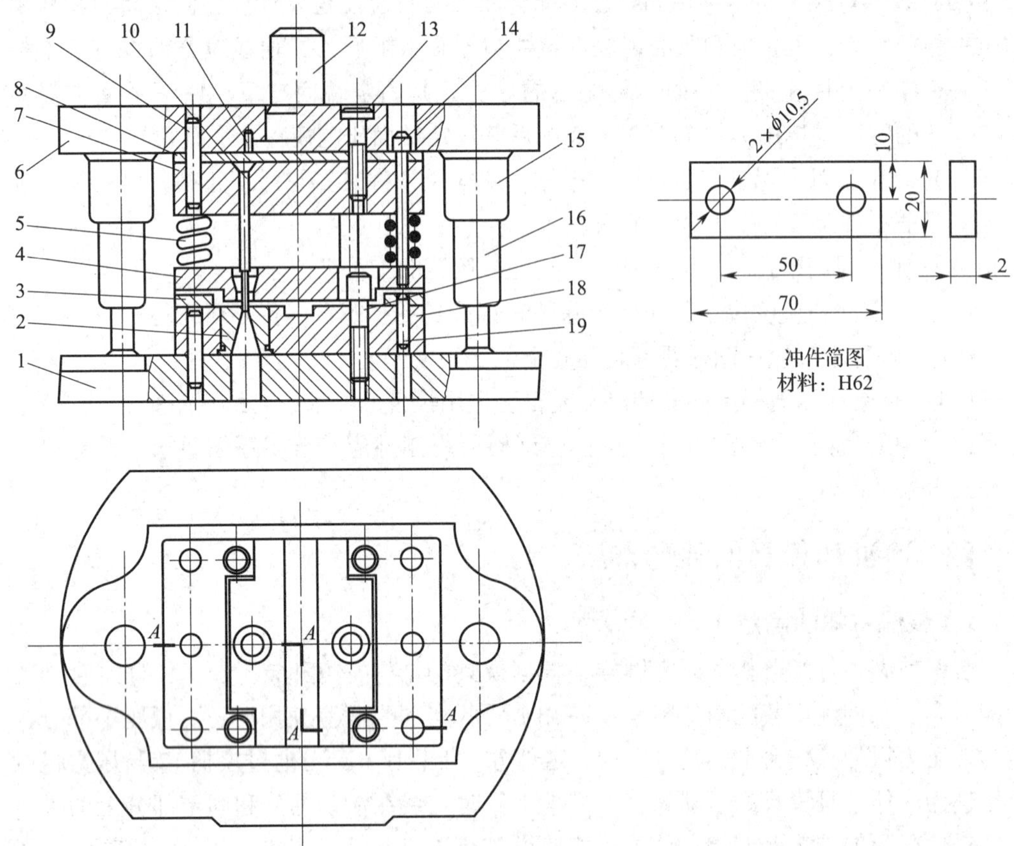

图 8—2—13　某冲裁模装配示意图

1—下模座　2—凹模　3—定位板　4—弹压卸料板　5—弹簧　6—上模座　7、18—固定板　8—垫板　9、11、19—销钉　10—凸模　12—模柄　13、17—螺钉　14—卸料螺钉　15—导套　16—导柱

（2）准备工具和量具

准备装配所需的工具和量具。装配过程中，不能用锤子直接敲打模具零件，而应用纯铜棒进行装拆。

（3）装配模柄

先将模柄按 H7/m6 的配合要求压装在上模座上，并用精密直角尺检查模柄相对于上模座上平面的垂直度误差小于 0.02 mm/100 mm。然后钻定位销孔并装配定位销（或螺钉）防止转动，装配完成后，将端面在平面磨床上磨平，保证模柄端面与上模座平齐或低 0.1～0.2 mm。如图 8—2—14 所示，该冲裁模采用压入式模柄。

（4）装配导柱和导套

冲模的导柱、导套与上模座和下模座均采用压入式连接，导柱、导套与模座的配合分别为 H7/r6 和 R7/r6，或采用粘接剂固定。导柱压入时要注意校正导柱对模座底面的垂直度。导柱装配后的垂直度误差采用比较测量法进行检测，如图 8—2—15 所示。

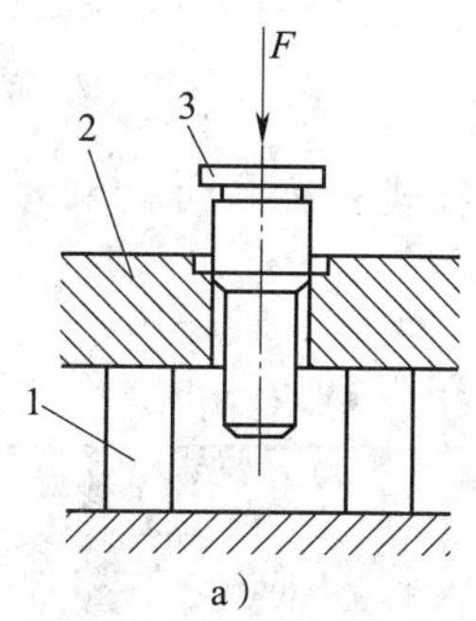

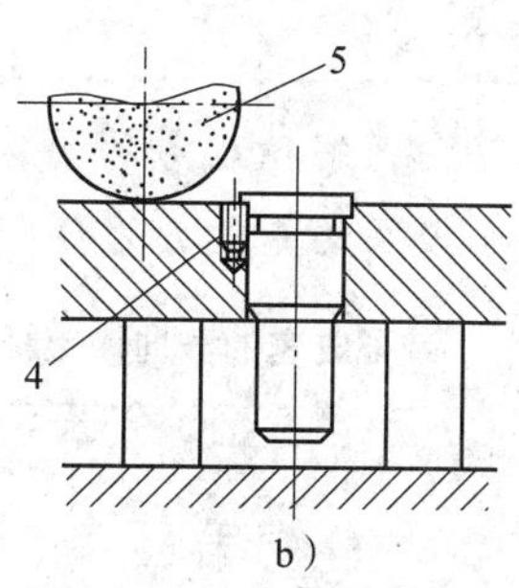

图 8—2—14 模柄的装配

a) 装配模柄 b) 磨平模柄端面

1—等高垫铁 2—上模座 3—模柄 4—骑缝销 5—砂轮

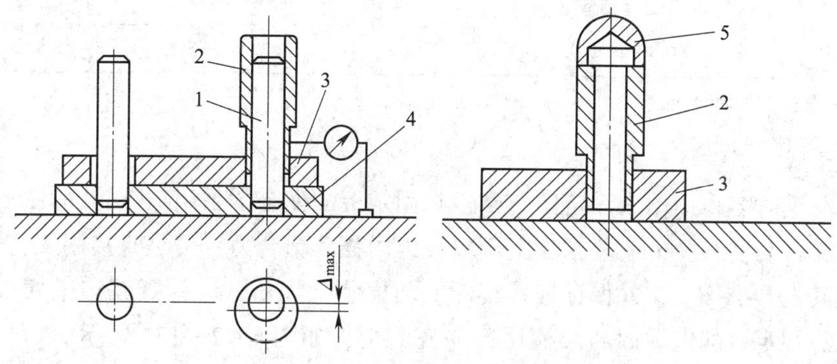

图 8—2—15 导柱和导套的装配

1—导柱 2—导套 3—上模座 4—下模座 5—球面形压块

按导柱和导套装配的先后顺序不同，可分为先压入导柱法和先压入导套法。

1）先压入导柱法

①选配导柱和导套。

②压入导柱。

③检测导柱与下模座下平面的垂直度。

④装导套。

⑤压入导套。

⑥检测模架的平行度（见图 8—2—16）。

2）先压入导套法

①选配导柱和导套。

②压入导套。

③装导柱。

④压入导柱。

⑤检测模架的平行度。

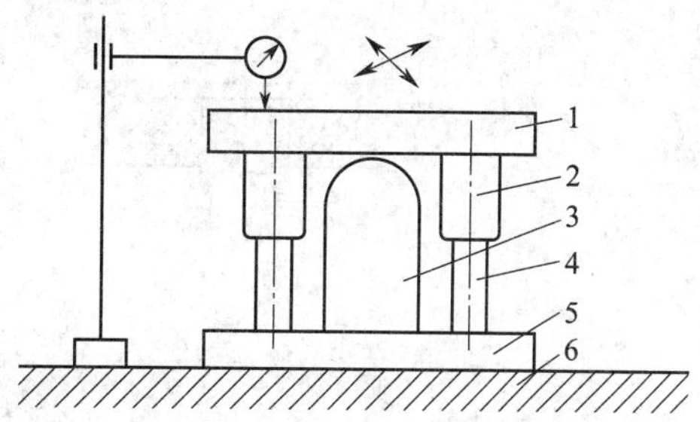

图 8—2—16 模架平行度的检测

1—上模座 2—导套 3—球面支承杆

4—导柱 5—下模座 6—标准平板

知识拓展

装配成套的导向模架精度等级见表 8—2—1，其中滑动导向模架的精度分为Ⅰ级和Ⅱ级；滚动导向模架的精度分为0Ⅰ级和0Ⅱ级。

表 8—2—1　装配成套的导向模架精度等级（摘自 JB/T 8050—2008）

项	检查项目	被测尺寸（mm）	精度等级	
			0Ⅰ级、Ⅰ级	0Ⅱ级、Ⅱ级
			公差等级	
A	上模座上平面对下模座下平面的平行度	≤400	5	6
		>400	6	7
B	导柱轴线对下模座下平面的垂直度	≤160	4	5
		>160	5	6

注：公差等级按 GB/T 1184。

（5）装配凸模

装配凸模时多采用压入固定法。凸模与固定板的配合常采用 H7/n6 或 H7/m6。

对于无台阶的凸模，还要求涂上环氧胶以增强其结合力；若是直接用螺钉连接的，则应注意其位置准确度，并保证连接牢固。凸模装配好后，应检查其与上模板的垂直度，然后将固定板的上平面与凸模尾部一齐磨平，如图 8—2—17a 所示；为了保证凸模刃口锋利和平齐（指冲裁模），应将凸模的工作端面磨平，如图 8—2—17b 所示。

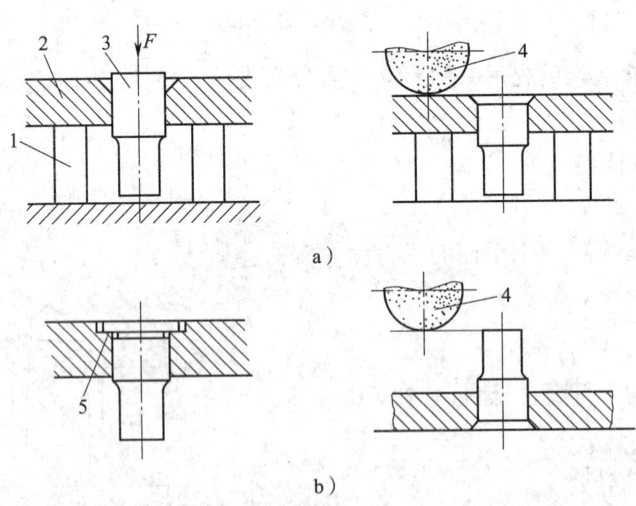

图 8—2—17　凸模的装配

1—等高垫铁　2—上模板　3—凸模　4—砂轮　5—带台肩凸模

固定复杂异形和对孔中心距要求高的多凸模时，需要采用低熔点合金固定法，如图 8—2—18 所示。该方法是将凸模尾端放入凸模固定板孔中，通过浇注低熔点合金将其固定，操作简便，便于调整和维修，被浇注的型孔及零件加工精度要求较低。这种装配方法减轻了模具装配中各凸模、凹模的位置精度和间隙均匀性的调整工作。低熔点合金的配方参见有关设计手册。

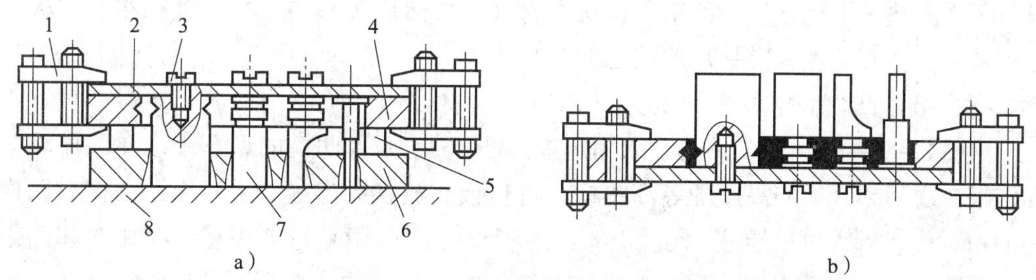

图 8—2—18 浇注低熔点合金法

a）凸模固定 b）浇注低熔点合金

1—平行夹板 2—托板 3—螺钉 4—凸模固定板 5—等高垫铁 6—凹模 7—凸模 8—平板

冲裁厚度小于 2 mm 的冲模也可采用环氧树脂粘接剂固定。它是将凸模尾端放入凸模固定板孔中，用环氧树脂粘接牢固，具有工艺简单、粘接强度高、不变形的优点，但不宜受较大的冲击。具体方法如图 8—2—19 所示。

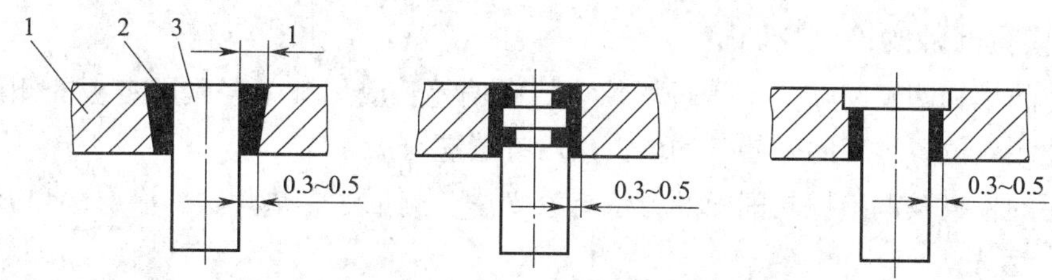

图 8—2—19 用环氧树脂粘接剂固定凸模

1—凸模固定板 2—环氧树脂 3—凸模

知识拓展

冲裁薄板的冲模还可以用无机粘接剂固定法。该粘接剂用氢氧化铝的磷酸溶液与氧化铜粉末混合而成，将凸模粘接在凸模固定板上，其操作简单，粘接强度高，不变形，耐高温，不导电，但本身有脆性，不宜受较大的冲击力。工序顺序：清洗→安装定位→调粘接剂→用粘接剂固定。

（6）装配凹模

凹模与固定板的配合常采用 H7/n6 或 H7/m6。将组装好凹模的固定板放在下模座上，按中心线、外形或标记线找正固定板的位置，用平行夹头夹紧，通过螺钉孔在下模座上钻出锥窝。拆去凹模固定板，在下模座上按锥窝钻螺纹底孔并攻螺纹。然后重新将凹模固定板置于下模座上找正，并用螺钉紧固好，按凹模上销孔的位置钻削并铰削下模座上的销孔，打入定位销。在组装好凹模的固定板上安装定位板。

（7）装配卸料板

卸料板起压料和卸料作用。装配时应保证它与凸模之间有适当的间隙，其装配方法如下：如图 8—2—13 所示，将弹压卸料板 4 套入已装在固定板上的凸模 10 内，在固定板之间垫上平行垫块，并用平行夹将它夹紧，然后按卸料板上的沉孔在固定板上钻出锥窝，拆开后按锥窝钻、攻固定板上的螺孔。

（8）装配凸模固定板

如图 8—2—13 所示，将已装入固定板的凸模 10 插入凹模的型孔中。在凹模 2 与固定板 7 之间垫入适当高度的等高垫铁，将垫板 8 放在固定板 7 上。粗调凸模和凹模间的相对位置后，再以导柱、导套定位安装上模座 6，用平行夹头将上模座 6 和固定板 7 夹紧。通过凸模固定板孔在上模座上钻锥窝。从导柱上取下后，按锥窝钻孔，然后用螺钉将上模座、垫板、凸模固定板稍加紧固。

（9）装配其他附件

按图样要求装配橡胶或弹簧以及其他附件。如图 8—2—13 所示，钻削、铰削定位销孔，装入定位销钉。将弹压卸料板 4 套在凸模上，装上弹簧 5 和卸料螺钉 14，检查卸料板运动是否灵活。在弹簧作用下卸料板处于最低位置时，凸模的下端面应缩在弹压卸料板 4 的孔内 0.5 ~1 mm。

3. 模具间隙的检查及调整

检查凸模和凹模间隙分布是否均匀，如有偏差，应用锤子轻敲固定板的侧面，调整凸模的相对位置，使间隙趋于均匀，然后拧紧螺钉。

常用的检查及调整模具间隙的方法有透光法、测量法、垫片法、涂层法和镀铜法。

（1）透光法

调整凸模和凹模的配合间隙时，可将装好的上模部分套在导柱上，用锤子轻轻敲击固定板的侧面，使凸模插入凹模的型孔。再将模具翻转，从下模板的漏料孔观察凸模和凹模的配合间隙，用锤子敲击凸模固定板的侧面进行调整，使配合间隙均匀，这种调整方法称为透光法。为便于观察，可用手电筒从侧面进行照射。

（2）测量法

测量法是指将凸模插入凹模型孔内，用塞尺检查凸模和凹模不同部位的配合间隙，根据检查结果调整凸模和凹模之间的相对位置，使两者在各部分的间隙一致。测量法只适用于凸模和凹模配合间隙（单边）在 0.02 mm 以上的模具。

（3）垫片法

垫片法是指根据凸模和凹模配合间隙的大小，在凸模和凹模的配合间隙内垫入厚度均匀的纸条（易碎不可靠）或金属片，使凸模和凹模配合间隙均匀，如图 8—2—20 所示。

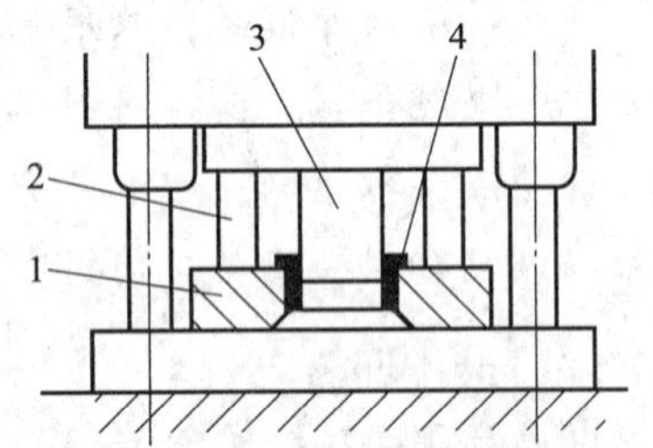

图 8—2—20　用垫片法调整凸模和凹模配合间隙
1—凹模　2—等高垫铁
3—凸模　4—垫片

(4) 涂层法

在凸模上涂一层涂料（如磁漆或氨基醇酸绝缘漆等），其厚度等于凸模和凹模的配合间隙（单边），再将凸模插入凹模型孔，获得均匀的冲裁间隙。此法简便，对于不能用垫片法（小间隙）进行调整的冲模很适用。

(5) 镀铜法

镀铜法与涂层法相似，在凸模的工作端镀一层厚度等于凸模和凹模单边配合间隙的铜层代替涂料层，使凸模和凹模获得均匀的配合间隙。镀层厚度用电流及电镀时间来控制，厚度均匀，易保证模具冲裁间隙均匀。镀层在模具使用过程中可以自行剥落，而在装配后不必去除。

经上述调整后，以纸作为冲压材料，用锤子敲击模柄，进行试冲。如果冲出的纸样轮廓齐整，没有毛刺或毛刺均匀，说明凸模和凹模间隙是均匀的，如果只有局部毛刺，则说明间隙是不均匀的，应重新进行调整，直到间隙均匀为止。

知识拓展

级进模装配的方法

对于级进模，由于在一次行程中有多个凸模同时工作，保证各凸模与其对应的型孔都有均匀的冲裁间隙是装配的关键所在。因此，应保证固定板与凹模上对应孔的位置尺寸一致，同时，使级进模的导柱、导套比单工序导柱模有更好的导向精度。为了保证模具有良好的工作状态，卸料板与凸模固定板上对应孔的位置尺寸也应保持一致。所以，在加工凹模、卸料板和凸模固定板时，必须严格保证孔的位置尺寸精度；否则将给装配造成困难，甚至无法装配。在可能的情况下，采用低熔点合金和粘接技术固定凸模，以降低固定板的加工要求；或将凹模做成镶拼结构，以使装配时调整方便。

为了保证冲裁件的加工质量，在装配级进模时要特别注意保证送料长度和凸模间距（步距）之间的尺寸要求。

采用模具装配机装配

模具装配是一项技术性很强的工作，传统的装配作业主要靠手工操作，机械化程度低。在装配过程中常常要反复多次将上模和下模搬运、翻转、装卸、启合、调整，劳动强度大。对那些结构复杂、精度要求高（如复合模、级进模等）的大型模具，则更加突出。为了减轻劳动强度，提高模具装配的机械化程度和装配质量，缩短装配周期，进行模具装配时可采用模具装配机（又称模具翻转机）。

模具装配机主要由床身、上台板、工作台（下台板）、传动机构等组成。装配时在上台板及工作台上可分别固定上模座和下模座，使其具有可以分别装配模具零件的功能。上台板上的滑块可根据上模座的大小确定位置，通过螺钉和压板将上模座固定在适当位置上。

上台板通过左支架、右支架、四根导柱与工作台和床身连接，通过相关机构可使上台板在360°范围内任意翻转、悬停或定位；沿导柱上下升降，从而能调整模具的闭合高度以及对准上模和下模、合模、调整凸模和凹模配合间隙。模具可在装配机上进行试冲。

有的模具装配机还设置有钻孔装置，可以在模具装配正确后直接在装配机上钻销钉孔。但是，不设钻孔装置的装配机结构简单，装配时自由空间较大，装配更为方便，钻销钉孔的操作则需在钻床上进行。

第三节 冷冲压模具的安装、调试与维修

一、冷冲压模具的准备与安装

冷冲压模装配完成后，需要安装到相应的冲床上，这一过程包括以下几个环节：

1．准备工作

（1）选用、检查设备。冲床的最大工作能力（公称力）必须满足冷冲模的设计要求，在使用之前必须检查其制动器、离合器及操作系统等是否工作正常。

（2）安装模具前必须将冲床滑块的下平面、台面、垫板（或垫条）及模具上下面擦拭干净。

（3）检查垫板或垫条的平行度，平行度应不大于0.03 mm。

（4）观察工件或废料能否顶出或漏下。

2．安装方法

冲模安装时，通常先将上模固定在冲床滑块上，然后根据上模位置固定下模。

3．固定方法

根据冲床和模具的不同特点和要求，固定方法有三种：压板压紧、螺钉固定、模柄固定。其中压板压紧、螺钉固定的固定点不少于四处。

（1）检查垫条状况，垫条要专管专用，双垫条之间厚度差不得大于0.03 mm。

（2）将冲模置于冲床工作台或垫条上，移至相近工作位置。

（3）采用模柄固定的模具，要利用冲床的寸动装置使滑块逐步降至下死点，在滑块下降过程中移动模具，以便使模具的模柄进入预定位置。

（4）调整冲床至近似的闭合高度。

（5）安装固定下模的压板、垫条和螺钉。垫条高度与被压模板高度一致，不允许采用其他铁块、钢板等替代垫条。

（6）紧固上模，确保上模顶面与滑块底面紧贴无间隙。

（7）调整凸、凹模刃口并紧固下模，逐个逐次交替拧紧螺钉。

二、冷冲压模具的试模与调整

冷冲模装配完成后，在生产条件下进行试冲，通过试冲可以发现模具的设计和制造缺陷，找出其产生原因，对模具进行适当的调整和修理后再进行试冲，直到模具能正常工作，冲出合格的制件，才能交付使用。

1. 试模时的注意事项

（1）试模前的模具必须进行退磁。

（2）尽可能按工艺装备技术文件所指明的规格选定试模用冲床。

（3）模具安装时应保证模具上模座的上平面和下模座的下底面分别与冲床滑块及工作台贴平，并装夹牢固。

2. 试冲时常见故障、产生原因及调整方法

将滑块行程调到适合的程度，放上符合材质及尺寸规格的板料进行试冲，并根据试冲出制件的相关尺寸情况及毛刺情况精调模具，直至将合格的制件冲出为止。冲裁模、弯曲模、拉深模试冲时的常见故障、产生原因及调整方法分别见表8—3—1、表8—3—2、表8—3—3。

表8—3—1　　冲裁模试冲时常见故障、产生原因及调整方法

常见故障	产生原因	调整方法
进料不畅通或料被卡死	1. 两导料板之间的尺寸过小或有斜度 2. 凸模与卸料板之间的间隙过大，使搭边翻扭不平整，使条料卡死 3. 用侧刃定距的冲裁模，导料板的工作面和侧刃不平行，使条料卡死 4. 侧刃与侧刃挡块不密合，形成毛刺，使条料卡死	1. 根据情况锉修或重装导料板 2. 减小凸模与卸料板之间的间隙 3. 重装导料板 4. 修整侧刃挡块，消除间隙
刃口相咬	1. 上模座、下模座、固定板、凹模、垫板等零件安装面不平行 2. 凸模、导柱等零件安装时不垂直 3. 导柱与导套配合间隙过大，使导向不准 4. 卸料板的孔位不正确或歪斜，使冲孔凸模移位	1. 修整有关零件，重装上模或下模 2. 重装凸模或导柱 3. 更换导柱或导套 4. 修整或更换卸料板

续表

常见故障	产生原因	调整方法
卸料不正常	1. 由于装配不正确，卸料机构不能动作。如卸料板与凸模配合过紧，或因卸料板倾斜而卡紧 2. 弹簧或橡胶的弹力不足 3. 凹模和下模座的漏料孔没有对正，料不能排出 4. 凹模有倒锥，造成工件堵塞	1. 修整卸料板、顶板等零件 2. 更换弹簧或橡皮 3. 修整漏料孔 4. 修整凹模
冲件质量不好： 1. 有毛刺 2. 冲件不平 3. 落料外形和内孔位置不正，呈偏位现象	1. 刃口不锋利或淬火硬度低 2. 配合间隙过大或过小，或间隙不均匀，使冲件一边有显著带斜角毛刺	1. 修磨工作部分的刃口 2. 合理调整凸模和凹模的间隙
	1. 凹模有倒锥 2. 顶料杆与工件接触面过小 3. 导正钉与预冲孔配合过紧，将冲件压出凹陷	1. 修整凹模 2. 更换顶料杆 3. 修整导正钉
	1. 挡料钉位置不正 2. 落料凸模上导正钉尺寸过小 3. 导料板与凹模送料中心线不平行，使孔位偏斜 4. 侧刃定距不准	1. 修正挡料钉 2. 更换导正钉 3. 修整导料板 4. 修磨或更换侧刃

表 8—3—2　　弯曲模试冲时常见故障、产生原因及调整方法

常见故障	产生原因	调整方法
弯曲角度不够	1. 凸模和凹模的回弹角制造过小 2. 凸模进入凹模的深度太浅 3. 凸模和凹模之间间隙过大 4. 试模材料不对 5. 弹顶器的弹力太小	1. 加大回弹角 2. 调节冲模闭合高度 3. 调节间隙值 4. 更换试模材料 5. 加大弹顶器的弹力
弯曲位置偏移	1. 定位板的位置不对 2. 凹模两侧进口圆角大小不等，材料滑动不一致 3. 没有压料装置或压料装置的压力不足和压板位置过低 4. 凸模没有对正凹模	1. 调整定位板位置 2. 修磨凹模圆角 3. 加大压料力 4. 调整凸模和凹模位置

续表

常见故障	产生原因	调整方法
冲件的尺寸过长或不足	1. 凸模和凹模之间间隙过小，材料被挤长 2. 压料装置压力过大，将材料拉长 3. 设计时计算错误或不准确	1. 调整凸模和凹模间隙 2. 减小压料力 3. 改变坯料尺寸
冲件外部有光亮的凹陷	1. 凹模的圆角半径过小，冲件表面有划痕 2. 凸模和凹模之间间隙不均匀 3. 凸模和凹模表面粗糙度值太大	1. 加大圆角半径 2. 调整凸模和凹模间隙 3. 抛光凸模和凹模表面

表 8—3—3　拉深模试冲时常见故障、产生原因及调整方法

常见故障	产生原因	调整方法
起皱	1. 压边装置的压力不足或压力不均匀 2. 凸模和凹模之间间隙过大或不均匀 3. 凹模圆角半径过大或不均匀	1. 调整压边力 2. 调整凸模和凹模间隙 3. 修磨圆角半径
破裂	1. 坯料质量不好，塑性差，金相组织不均匀，表面粗糙 2. 压边圈的压力过大，弹顶器的压缩比不合适 3. 凸模和凹模的圆角半径过小 4. 凸模和凹模之间间隙过小或不均匀 5. 拉深次数太少，材料变形程度过大 6. 润滑不良，规定的中间退火工序没有进行	1. 更换坯料 2. 减小压边力 3. 加大圆角半径 4. 调整凸模和凹模间隙 5. 增加拉深次数 6. 加润滑油或坯料中间退火
尺寸过大或过小	1. 坯料尺寸设计时计算错误 2. 凸模和凹模之间间隙过大，使冲件侧壁鼓肚；间隙过小，使材料变薄 3. 压边圈的压力过大或过小	1. 改变坯料尺寸 2. 调整凸模和凹模间隙 3. 调整压边力

续表

常见故障	产生原因	调整方法
表面质量不好	1. 模具工作表面、坯料或润滑剂不清洁 2. 凹模淬火硬度低，表面粗糙度值太大 3. 圆弧与直线衔接不好，有棱角或凸起	1. 清理工作表面等 2. 对凸模和凹模进行抛光 3. 修磨凸模和凹模
高度不一	1. 凸模和凹模之间间隙不均匀 2. 定位板位置不对	1. 调整凸模和凹模间隙 2. 重新调整定位板
底部凸起	凸模上无排气孔	在凸模上做出排气孔

三、冷冲压模具的使用与维护

1. 正确选择和使用设备

（1）设备的类型、规格应符合模具设计文件或制件生产工艺文件的规定。

（2）应注意检查设备的精度，防止因设备精度太低而损坏模具。

（3）做好设备的计划检修及维护、保养工作，避免设备运转状况不良和突发故障对模具的损害。

2. 正确领用和处理原材料

（1）原材料的品种、牌号、规格和质量应符合制件图样和生产工艺文件的规定。

（2）按工艺文件的规定做好原材料的处理工作。例如，对冲压坯料的热处理、预成形和表面润滑处理；对模锻坯料的加热、预锻；对塑料的干燥、预热；对合金液的熔炼。各种处理工作都应严格按照规范进行。

3. 正确装拆和调整模具

（1）严格按照操作规程规定的程序安装和拆卸模具。

（2）搬运模具时要小心轻放，不允许乱扔、乱摔。安装和拆卸大型模具时应使用起吊设备，防止摔坏模具。

（3）模具在设备上应定位准确、夹紧可靠。安装模具的螺栓、螺母和压板应采用专用件。紧固用螺栓的旋合长度应大于螺栓直径的 2 倍。压板在压紧模具后，其压紧基面应平行于设备安装基面，不得偏斜。

（4）模具调整完毕，应锁紧设备调节机构的锁紧装置。

4. 安全文明生产

（1）坯料定位应正确，防止凸模因受偏载而折断。

（2）手工操作时，压力机不允许采用连续行程。必须保证送件、取件动作完成后，才能开始下一次工作行程或下一个工作循环。

(3) 冲裁作业时严禁叠片冲裁。

(4) 送件、取件所用的工具应采用软质材料制作。

(5) 制件没有起模时，不允许用硬质工具撬取，而应用铜棒等软质工具取出。

(6) 经常观察设备和模具的工作状况，如有异常应及时处理，发生故障时应立即停机。

5. 注意事项

(1) 妥善处理模具损坏事故，细致分析事故产生原因，进而采取适当措施防止同类事故的再次发生。

(2) 做好预防性维修工作，防止一个零件的失效殃及其他零件的安全。对已经失效的零件应及时修理或更换。

(3) 妥善保管模具，防止模具生锈、遗失。

四、冷冲压模具的损坏原因及分析

冷冲压模具失效的基本形式有四种，即磨损失效、疲劳失效或热疲劳失效、塑性变形失效和断裂失效。

1. 磨损

模具在使用时的磨损是不可避免的，使用时间越长，则磨损量也越大，磨损就越严重。磨损的形式有磨料磨损、粘着磨损、腐蚀磨损、疲劳磨损等。

判断模具是否因磨损而失效的主要标准是制件的尺寸精度，当制件的尺寸超出允许的公差范围时即表示模具失效。如果模具的磨损导致制件的表面质量严重下降，那么制件的表面质量要求也是判断模具是否失效的依据。冲裁模的凸模和凹模刃口由于磨损而逐渐钝化，严重时将显著地劣化模具的工作条件和制件的质量。制件的毛刺高度随着凸模和凹模刃口的钝化而逐渐增高，因而可以作为判断凸模和凹模刃口钝化程度的标志，当毛刺高度超过规定值时，表明刃口钝化严重，需要重新刃磨刃口后，模具才能继续使用。

2. 疲劳

模具一般都以间歇工作的方式进行工作，频繁地加载和卸载会使模具受力零件处于交变应力作用下。模具使用一段时间后，由于交变应力的作用，在零件表面或内部存在微观缺陷及应力集中的部位将会萌生许多微裂纹。模具继续使用时，这些微裂纹将逐渐扩展，当微裂纹扩展到一定程度时，模具零件的承载能力被严重削弱，最终导致模具开裂或破损。

3. 塑性变形

当模具零件承受的载荷使零件内部的应力超过其自身材料的屈服强度时，零件就会产生塑性变形。常见的塑性变形失效有工作零件出现表面皱纹、局部塌陷和棱角倒塌，凸模、型芯出现镦粗、纵向弯曲现象，型腔、型孔出现胀大现象等。

4. 断裂

模具在正常工作时，因为某种原因而突然出现较大的裂纹，甚至分裂成几个部分，使模具立即丧失工作能力的失效形式称为断裂失效。常见的断裂失效有开裂、破裂、崩刃、折断等。

不同的失效形式之间常常有密切的联系和交互促进作用。磨损产生的沟痕往往成为萌生疲劳裂纹和热疲劳裂纹的发源地，同时，深而尖锐的沟痕本身就可成为一次性断裂的起裂点。零件表面出现疲劳裂纹和热疲劳裂纹后，表面质量严重恶化，将使磨损加剧，裂纹的尖端出现应力集中，将成为断裂源，促进一次性断裂的产生。

磨损虽然会导致模具失效，但在正常的工作条件下，模具在失效前都能在较长的时间内稳定、有效地工作。大部分模具的有效寿命取决于磨损失效，对于这些模具，磨损失效是它们的正常失效形式，其有效磨损寿命是确定模具期望寿命的依据。部分重载模具（如冷挤压模）的有效寿命主要取决于疲劳失效，部分冷、热温差很大的模具（如压铸模）的有效寿命主要取决于热疲劳失效。在疲劳和热疲劳失效前，模具一般也有较长的使用寿命，但习惯上仍将它们看作模具的早期失效。如果模具质量存在问题，或者使用不当，塑性变形和断裂失效在模具使用的各个时期都有可能产生，而且一旦发生，其后果很可能是致命的，它们是造成模具早期失效的主要形式。

为保证和延长模具的寿命，一方面要通过各种途径保证和提高模具的耐磨性，使模具具有足够的有效磨损寿命，另一方面要采取各种措施，预防早期失效的出现，保证模具在有效寿命期内能够安全稳定地运行。

五、冷冲压模具的修理工艺及操作要点

1. 刃口崩刃

模具在使用中由于各种原因引起的崩刃都会对制件的质量产生一定的影响。它是模具修理中最常见的修理内容之一，刃口崩刃的修理步骤如下：

（1）崩刃很小时，通常要将崩刃处用砂轮机磨大些，以保证焊接牢固，不易再次崩刃。

（2）用相应的焊条进行焊接，目前多采用堆焊的方法。堆焊之前一定要选好修理的基准面，包括间隙面和非间隙面。

（3）将刃口的非间隙面修平（参考事先留下的基准）。

（4）对照过渡件进行划线，如果没有过渡件，可以用事先留下的基准粗磨间隙面。

（5）在压力机上对间隙面进行修配时，可借助黏土等辅助研配。在修配过程中一定要小心，开动压力机时尽量慢，必要时可用调整装模高度的方法研配，以避免发生刃口啃坏的现象。

（6）刃口间隙要合理，对于钢板冲压模，单边刃口间隙取板料厚度的1/20。但在实际操作过程中，可以用板料试冲的方法来检验间隙的大小，只要剪切后制件的毛刺达到要求即可，一般情况下，毛刺大小的判定标准是毛刺高度不大于板料厚度的1/10。

（7）检测刃口的间隙面是否与剪切的方向统一。

（8）间隙调整好后，用油石将刃口的间隙面推光滑，以减小生产中板料与刃口的摩擦及废料下落的阻力。

2. 毛刺

制件在修边、冲孔和落料时易出现毛刺过大的现象，产生毛刺的原因主要有模具刃口间隙大和刃口间隙小两类。间隙大时，断面光亮带很小或基本上看不见，毛刺的特点为厚而大，不易除去；间隙小时，断面出现两光亮带，由于间隙小，其毛刺的特点为高而薄。

（1）间隙大时的修理方法

1）修边和冲孔工序采用凸模不动而修整凹模的办法，而落料工序时则以凹模为基准，即凹模尺寸不变，修整凸模。以上区别是为了保证产品尺寸不在修理前后受影响。

2）对着制件找出模具刃口间隙大的部位。

3）对此部位进行补焊，以保证模具刃口的硬度。

4）修配刃口间隙（其方法与刃口崩刃的方法相同）。

（2）间隙小时的修理方法

1）具体情况依据模具间隙的大小进行调整，以保证间隙合理。对于修边冲孔模而言，采用间隙放在凹模的办法；而对于落料模而言，采用放大凸模的办法，从而保证零件的尺寸在修理前后不变。

2）修理完成后，测量其间隙面的垂直度，并用板件试刃口间隙是否达到合理的要求。

对于冲孔模，其产生毛刺后，如果是凸模或凹模磨损，可以找相应的标准件进行更换，如果没有标准件，可以采用补焊或测绘的方法进行制造。另外，特别指出一点，对于合金钢等焊接性能较差的材料，要进行特殊处理后再进行焊接，如预热等，否则会引起模具的开裂。

3. 拉毛

拉毛主要发生在拉延、成形和翻边等工序。解决方法如下：

（1）首先对照制件找出模具相应拉毛的位置。

（2）用油石将模具相应的位置推顺，注意圆角的大小统一。

（3）用细砂布将模具推顺部位进行抛光，砂布在400号以上。

4. 修边和冲孔时带料

在修边和冲孔过程中常产生带料现象，其主要原因是压料或卸料装置出现异常，解决方法如下：

（1）根据制件带料的部位找出模具的相应部位。

（2）检查模具压料板和卸料板是否存在异常。

（3）对压料板相应部位进行补焊。

（4）结合制件将补焊部位进行修顺，具体的型面与工序件配制。

（5）试冲。

（6）如果检查并非模具压料板和卸料板的问题，可以检查模具的刃口是否有拉毛现象。

5. 屑料阻塞

冲压件产生屑料阻塞的原因及相应的修理方法见表8—3—4。

表8—3—4　　屑料阻塞的产生原因及修理方法

产生原因	修理方法
漏料孔偏小	加大漏料孔间隙
漏料孔偏大，屑料翻滚	重新修改漏料孔
刃口磨损，毛边较大	修磨刃口
冲压油滴速太快，油黏	控制滴油量，更换油的品种
凹模直刃部分表面粗糙，粉屑烧结附着于刃部	通过表面处理、抛光降低表面粗糙度值或更改材料
材质较软	修改冲裁间隙

其应急措施如下：凸模刃部端面修出斜度或弧形（注意方向），使用吸尘器在垫板落料孔处吹气。

6. 废料切不断

废料切不断的主要原因是操作人员在生产过程中没有及时对废料进行清理，造成废料堆积，最后在上修边刀块的压力下造成废料刀崩刃。其修理的方法与修边崩刃的办法相似，需要注意的是在修理过程中一定要注意修边刀块的高度：如果修得太高，会造成刀块与上修边刀块干涉，从而造成废料刀块的再次损坏；如果修得过低，会形成废料切不断现象。故在修理废料刀时不光要考虑到刀块的间隙面，同时刀块的高度也很重要。因此，在修理前一定要选好基准面。

7. 翻边整形制件变形

在翻边和整形过程中往往会出现制件的变形现象，在非表面件中一般不会对制件的质量产生多大影响，但在表面件中，只要有一点变形就会给外观带来很大的质量缺陷，影响产品的质量。翻边整形制件变形的产生原因及修理方法见表8—3—5。

表 8—3—5　　翻边整形制件变形的产生原因及修理方法

产生原因	修理方法
由于制件在成形和翻边的过程中，板料发生变形、流动，若压料不紧就会造成制件变形	加大压料力，如果是弹簧压料，可采用加弹簧的办法。如果加大压力后，在局部还存在变形的话，可用红丹粉采用研磨的方法找出具体问题点，检查是不是压料面局部出现凹陷等情况，此时可采用焊补压料板的办法
在压料力够大的情况下，压料面压料不均匀，局部有空隙	压料板焊后与模具的下型面进行研配

8. 冲压件跳屑压伤

冲压件跳屑压伤的产生原因及修理方法见表 8—3—6。

表 8—3—6　　冲压件跳屑压伤的产生原因及修理方法

产生原因	修理方法
间隙偏大	控制凸模和凹模加工精度或修改设计间隙
送料不当	送至适当位置时修剪料带并及时清理模具
冲压油滴速太快，油黏	控制滴油量或更换油的品种以降低黏度
模具未退磁	研修后必须退磁（冲铁料更须注意）
凸模磨损，屑料压附于凸模上	研修凸模刃口
凸模太短，插入凹模长度不足	调整凸模刃口插入长度
材质较硬，冲切形状简单	在凸模刃口端面装顶出装置或修出斜面或弧形，减小凸模刃部端面与屑料的贴合面积

其应急措施是减小凹模刃口的锋利度，减小凹模刃口的研修量，增加凹模直刃部的表面粗糙度值（被覆），采用吸尘器吸废料，降低冲速，减缓跳屑。

第九章 塑料成型模具的装配与调试

塑料成型模具（塑料模）是指利用其本身特定封闭腔体去成型具有一定形状和尺寸的立体形状塑料制品的模具。根据其成型特点，主要可分为注射模、压缩模、挤出模和中空吹塑模。

注射模的成型特点是将热塑性塑料放入专用的注射机料筒内，通过加热使其熔化成流动状态，再以较高的速度和压力，通过螺杆或活塞将其注入模具型腔内，待其固化后形成所需的零件。注射模可用于制作形状复杂的塑料制品。

压缩模的成型特点是将热固性塑料放在模具型腔内，在压力机上通过加热板对其加热、加压后使其软化充满型腔，经保温、保压一定时间后，软化的塑料就固化成与型腔相应形状的零件制品。常用的热固性塑料如酚醛塑料由于具有较好的电气绝缘性能、力学性能、耐蚀性和热稳定性等优点，主要应用于电器、电信、仪器仪表及日用产品中。

挤出模的成型特点是在挤出机中通过加热、加压而使塑料以流动状态连续通过口模成型挤出，并经定型得到制品。挤出成型工艺主要用于热塑性塑料的成型加工，也可用于某些热固性塑料。挤出的制品都是连续的型材，如管材、棒材、板材等，其生产率较高。

中空吹塑模是把塑料型坯放于模具中，然后合模，借助压缩空气吹胀、定形、冷却而得到一定形状中空塑件的方法，可制作塑料瓶等。

第一节　常用塑料成型设备

对塑料进行模塑成型的设备称为塑料成型设备。根据成型工艺方法不同，可分为塑料注射成型机、塑料压力成型机、塑料挤出成型机、吹塑中空成型机等，如图9—1—1 所示。最为常用的是塑料注射成型机（俗称注射机）。

图 9—1—1 塑料成型设备

a）卧式塑料注射成型机 b）塑料压力成型机

c）塑料管材挤出成型机 d）全自动吹塑中空成型机

一、塑料注射成型机的分类与型号规格

1. 分类

（1）塑料注射成型机从外形上一般可分为卧式塑料注射成型机、立式塑料注射成型机、角式塑料注射成型机三种。其中，卧式塑料注射成型机应用最广，机型最多。

1）卧式塑料注射成型机。卧式塑料注射成型机是最常用的类型。其特点是注射总成的中心线与合模总成的中心线一致，并平行于安装地面。它的优点是重心低，工作平稳，模具安装、操作及维修均较方便，模具开距大，占用空间高度小；缺点是占地面积大。大、中、小型机均有广泛应用，如图 9—1—1a 所示。

2）立式塑料注射成型机。其特点是合模装置与注射装置的轴线呈一线排列而且与地面垂直。优点是占地面积小，模具装拆方便，嵌件安装容易，自料斗落入物料能较均匀地进行塑化，易实现自动化及多台机自动生产线管理；缺点是顶出制品不易自动脱落，常需人工或其他方法取出。外形如图 9—1—2a 所示。

3）角式塑料注射成型机。其特点是注射装置和合模装置的轴线互相垂直排列。根据注射总成中心线与安装基面的相对位置有卧立式、立卧式、平卧式之分：卧立式，

注射总成中心线与基面平行，而合模总成中心线与基面垂直；立卧式，注射总成中心线与基面垂直，而合模总成中心线与基面平行。角式塑料注射成型机兼有卧式和立式塑料注射成型机的优点，特别适用于开设侧浇口非对称几何形状制品的模具。外形如图 9—1—2b 所示。

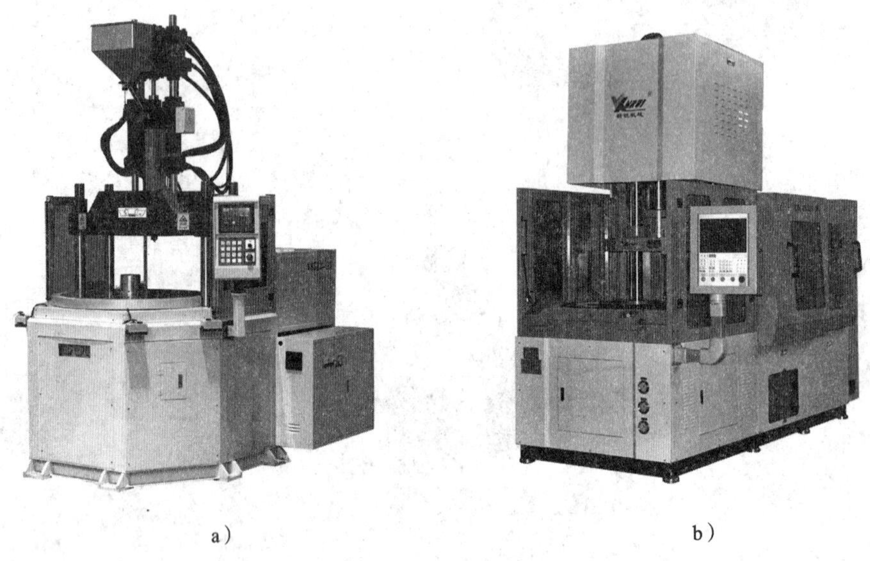

a）　　　　b）

图 9—1—2　塑料注射成型机

a）立式塑料注射成型机　b）角式塑料注射成型机

（2）塑料注射成型机按驱动方式可分为液压式塑料注射成型机、全电动塑料注射成型机。

液压式塑料注射成型机是由液压驱动来提供机器锁模、射胶动作的能量。全电动塑料注射成型机则是由伺服阀来控制，没有液压系统，机器的动作能源全都来自电能，靠滚珠丝杆传动。

（3）塑料注射成型机按塑化方式不同可分为柱塞式塑料注射成型机和螺杆式塑料注射成型机。

2. 型号规格

国家标准《橡胶塑料机械产品型号编制方法》（GB/T 12783—2000）规定，塑料注射成型机的型号由类代号、组代号、品种代号和规格参数组成。其中，类代号用“S”表示塑料；组代号用“Z”表示注射；品种代号用“L”表示立式，用“J”表示角式，卧式塑料注射成型机属于基本型，不标注品种代号；规格用合模力表示，单位为 kN。

例如，SZ—16000 的含义是合模力为 16 000 kN 的卧式塑料注射成型机。

由于在塑料注射成型机的型号中只标注了一个主参数（合模力），它反映不出该塑料注射成型机所有的使用功能。所以，在选用塑料注射成型机时，还应根据实际需要查阅相关的辅助参数，例如，注射成型机的注射能力（在一个成型周期中，注射机对给定塑料的最大注射容量或质量)、注射压力(注射机使熔融塑料注入模具型腔时需施加的压力)以及塑料注射成型机的最大开距等。

二、塑料注射成型机的结构与原理

1. 结构

塑料注射成型机由注射系统、合模系统、液压系统和电气控制系统四大部分组成。卧式塑料注射成型机结构如图9—1—3所示。

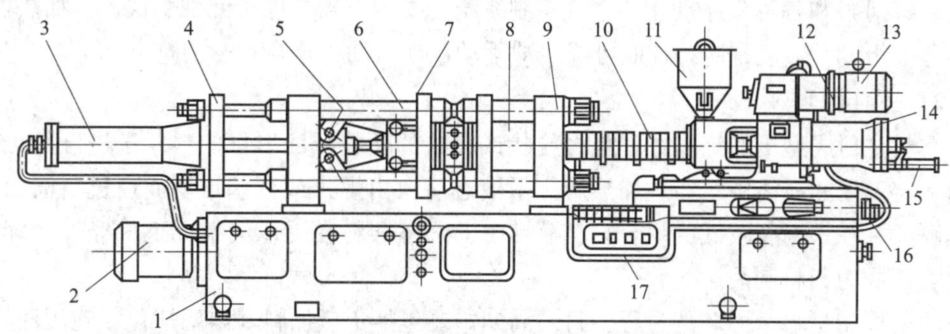

图9—1—3 卧式塑料注射成型机结构

1—机身 2—液压系统用电动机 3—合模油缸 4、9—固定模板 5—合模机构 6—拉杆 7—移动模板 8—成型模具 10—料筒、螺杆和电加热装置 11—料斗 12—传动减速箱 13—马达 14—注射用油缸 15—计量装置 16—注射座移动油缸 17—操作台

(1)注射系统

注射系统是塑料注射成型机的主要部分,其作用是使塑料均匀地塑化并达到流动状态,在很高的压力和较快的速度下,通过螺杆或柱塞的推挤注射入模。注射系统包括料斗、料筒、加热装置、螺杆及喷嘴等部件,如图9—1—4所示。

(2)合模系统

合模系统的作用是保证模具闭合、开启及顶出制品。同时,在模具闭合后,供给模具足够的锁模力,以抵抗熔融塑料进入模腔产生的模腔压力,防止模具开缝。合模系统包括合模装置、调模机构、顶出机构、固定模板、移动模板、合模油缸和安全保护机构。合模装置可分为直压式和肘节式两种。肘节式合模系统如图9—1—5所示。

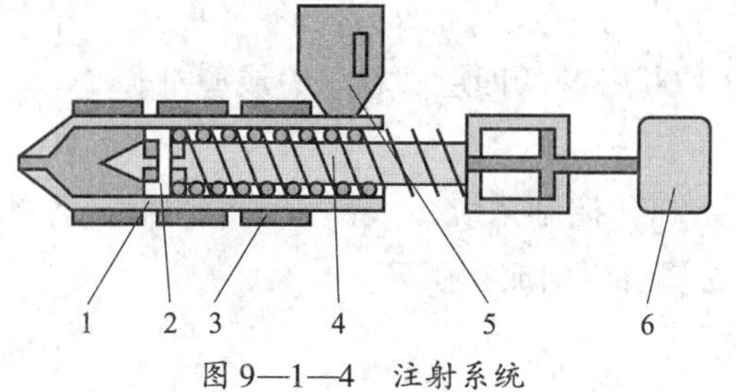

图9—1—4 注射系统

1—汽缸 2—止反流阀 3—加热器 4—螺杆 5—料斗 6—马达

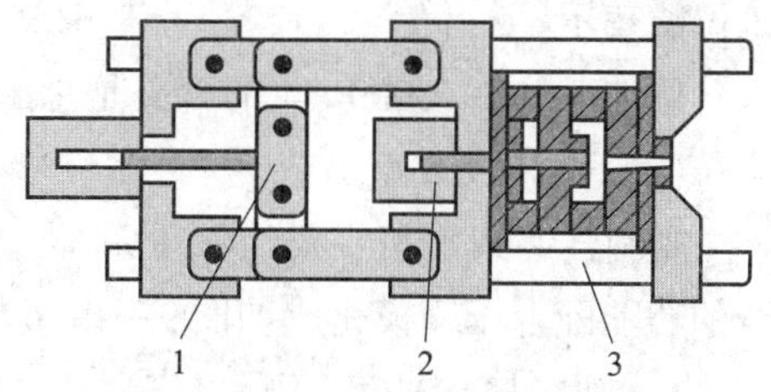

图9—1—5 肘节式合模系统

1—直角接套 2—脱模机构 3—拉杆

（3）液压系统

液压系统的作用是为实现塑料注射成型机工艺过程要求的各种动作提供动力，并满足注射机各部分所需压力、速度等的要求。它主要由各种液压元件和液压辅助元件组成，其中油泵和电动机是注射机的动力来源。各种阀控制油液压力和流量，从而满足注射成型工艺的各项要求。

（4）电气控制系统

电气控制系统与液压系统合理配合，可实现注射机的工艺过程要求（压力、温度、速度、时间）和各种程序动作。电气控制系统主要由电器、电子元件、仪表、加热器、传感器等组成，一般有四种控制方式，即手动、半自动、全自动、调整。

2. 工作原理

塑料注射成型机的工作原理是将粒状或粉状的塑料从注射机的料斗送进已加热的具有一定温度的料筒中，经过加热熔化呈液态后，由螺杆或柱塞推动而通过料筒前面的喷嘴，并注入温度较低的闭合塑料模具中，液态塑料在受压的情况下，经过冷却固化后，即成为塑料制品。

注射成型是一个循环的过程，每一周期主要包括定量加料、熔融塑化、施压注射、充模冷却、开模取件。取出塑件后又再闭模，进行下一个循环。

三、其他塑料成型机

1. 塑料压力成型机

塑料压力成型机是将热固性塑料经压缩成型工艺制成塑件的主要设备。按生产方式分为基本型塑料压力成型机、多层塑料压力成型机和多工位塑料压力成型机；按其结构分为框式和四柱式；按顶出方式分为无顶出装置和有顶出装置两种形式。

（1）型号规格

塑料压力成型机的型号由类代号、组代号、品种代号和规格参数组成。其中，类代号用“S”表示塑料；组代号用“L”表示压力；品种代号用“C”表示多层，用“W”表示多工位，基本型不标注品种代号。

基本型塑料压力成型机的规格用总压力表示，单位为kN；多层塑料压力成型机的规格用总压力（kN）×层数表示；多工位塑料压力成型机的规格用总压力（kN）×工位数表示。

例如，SLC—3000×4的含义是总压力为3 000 kN的四层塑料压力成型机。

（2）结构及成型工艺

塑料压力成型机主要由液压系统、加热系统和控制系统三大部分组成。通过各部分的功能配合压缩模完成如图9—1—6所示的塑料压缩成型工艺。

2. 塑料挤出成型机

在塑料挤出成型设备中，塑料挤出成型机通常称为主机，而与其配套的后续设备则称为辅机。随着塑料加工行业的迅速发展，塑料挤出成型机（主机）已由原来的单

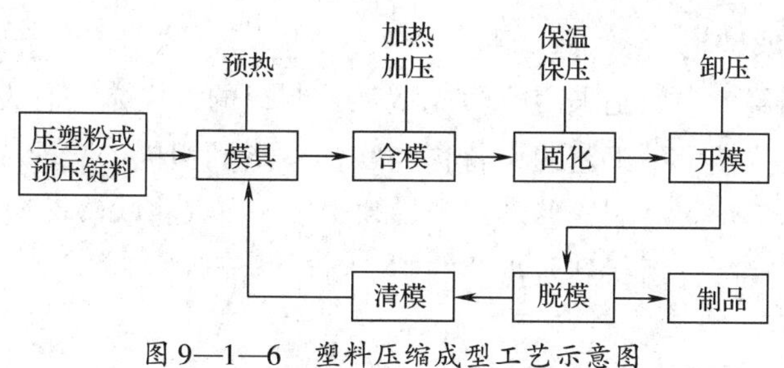

图 9—1—6　塑料压缩成型工艺示意图

螺杆衍生出双螺杆、多螺杆，甚至无螺杆等多种机型。它可以与管材、薄膜、棒材、单丝、板（片）材、异型材等各种塑料成型辅机匹配，组成各种塑料挤出成型生产线，生产各种塑料制品。

（1）型号规格

塑料挤出成型机（主机）的品种繁多，常用的有基本型（单螺杆）塑料挤出成型机和双螺杆塑料挤出成型机，其型号由类代号、组代号、品种代号和规格参数组成。其中，类代号用“S”表示塑料；组代号用“J”表示挤出；品种代号用“S”表示双螺杆，基本型不标注品种代号。

基本型塑料挤出成型机和双螺杆塑料挤出成型机的规格均用螺杆直径（mm）×长径比表示，其中 20∶1 的长径比可不标注。

例如，SJS—65×30 的含义是螺杆直径为 65 mm、长径比为 30∶1 的塑料挤出成型机。

（2）结构及成型工艺

塑料挤出成型机由挤出装置、传动机构和加热、冷却系统等主要部分组成。挤出装置是挤出机的基础部分，其基本结构主要包括传动装置、加料装置、料筒、螺杆、机头和口模等。挤出机的辅助装置有挤出原料的预处理装置（如原料输送与干燥）和挤出制品处理装置（如制品定型、冷却、牵引、切料或辊卷等）。

塑料挤出成型工艺如图 9—1—7 所示，塑料原料自料斗 1 进入料筒，在螺杆 5 旋转作用下，通过料筒内壁和螺杆表面摩擦剪切作用向前输送到压缩段，由于螺杆的螺旋槽由深变浅，在此将松散固体原料向前输送的同时被进一步压实，通过料筒加热以及原料与螺杆和料筒内壁摩擦剪切作用，使料温升高开始熔融，并将熔融后的塑料经机头 2 定温、定量地从口模连续挤出，然后经定型得到成型制品。

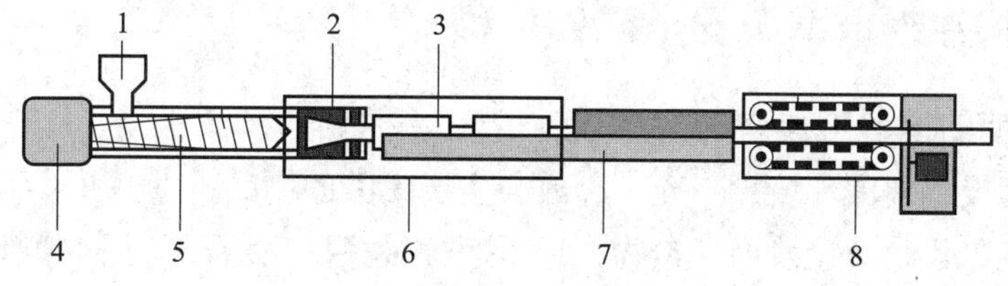

图 9—1—7　塑料挤出成型工艺示意图

1—料斗　2—机头　3—定型模　4—传动装置　5—螺杆　6—挤出模具　7—冷却装置　8—牵引切割装置

3. 吹塑中空成型机

中空塑料制品绝大多数是采用吹塑成型工艺制成的，它是一种发展迅速的塑料加工方法，用于完成吹塑成型工艺的设备称为吹塑中空成型机。吹塑成型由两个基本步骤构成，一是将塑料熔融后制成型坯；二是利用压缩空气将吹塑模型腔内的型坯吹胀，使之紧贴型腔壁，经冷却后得到所需要的制品。

（1）型号规格

吹塑中空成型机按型坯制作方法主要分为塑料挤出吹塑中空成型机和塑料注射吹塑中空成型机两大类，其型号由类代号、组代号、品种代号和规格参数组成。其中，类代号用“S”表示塑料；组代号用“C”表示吹塑；品种代号用“J”表示挤出，用“Z”表示注射。

塑料挤出吹塑中空成型机和塑料注射吹塑中空成型机的规格均用制品容器容积（L）×工位数表示。

例如，SCJ—500×2 的含义是制品容器最大容积为 500 L、双工位的塑料挤出吹塑中空成型机。

（2）结构及成型工艺

塑料挤出吹塑中空成型机和塑料注射吹塑中空成型机的不同之处是制造型坯的方法不同，吹塑过程基本上是相同的。吹塑中空成型设备除注射机和挤出机外，主要是吹塑用的模具。吹塑模通常由两半合成，并设有冷却系统，在分型面上通常有一可插入吹气管的小孔。吹塑中空成型机主要由挤出机（或注射机）、液压系统、合模系统、电气控制系统、充气系统等部分组成。其塑料挤出吹塑成型工艺如图 9—1—8 所示。

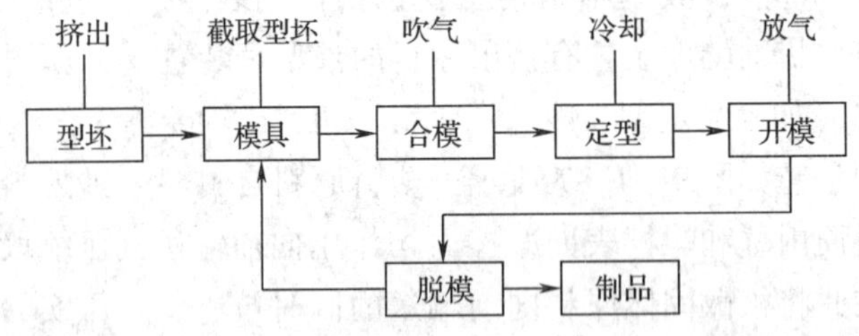

图 9—1—8　塑料挤出吹塑成型工艺示意图

四、塑料注射成型机安全操作规程

1. 开机前的准备工作

（1）清理设备周围环境，不允许存放与生产无关的物品。

（2）清理工作台及设备内外杂物，用干净棉纱擦拭注射导座及合模部分的拉杆。

（3）检查设备各控制开关、按钮、电器线路、操作手柄、手轮有无损坏或失灵现象。各开关、手柄应处于“断”的位置。

（4）检查设备各安全保护装置是否完好、工作是否灵敏可靠。检查“紧急停止”是否有效可靠，安全门滑动是否灵活，开关时是否能够触动限位开关。

（5）不准随便移动设备上的安全防护装置（如机械锁杆、止动板、各安全防护开关等），更不许改装或故意使其失去作用。

（6）检查各部位螺纹连接是否拧紧，有无松动。如发现零部件异常或有损坏现象，应向领班报告，由领班处理或通知维修人员处理。

（7）检查各冷却水管路，试通水，查看水流是否通畅，是否有堵塞或滴漏。

（8）检查料斗内是否有异物，料斗上方不许存放任何物品，料斗盖应盖好，防止灰尘、杂物落入料斗内。

2. 开机

（1）合上机床总电源开关，检查设备是否漏电，按设定的工艺温度要求给料筒、模具进行预热，在料筒温度达到工艺温度时必须保温 20 min 以上，确保料筒各部位温度相同。

（2）打开油冷却器冷却水阀门，对液压油进行冷却，点动启动油泵，无任何异常现象方可正式启动油泵，待荧屏上显示“马达开”后才能运转动作，检查安全门工作是否正常。

（3）手动启动螺杆转动，查看螺杆转动声响有无异常及是否卡死。

（4）操作工必须使用安全门，如安全门行程开关失灵则不准开机，严禁不使用安全门（罩）操作。

（5）运转设备的电器、液压及转动部分的各种盖板、防护罩等要盖好，固定好。

（6）非当班操作者，未经允许不准按动按钮、手柄，不许两人或两人以上同时操作一台塑料注射成型机。

（7）安放模具、嵌件时要准确、可靠，合模过程中如发现异常应立即停车，通知相关人员排除故障。

（8）修理机器或清理模具时间较长（10 min 以上）时，一定要先将注射座后退，使喷嘴离开模具，关掉马达。维修人员修理机器时，操作人员不准脱岗。

（9）有人在处理机器或模具时，其他人不准启动马达。

（10）身体进入机床内或模具开档内时，必须切断电源。

（11）避免在模具打开时，用注射座撞击定模，以免定模脱落。

（12）对空注射一般每次不超过 5 s，连续两次注射不动时，注意通知邻近人员避开危险区。清理射嘴胶头时，不准直接用手清理，应用铁钳或其他工具，以免烫伤。

（13）熔胶筒在工作过程中存在着高温、高压以及通电的加热装置，禁止在熔胶筒上踩踏、攀爬及搁置物品，以防烫伤、电击及火灾。

（14）在料斗不下料的情况下，不准使用金属棒、杆粗暴地捅料斗，避免损坏料斗内分屏、护屏罩及磁铁架，在螺杆转动状态下极易发生金属棒卷入料筒的严重事故。

（15）机床运行中发现设备有异响、异味、火花、漏油等异常情况时，应立即停机，并立即向有关人员报告，说明故障现象及可能原因。

3. 停机

（1）关闭料斗闸板，正常生产至料筒内无料或手动操作对空注射——预塑，反复数次，直至喷嘴无熔料射出。

（2）若是生产腐蚀性材料（如 PVC），停机时必须将料筒、螺杆清洗干净。

（3）使注射座与固定模板脱离，模具处于开模状态。

（4）关闭冷却水管路，把各开关旋至“断开”位置，节假日前最后一班要将机床总电源开关关闭。

（5）清理机床工作台及地面杂物、油渍及灰尘，保持工作场所干净、整洁。

第二节　塑料成型模具的装配

塑料成型模具是型腔模具的一种，虽然成型的方式各有不同，但是从原理上都是使塑料经过熔化、流动、固化三阶段成型为产品的。

注射模是最典型的塑料成型模具，它是通过注射机的螺杆或活塞，使料筒内塑化熔融的塑料经喷嘴和浇注系统注入型腔，并固化成型所用的模具。塑料注射成型工艺具有以下特点：

（1）注射成型工艺可由机床自动按照一定程序完成，便于实现自动化，生产效率较高，适于大批量生产。

（2）注射一般可一次成型，减少制品再加工程序。

（3）可以制作形状较复杂的塑料制品。

（4）模具操作简单，制品成本较低。

（5）注射成型后的废品及废料可以重新加热注射，节约材料。

（6）操作易于掌握，不需要技术等级较高的操作人员。

一、注射模的基本类型

注射模的分类方法有很多，按模具的型腔数目可分为单型腔和多型腔注射模；按分型面的数量可分为单分型面和双分型面或多分型面注射模；按浇注系统的形式可分为普通浇注系统和热流道浇注系统注射模；按基本结构分类，一般可划分为二板注射模（两块模板、一次分型模具，如图 9—2—1 所示）和三板注射模（三块模板、二次分型模具，如图 9—2—2 所示），只有个别的是四板注射模。

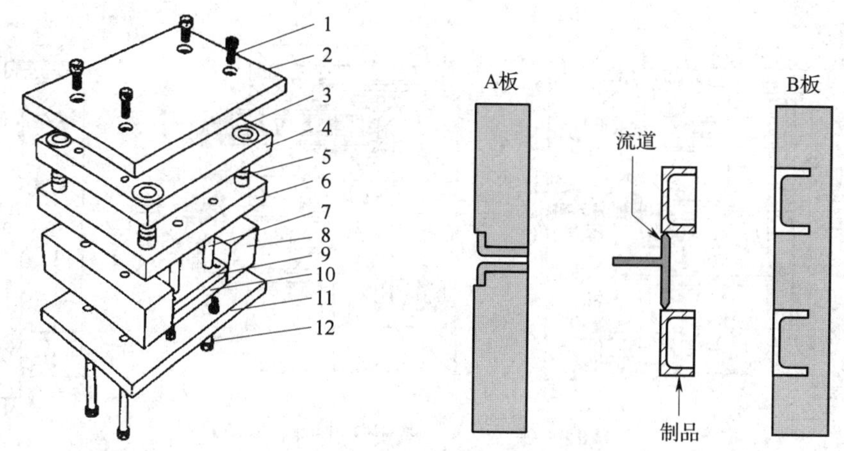

图 9—2—1　二板注射模

1—六角螺钉　2—顶夹板　3—导套　4—型腔板　5—导向锁（导柱）　6—型芯板　7—回锁（弹弓）　8—隔片　9—卸器保护板　10—卸板　11—底夹板　12—六角螺钉

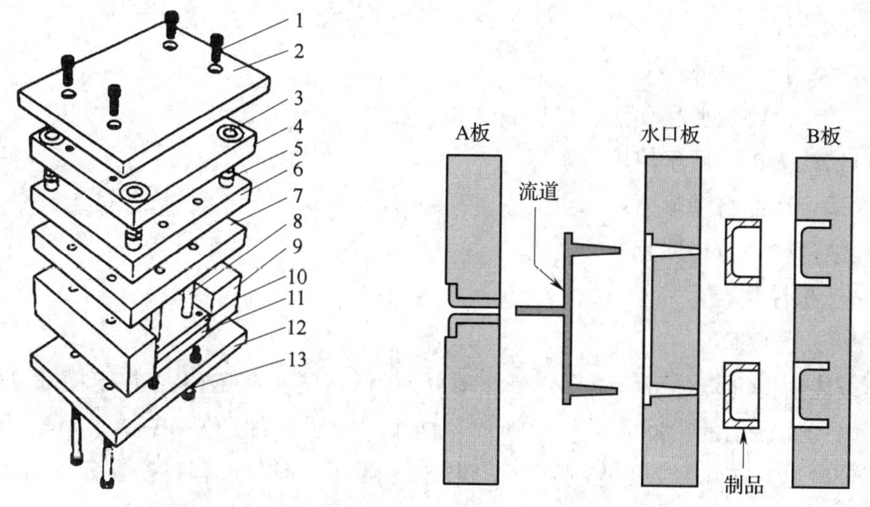

图 9—2—2　三板注射模

1—六角螺钉　2—顶夹板　3—导套　4—流道板　5—导向锁　6—型腔板　7—型芯板　8—回锁（弹弓）　9—隔片　10—卸器保护板　11—卸板　12—底夹板　13—六角螺钉

1. 二板注射模

（1）工作原理

二板注射模（单分型面模具）一般是在分型面处分开成定模板和动模板。如图 9—2—3 所示，开模时，动模后退，模具从分型面分开，塑料制件包紧在型芯 7 上随动模部分一起向左移动而脱离定模板 2。同时，浇注系统凝料在拉料杆 15 的作用下，和塑料制件一起向左移动。当注射机顶杆 21 接触推板 13 时，脱模机构开始动作，推杆 18 推动塑料制件从型芯 7 上脱下来。合模时，在导柱 8 和导套 9 的导向定位作用下，动、定模闭合。在闭合过程中，定模板 2 推动复位杆 19 使脱模机构复位。然后，注射机开始下一次注射。

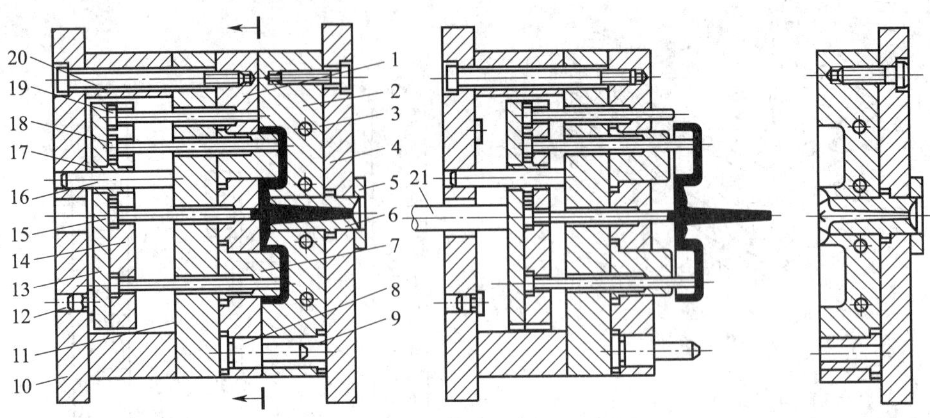

图 9—2—3 单分型面注射模结构

a）闭合状态 b）开模状态

1—动模板 2—定模板 3—冷却水道 4—定模座板 5—定位圈 6—浇口套 7—型芯 8—导柱 9—导套 10—动模座板 11—支承板 12—支承钉 13—推板 14—推杆固定板 15—拉料杆 16—推板导柱 17—推板导套 18—推杆 19—复位杆 20—垫板 21—注射机顶杆

（2）特点

1）成型后将成型品和注入口切断，并进行加工。

2）结构简单，便于使用。

3）适合产品自动落下。

4）故障少，价格便宜。

2. 三板注射模

（1）工作原理

三板注射模（双分型面模具）是在单分型面注射模的基础上，在定模部分增加了一块可以局部移动的中间板，从而形成了两个分型面。如图 9—2—4 所示，开模时，动模部分后退，在弹簧 2 的作用下，型腔板 13 随动模一起后移，模具首先从 *A—A* 分型面分开。当动模部分移动一定距离后，固定在型腔板 13 上的限位销 3 被定距拉板 1 拉住，使型腔板 13 停止移动。动模继续后退，*B—B* 分型面分开。因塑件包紧在型芯 14 上，这时浇注系统凝料在浇口处被自行拉断。动模继续后移，当注射机的推杆 11 接触推板 9 时，脱模机构开始工作，由推杆推动推板 5 将塑件从型芯上推出脱落。

（2）特点

1）由于可采用点浇口，故不需要对浇口位进行后处理。

2）结构复杂，需分别取出成型品和浇口流道。

3）可将浇口置于成型品的任意位置。

4）故障比二板注射模多，模具费用也较高。

3. 侧抽芯注射模

当塑件具有与开模方向不同的内侧孔、外侧孔或侧凹时，除极少数情况可以强制脱模外，一般都必须将成型侧孔或侧凹的零件做成可动的结构，在塑件脱模前，先将其抽出，然后再从型腔中和型芯上脱出塑件，这样的模具就称为侧向抽芯注射模，如图 9—2—5 所示。

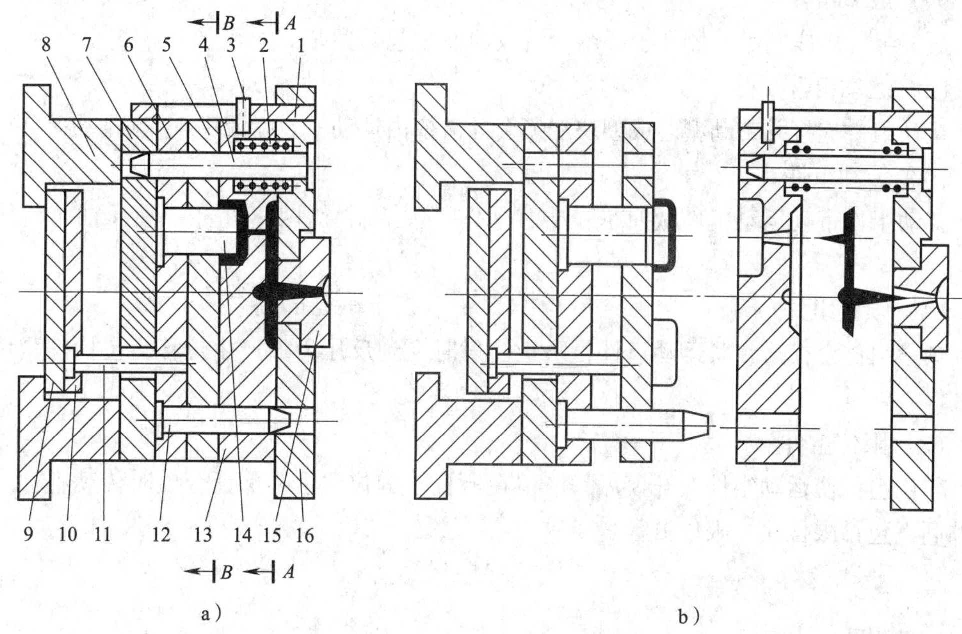

图 9—2—4 双分型面注射模结构

a）闭合状态 b）开模状态

1—定距拉板 2—弹簧 3—限位销 4、12—导柱 5、9—推板 6—型芯固定板 7—动模垫板 8—动模座板 10—推杆固定板 11—推杆 13—型腔板 14—型芯 15—浇口套 16—定模座板

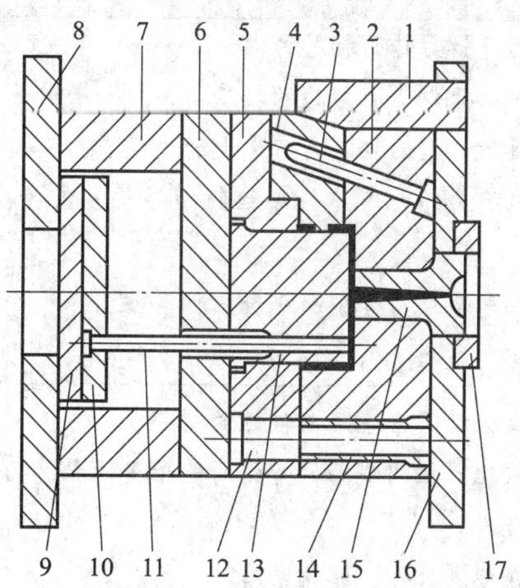

图 9—2—5 侧向抽芯注射模结构

1—楔紧块 2—定模板 3—斜导柱 4—滑块 5—动模板 6—动模垫板 7—支承块 8—动模座板 9—推板 10—推杆固定板 11—推杆 12—导柱 13—型芯 14—导套 15—浇口套 16—定模座板 17—定位环

抽芯机构按功能划分，一般由成型组件、运动组件、传动组件、锁紧组件和限位组件五部分组成。

（1）成型组件

成型组件形成制品上侧孔、凹凸台阶或曲面，包括型芯13、型块等。

（2）运动组件

运动组件连接并带动型芯或型块在模套导滑槽内运动，包括滑块4、斜滑块等。

（3）传动组件

传动组件带动运动组件做抽芯和插芯动作，包括斜导柱3、齿条、液压抽芯机构等。

（4）锁紧组件

锁紧组件合模后锁紧运动组件，防止注射时受到反压力而产生位移，包括楔紧块1等。

（5）限位组件

限位组件使运动组件在开模后，停留在所要求的位置上，保证合模时传动组件工作顺利，包括限位块、限位钉等。

知识拓展

侧向抽芯机构的种类、特点及应用范围见表9—2—1。

表9—2—1　侧向抽芯机构的种类、特点及应用范围

种类	特点	应用范围
斜导柱抽芯机构	1. 以注射机的开模力作为抽芯力 2. 结构简单，对于中、小型芯的抽芯使用较为普遍 3. 用于抽出接近分型面抽芯力不太大的型芯 4. 抽芯距和抽芯力的大小与斜导柱的倾斜角 α 有关，抽芯所需开模距离较大 5. 抽出方向一般要求与分型面平行 6. 延时抽芯距离较短	抽芯距离小于50 mm
弯销抽芯机构	1. 用于抽出离分型面垂直距离较远的型芯 2. 与斜导柱相比，相同截面的弯销所能承受的抽芯力较大 3. 延时抽芯距离大 4. 弯销可设在模具外侧，结构紧凑	开模行程短，抽芯距离大，抽芯阻力大，活动型芯离分型面较远
齿轮、齿条抽芯机构	1. 抽出与分型面成任何角度且抽芯力不大的型芯 2. 抽芯行程等于抽芯距离，能抽出较长的型芯 3. 可实现长距离延时抽芯 4. 模具结构复杂	活动型芯与分型面成夹角，需要同时抽出几个不同方向的型芯

续表

种类	特点	应用范围
斜滑块抽芯机构	1. 适合抽出侧面成型深度较浅、面积较大的凹凸表面 2. 抽芯与推出的动作同时完成 3. 斜滑块分型处有利于改善溢流、排气条件 4. 斜滑块通过模套锁紧，锁紧力与锁模力有关	同时抽出几个型芯的特殊情况

4. 带活动镶块注射模

带活动镶块注射模是指由于塑件有侧孔或侧凸，有螺纹孔或外螺纹等特殊要求时，模具上设有活动的螺纹型芯或螺纹型环，活动的侧向型芯或半块（哈夫块）等的注射模具，如图 9—2—6 所示。开模时，这些部件必须在塑件脱模时连同塑件一起移出模外，然后通过手工或简单工具使它与塑件分离。

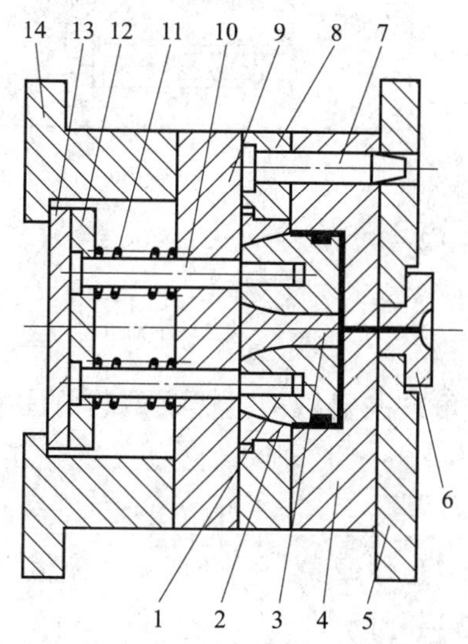

图 9—2—6 带活动镶块注射模结构

1—活动镶块 2—型芯 3—导向块 4—定模板 5—定模座板 6—浇口套 7—导柱 8—动模板 9—动模垫板 10—推杆 11—弹簧 12—推杆固定板 13—推板 14—动模座板

（1）工作原理

开模时，塑件包在活动镶块 1 和型芯 2 上随动模部分向左移动而脱离定模板 4，分离到一定距离，脱出机构开始工作，设置在活动镶块上的推杆 10 将活动镶块连同塑件一起推出型芯脱模。合模时，推杆在弹簧 11 的作用下复位，推杆复位后模板停止移动，然后人工将活动镶块重新插入镶件定位孔中，再合模后进入下一次注射过程。

（2）特点

优点：省去了斜导柱、滑块等结构，模具结构简单，大大降低了制造成本，特别是可以用在某些无法设置侧抽芯机构的场合。

缺点：生产效率较低，操作时安全性较差，无法实现自动化生产。

5. 自动卸螺纹注射模

自动卸螺纹注射模如图 9—2—7 所示，是利用机床的旋转运动或往复运动，或者利用专门的驱动和传动装置，带动螺纹型芯或型环转动，使制件脱出的塑料模具。

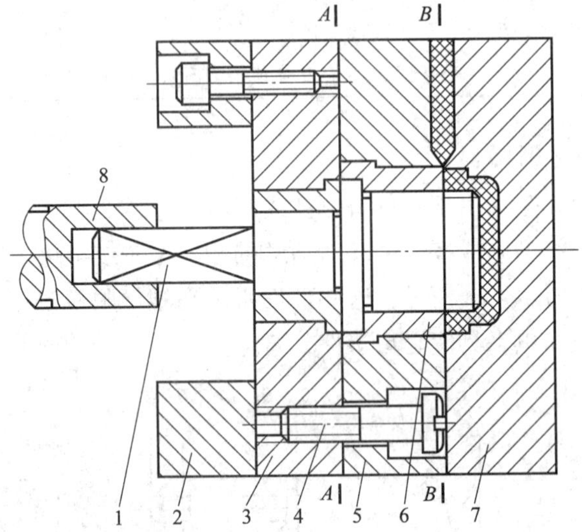

图 9—2—7　自动卸螺纹直角式注射模结构

1—螺纹型芯　2—垫头　3—支承板　4—定距螺钉　5—动模板
6—衬套　7—定模板　8—注射机开合模丝杠

工作原理：该模具用于角式注射机，主螺纹型芯由注射机开合模丝杠带动旋转，使其与制件相脱离。

6. 热流道注射模

热流道注射模是指连续成型作业中，借助加热使流道内的热塑性塑料始终保持熔融状态的注射模，如图 9—2—8 所示。

（1）工作原理

通过采用对流道加热或绝热的办法来使从注射机喷嘴到浇口处之间的塑料保持熔融状态，每次注射成型后流道内均没有塑料凝料。

（2）特点

优点：提高了生产率，节约了塑料，保证注射压力在流道中的传递，利于改善制件的质量，实现全自动操作。

缺点：模具成本高，浇注系统和控温系统要求高，对制件形状和塑料有一定的限制。

7. 双色注射模

双色注射模如图 9—2—9 所示，在一台成型机上通过旋转或滑移上模部分，与不同的下模部分合模成型。成型机分别注射同一材质不同颜色或者不同材质的塑料，从而成型出多样性的产品。双色模具也可以看成是一套普通模具外加一套嵌件模。两种颜色模具一般都是两套凹模、一套凸模。

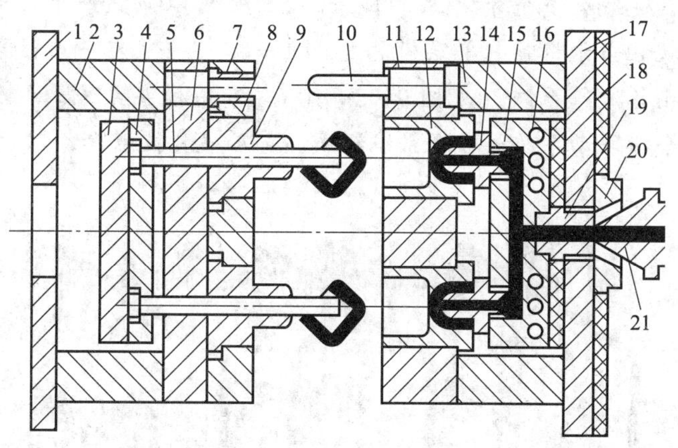

图 9—2—8 热流道注射模结构

1—动模座板 2—垫块 3—推板 4—推板固定板 5—推杆 6—动模垫板 7—导套 8—动模板 9—型芯 10—导柱 11—定模板 12—型腔 13—支架 14—喷嘴 15—热流导板 16—加热器孔道 17—定模座板 18—绝热层 19—浇口套 20—定位环 21—注射机喷嘴

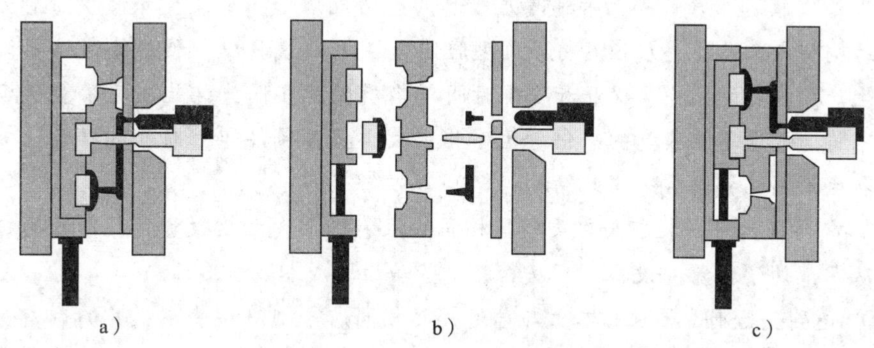

图 9—2—9 滑移式双色注射模结构

a）第一次合模注射 b）凸模滑移 c）第二次合模注射

优点：双色注射模可以成型两种以上的塑料，可以为多色；双色注射模成型产品比组装件更美观，没有装配间隙。

缺点：双色注射成型需要专门的成型机，成本较高；双色注射模需要更高的加工精度、定位精度；双色注射模需要更高的模具安装精度，以及更精准的成型工艺。

知识拓展

叠层注射模

叠层注射模具与普通注射模具不同的是，在一副模具中将多个型腔在合模方向重叠布置。这种模具通常有多个分型面，每个分型面上可以布置一个或多个型腔。简单地说，叠层模具就相当于将多副单层模具叠放在一起，安装在一台注射机上进行注射生产。叠层模具由热流道系统（见图 9—2—10）、专用模架系统、承载导向系统、双向顶出系统、开合模联动系统等多个系统组成。叠层模具技术具备以下特点：

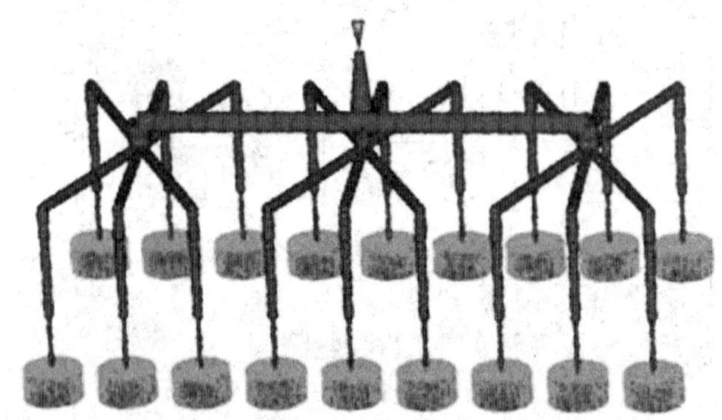

图 9—2—10　叠层注射模热流道系统示意图

（1）叠层模具生产效率为普通单层模具的一倍或多倍，大幅度降低了注射生产成本。从结构特点来看，叠层模具将多副型腔组合在一副模具中，利用普通注射设备便可满足生产。模具的充模、保压和冷却时间与单层模具相同，这就决定了叠层模具的生产效率将为普通单层模具的一倍甚至多倍，大大提高制品单位时间的产量，一般医疗产品和生活用品模具常采用此结构。

（2）叠层模具可安装在与单层模具相同的注射机上，无须投资购买额外的机器和设备，从而节约了机器、设备、厂房和新增劳动力的成本。

（3）叠层模具制造要求基本上与普通模具相同。一副双层叠层模具的制造周期比两副单层模具的制造周期短 5% ~10%。

（4）叠层模具适合于大批量生产形状扁平的大型制品、小型多腔壁薄制品，批量越大，制品生产成本越低。

二、注射模的结构特点

注射模的结构是由注射机的类型和塑件的结构特点所决定的，每副模具均由动模和定模所组成。动模安装在注射机的移动板上，而定模安装在注射机的固定板上。注射时，动模与定模闭合后构成浇注系统及模腔，当模具分开后，塑件或成品留在动模一边，再由设置在动模内的脱模机构顶出塑件。根据模具中各个部件的作用不同，一套注射模可以分成以下几个部分：

1. 成型部分

成型部分是赋予成型材料形状、结构、尺寸的零件，通常由型芯（凸模，又称公模）、型腔（凹模，又称母模）以及螺纹型芯、镶块等构成，如图 9—2—3 中的件 7、件 2 等。

2. 浇注系统

它是将熔融塑料由注射机喷嘴引向闭合模腔的通道，通常由主流道、分流道、浇口和冷料井组成，如图 9—2—11 所示。

3. 导向部件

为了保证动模与定模闭合时能够精确对准而设置的导向部件，起导向定位作用，一般由导柱和导套组成，如图 9—2—3 中的件 8、件 9 等。有的模具还在顶出板上设置了导向部件，保证脱模机构运动平稳可靠。

4. 推出机构

推出机构是实现塑件和浇注系统脱模的装置。其结构形式很多，最常用的有顶杆、顶管、顶板及气动顶出等推出机构，一般由推杆、复位杆、推杆固定板、推板、顶杆等组成，如图 9—2—3 中的件 18、件 19、件 14、件 13、件 21 等。

5. 抽芯机构

对于有侧孔或侧凹的塑件，在被顶出脱模之前，必须先进行侧向抽芯或分开滑块(侧向分型)，方能顺利脱模，如图 9—2—12 所示。

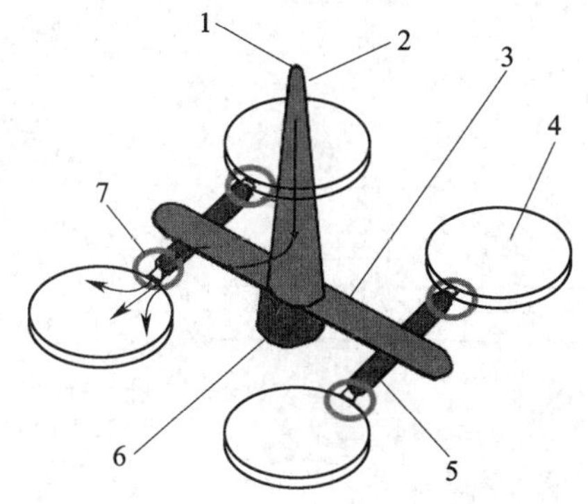

图 9—2—11 注射模浇注系统

1—进料口 2—竖流道 3—主流道 4—成型产品 5—分流道 6—冷料井 7—冷浇口

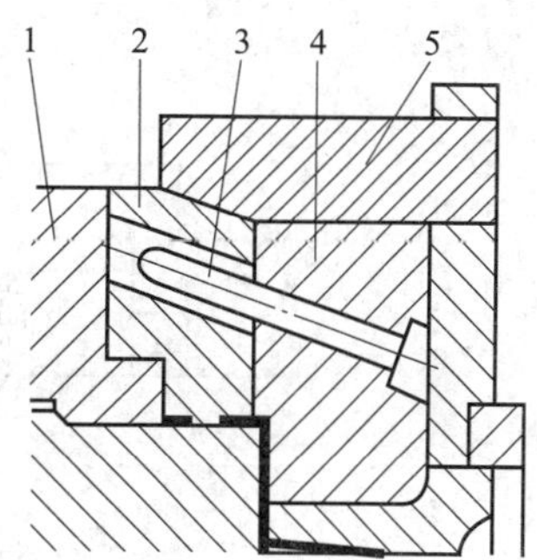

图 9—2—12 侧向抽芯机构

1—动模块 2—滑块 3—斜导柱 4—定模板 5—楔紧块

6. 模温调节系统

为了满足注射成型工艺对模具温度的要求，需要有模温调节系统（如冷却水、热水、热油及电热系统等）对模具温度进行调节。一般根据塑料的种类决定加热或冷却模具，如成型 ABS、聚苯乙烯、聚乙烯、聚丙烯等塑料制件时模具应有冷却系统；成型聚碳酸酯、聚苯醚、聚砜等塑料制件时模具应有加热系统。

7. 排气系统

为了将模腔内的气体顺利排出，常在模具分型面处开设排气槽。许多模具的推杆或其他活动部件（如滑块）之间的间隙也可起到排气作用。因此在保养模具时一定注意不要将润滑油加得太多。

8. 其他结构零件

其他结构零件是指为满足模具结构上的要求而设置的零件，如固定板、动模板、定模板、撑头、支承板及连接螺钉等。

三、注射模的装配方法

塑料模装配与冷冲模装配有许多相似之处，但在某些方面其要求更为严格，如塑料模闭合后要求分型面均匀密合。在有些情况下，动模和定模上的型芯也要求在合模后保持紧密接触。类似这些要求常常会增加修配的工作量。

1. 型芯的固定方式及装配

由于塑料模的结构不同，型芯在固定板上的固定方式也不相同，常见的固定方式如图 9—2—13 所示。

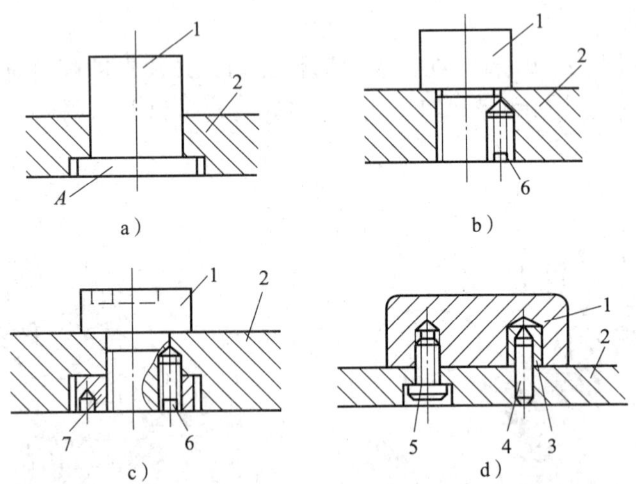

图 9—2—13　型芯的固定方式

a）采用过渡配合　b）用螺纹和骑缝螺钉固定　c）用螺母和骑缝螺钉固定　d）大型芯的固定

1—型芯　2—固定板　3—定位销套　4—定位销　5—螺钉　6—骑缝螺钉　7—螺母

（1）采用过渡配合方式固定型芯

如图 9—2—13a 所示，过渡配合的型芯通常采用压入式固定，与压入式凸模装配的方法相同，一般用于圆柱小型芯。

为保证装配要求应注意下列几点：

1）检查型芯高度及固定板厚度（装配后能否达到设计尺寸要求），型芯台肩平面应与型芯轴线垂直。

2）固定板通孔与沉孔平面的相交处一般为 90°角，而型芯上与之相应的配合部位往往呈圆角（磨削时砂轮损耗形成），装配前应将固定板的上述部位倒角，使之不对装配产生不良影响。

（2）采用螺纹和骑缝螺钉方式固定型芯

采用螺纹固定的型芯常用于热固性塑料成型压模，如图 9—2—13b 所示。

对圆形型芯，装配时，先拧紧螺纹，再用骑缝螺钉定位；对非圆形型芯，螺纹拧紧后型芯的实际位置与理想位置之间常常出现误差，必须先修磨型芯与固定板的贴合面，调整好型芯的位置后再用骑缝螺钉定位。如图 9—2—14 所示，α 是理想位置与实际位置之间的夹角。型芯的位置误差可以通过修磨 a 面或 b 面来消除。为此，应先进行预装并测出角度 α 的大小，其修磨量按下式计算：

$$\Delta_{修磨} = \frac{P}{360°}\alpha$$

式中 $\Delta_{修磨}$——修磨量，mm；

P——连接螺纹的螺距，mm；

α——误差角，(°)。

（3）采用螺母和骑缝螺钉方式固定型芯

螺母固定时，型芯与固定板连接段采用 H7/k6 或 H7/m6 配合，对非圆形型芯，可不用修磨来调整安装位置。

螺钉紧固时，型芯与固定板采用 H7/h6 或 H7/m6 配合，型芯压入并调整好位置后用螺钉紧固（型芯压入端的棱边应修磨成小圆弧）。

图 9—2—13c 所示螺母固定方式适用于某些有方向要求的型芯，装配时只需按设计要求将型芯调整到正确位置后，用螺母固定，装配过程简便。这种固定形式适合于固定外形为任何形状的型芯，以及在固定板上同时固定几个型芯的场合。

图 9—2—13c 所示型芯固定方式，在型芯位置调好并紧固后要用骑缝螺钉定位。骑缝螺钉孔应安排在型芯淬火之前加工。

（4）大型芯的固定

如图 9—2—13d 所示，装配时可按下列顺序进行：

1）在加工好的型芯上压入实心的定位销套。

2）根据型芯在固定板上的位置要求将定位块用平行夹头夹紧在固定板上，如图 9—2—15 所示。

3）在型芯螺孔口部抹红粉，把型芯和固定板合拢，将螺钉孔位置复印到固定板上取下型芯，在固定板上钻螺钉过孔及锪沉孔；用螺钉将型芯初步固定。

4）通过导柱、导套将卸料板、型芯和支承板装合在一起，将型芯调整到正确位置后拧紧固定螺钉。

5）在固定板的背面划出销孔位置线，固定板与型芯同钻、铰销孔，打入销钉。

2. 型腔的装配

塑料模型腔多采用镶件式或拼块式。装配后要求动、定模板分型面接合紧密、无缝隙，且与模板平面一致。

（1）整体式型腔的装配

如图 9—2—16 所示是圆形整体型腔的镶件形式。型腔和动、定模板镶合后，其分型面上要求紧密无缝。

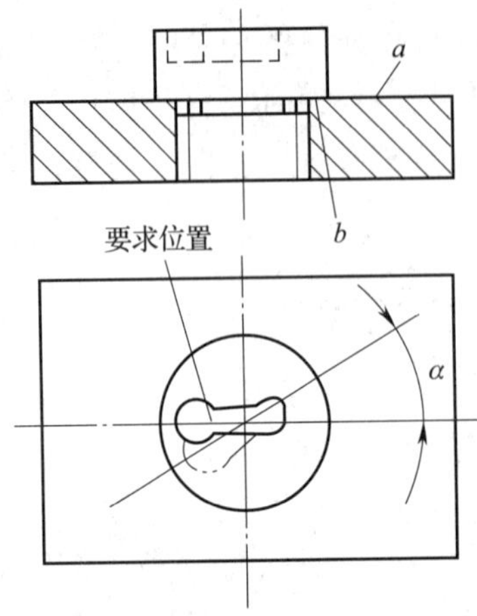

图 9—2—14　螺纹固定的型芯修磨示意图

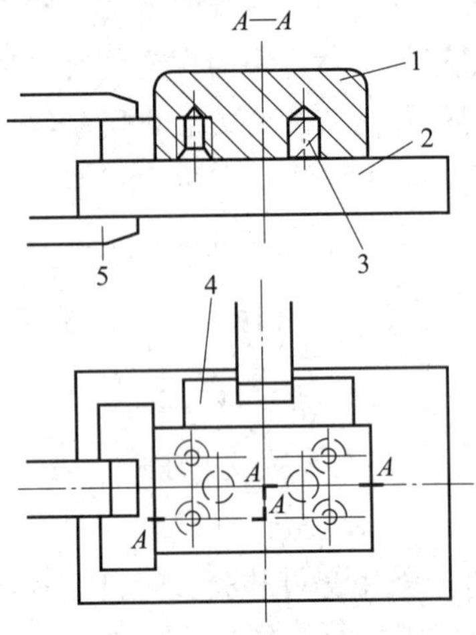

图 9—2—15　大型芯与固定板的装配
1—型芯　2—固定板　3—定位销套
4—定位块　5—平行夹头

1）对于压入式配合的型腔，其压入端一般都不允许有斜度；如果需要，压入斜度设在模板孔入口处。

2）型腔与模板之间应保持 0.01～0.02 mm 的配合间隙，对非圆形型腔，在装配过程中应调整好位置。

3）装配后，钻、铰销孔，打入止转销，然后与模板一起磨平上、下端面。

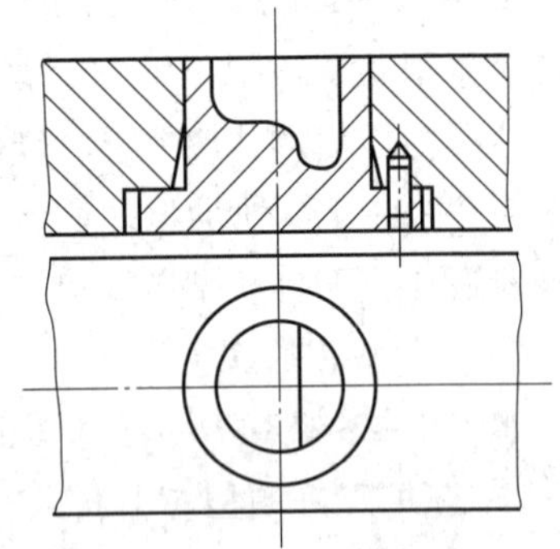

图 9—2—16　压入法装配型腔

（2）拼块式型腔的装配

型腔拼合面在热处理后进行磨削加工。拼块两端都应留有加工余量，待装配完毕，再将两端和模板一起磨平。

为了不使拼块结构的型腔在压入模板的过程中，各拼块在压入方向上产生错位，应在拼块的压入端放一块平垫板，通过平垫板推动各拼块一起移动，如图 9—2—17 所示。

（3）型芯端面与加料室底平面间的间隙消除

如图 9—2—18 所示是装配后型芯端面与加料室底平面之间出现了间隙（Δ），可采用下列方法消除：

1）修磨固定板平面 *A*。修磨时需拆下型芯，磨去金属层厚度等于间隙值 Δ。

2）修磨型腔上平面 *B*。修磨时不需拆卸零件，比较方便。

3）修磨型芯（或固定板）台肩面 *C*。适用于多型芯模具，应在型芯装配合格后再将固定板上的支承面 *D* 磨平。

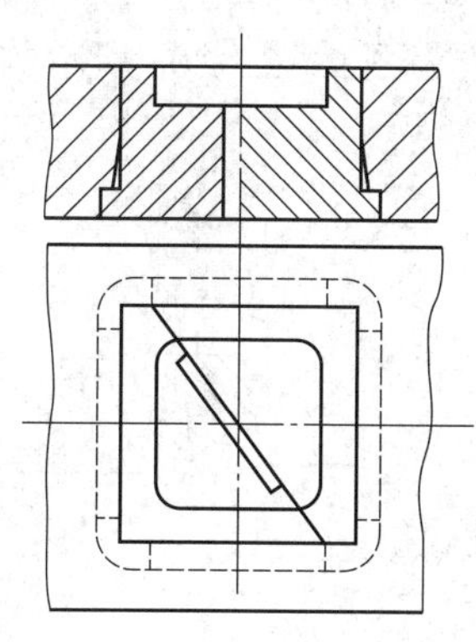
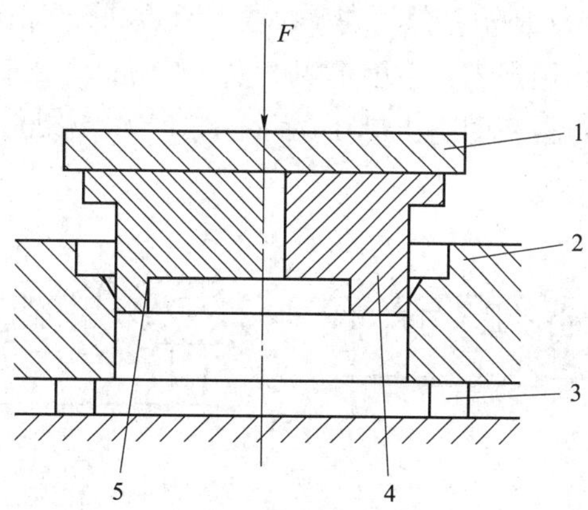

图 9—2—17 拼块式型腔的装配

1—平垫板 2—模板 3—等高垫板 4、5—型腔拼块

(4) 型腔端面与型芯固定板间的间隙消除

如图 9—2—19 所示是装配后型腔端面与型芯固定板间有间隙 (Δ)。为了消除间隙可采用以下修配方法:

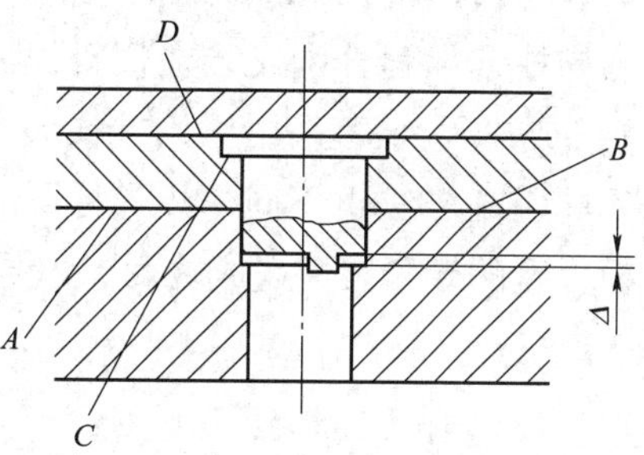

图 9—2—18 型芯端面与加料室底平面间出现间隙

1) 如图 9—2—19a 所示，如工作面 *A* 是平面时，修磨型芯工作面。

2) 如图 9—2—19b 所示，在型芯和固定板定位台肩处垫入厚度等于间隙值 Δ 的垫片，再一起磨平固定板和型芯端面，此法一般用于小型模具。

3) 如图 9—2—19c 所示，在型腔上表面与固定板下表面之间增加垫片，此法一般用于大、中型模具，垫片厚度一般大于 2 mm。

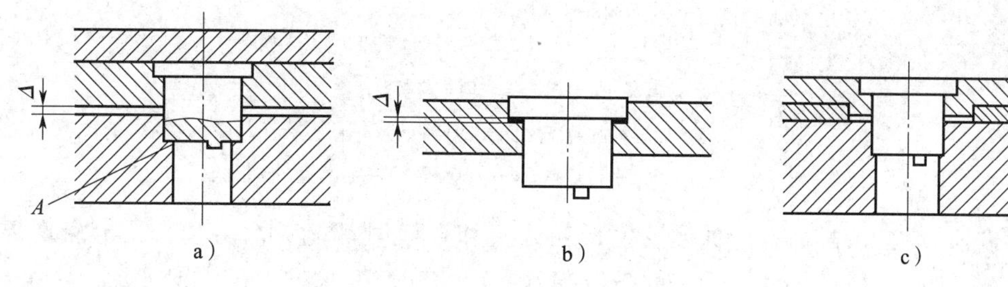

图 9—2—19 型腔端面与型芯固定板间有间隙

3. 浇口套的装配

浇口套与定模板的配合一般采用 H7/m6。要求装配后浇口套与模板配合孔紧密、无缝隙，浇口套和模板孔的台肩应紧密贴合，浇口套要高出模板平面 0.02 mm。在浇口套加工时应留有去除圆角的修磨余量 *Z*，压入后使圆角凸出在模板之外，如图

9—2—20a 所示。然后在平面磨床上磨平，如图 9—2—20b 所示。最后再把修磨后的浇口套稍微退出，将固定板磨去 0.02 mm，重新压入后成为图 9—2—20c 所示的形式。台肩对定模板的高出量 0.02 mm 亦可采用修磨来保证。

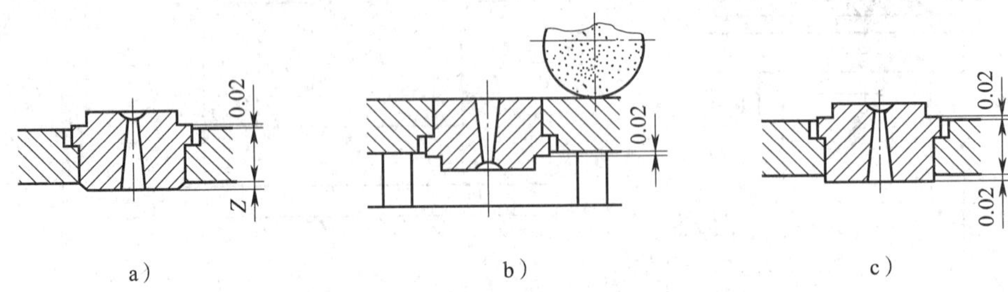

图 9—2—20 浇口套的装配

a）压入后的浇口套 b）修磨浇口套 c）装配好的浇口套

4. 导柱和导套的装配

导柱、导套分别安装在塑料模的动模和定模部分上，是模具合模和开模的导向装置。导柱、导套采用压入方式装入模板的导柱和导套孔内。对于不同结构的导柱采用的装配方法也不同。短导柱可以采用图 9—2—21a 所示的方法压入。长导柱应在定模板上的导套装配完成之后，以导套导向将导柱压入动模板内，如图 9—2—21b 所示。

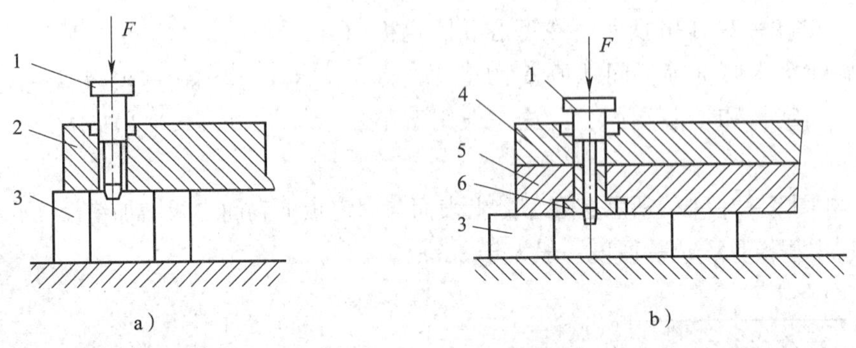

图 9—2—21 导柱的装配

a）短导柱的装配 b）长导柱的装配

1—导柱 2—模板 3—平行垫铁 4—固定板 5—定模板 6—导套

导柱、导套装配后，应保证动模板在开模和合模时都能灵活滑动，无卡滞现象。因此，加工时除保证导柱、导套和模板等零件间的配合要求外，还应保证动、定模板上导柱和导套安装孔的中心距一致（其误差不大于 0.01 mm）。压入前应对导柱、导套进行选配。压入模板后，导柱和导套孔应与模板的安装基面垂直。如果装配后开模和合模不灵活，有卡滞现象，可用红丹粉涂于导柱表面，往复拉动动模板，观察卡滞部位，分析原因，然后将导柱退出，重新装配。在两根导柱装配合格后再装配第三、第四根导柱。每装入一根导柱均应做上述观察。最先装配的应是距离最远的两根导柱。

5. 推出机构的装配

推出机构一般由推杆、复位杆、推杆固定板、推板、导柱、导套等组成，如图9—2—22所示。推出机构的装配顺序如下：

（1）导柱5垂直压入支承板9，磨平端面。

（2）将装有导套的推杆固定板7套装在导柱上，并将推杆8、复位杆2穿入推杆固定板、支承板和型腔镶件11的配合孔中，盖上推板6，用螺钉拧紧，调整后使推杆、复位杆能灵活运动。

（3）修磨推杆和复位杆的长度。如果推板和垫圈3接触时，复位杆、推杆低于型面，则修磨导柱的台肩和支承板的上平面；如果推杆、复位杆高于型面，则修磨推板的底面。

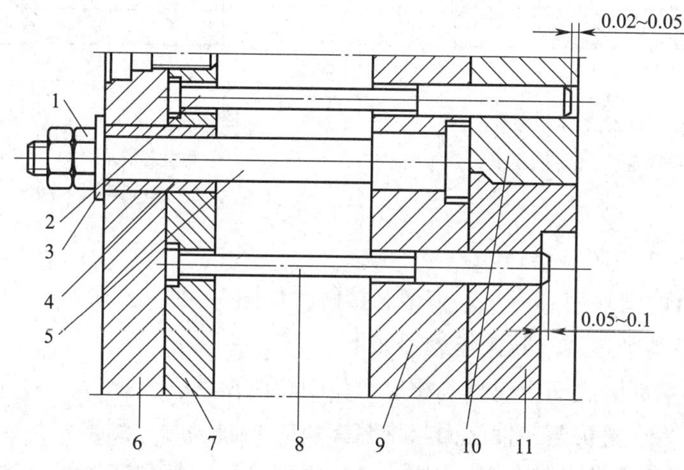

图9—2—22 推出机构的装配

1—螺母 2—复位杆 3—垫圈 4—导套 5—导柱 6—推板 7—推杆固定板 8—推杆 9—支承板 10—动模板 11—型腔镶件

推出机构装配时有如下要求：

（1）装配后运动灵活，无阻滞。

（2）推杆在固定板孔内每边留0.5 mm的间隙。

（3）推杆工作端面应高出型面0.05～0.1 mm。

（4）复位杆的端面应低于型面0.02～0.05 mm。

（5）推杆能在合模后自动复位。

6. 抽芯机构的装配

抽芯机构装配后，应保证滑块型芯与凹模达到所要求的配合间隙；滑块运动灵活，有足够的行程，有正确的起止位置。

滑块装配常常要以凹模的型面为基准。因此，它的装配要在凹模装配后进行。其装配顺序如下：

（1）装配凹模（或型芯）

将凹模镶拼压入固定板，磨上、下平面并保证尺寸 A，如图 9—2—23 所示。

（2）加工滑块槽

将凹模镶块退出固定板，精加工滑块槽，其深度按 M 面决定，如图 9—2—23 所示。N 为槽的底面，T 形槽按滑块台肩实际尺寸精铣后，钳工最后修正。

（3）钻型芯固定孔

利用定中心工具在滑块上压出圆形印迹，如图 9—2—24 所示。按印迹找正，钻、铰型芯固定孔。

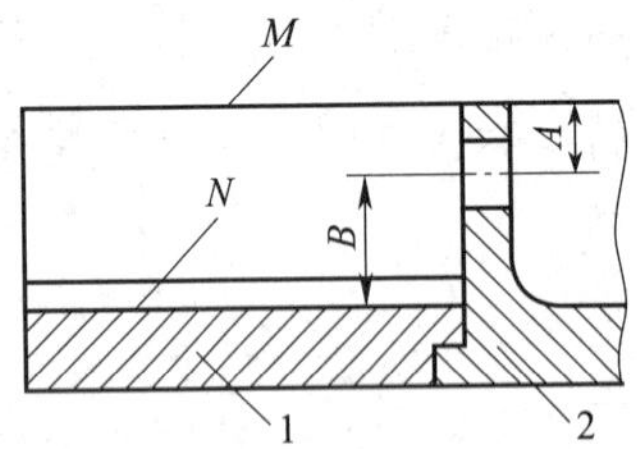

图 9—2—23　凹模装配

1—凹模固定板　2—凹模镶块

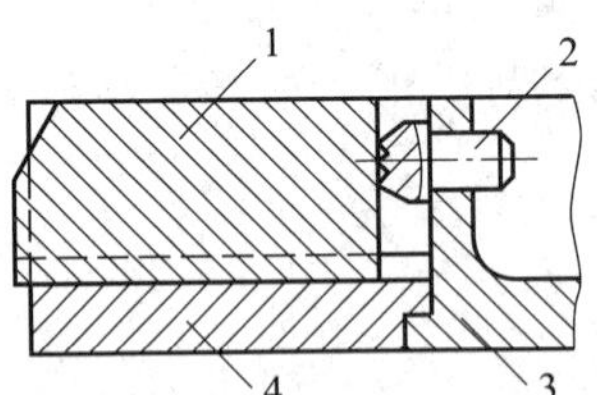

图 9—2—24　型芯固定孔压印

1—侧型芯滑块　2—定中心工具　3—凹模镶块　4—凹模固定板

（4）装配滑块型芯

在模具闭合时滑块型芯应与定模型芯接触，如图 9—2—25 所示。一般都在型芯上留出余量通过修磨来达到。其操作过程如下：

1）将型芯端部磨成和定模型芯相应部位吻合的形状。

2）将滑块装入滑块槽，使端面与型腔镶块的 A 面接触，测得尺寸 b。

3）将型芯装入滑块并推入滑块槽，使滑块型芯与定模型芯接触，测得尺寸 a。

4）修磨滑块型芯，其修磨量为 $b-a-(0.05\sim0.1)$ mm。0.05 ~ 0.1 mm 为滑块端面与型腔镶块 A 面之间的间隙。

5）将修磨正确的型芯与滑块配钻销钉孔后用销钉定位。

（5）装配楔紧块

在模具闭合时，楔紧块斜面必须和滑块斜面均匀接触，并保证有足够的锁紧力。为此，在装配时要求在模具闭合状态下，分模面之间保留 0.2 mm 的间隙，如图 9—2—26 所示，此间隙靠修磨滑块斜面预留的修磨量保证。此外，楔紧块在受力状态下不能向闭模方向松动，所以，楔紧块的后端面应与定模板处于同一平面。

根据上述要求，楔紧块的装配方法如下：

1）用螺钉紧固楔紧块。

2）修磨滑块斜面，使其与楔紧块斜面密合。其修磨量为 $b=(a-0.2\text{ mm})\sin\alpha$。

3）楔紧块与定模板一起钻、铰定位销孔，装入定位销。

4）将楔紧块后端面与定模板一起磨平。

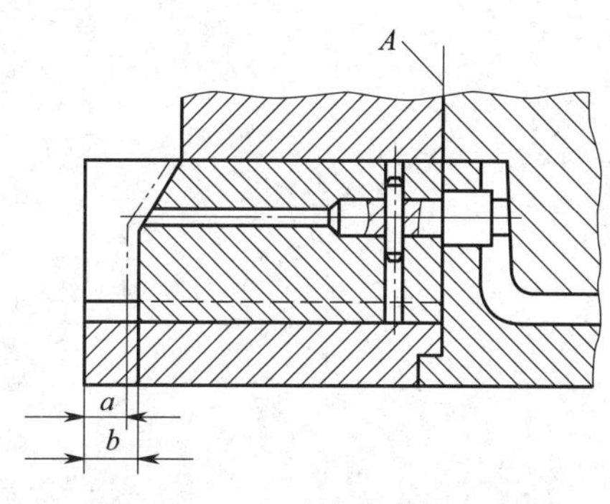

图 9—2—25 型芯修磨量的测量

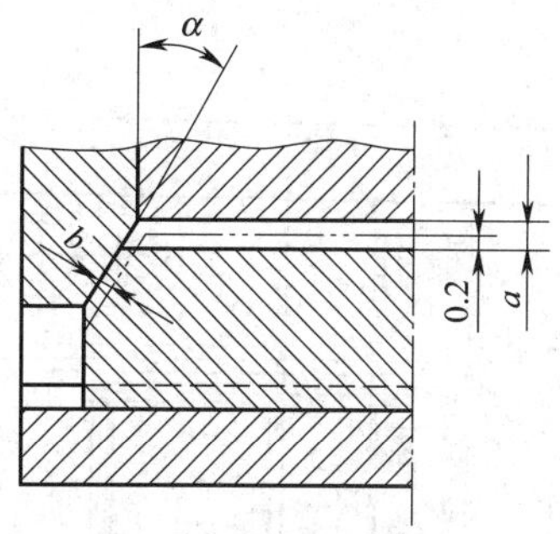

图 9—2—26 滑块斜面的修磨量

（6）加工斜导柱孔。

（7）修磨限位块

开模后滑块复位的起始位置由限位块定位。在设计模具时，一般使滑块后端面与定模板外形齐平，由于加工中的误差而使两者不处于同一平面时，可按需要将限位块修磨成台阶形。

7. 总装

塑料模一般的总装顺序如下：

（1）确定装配基准（型芯或型腔为第一基准，动模板或定模板两侧面为第二基准）。

（2）装配前要对零件进行测量，合格零件必须去磁并将零件擦拭干净。

（3）调整各零件组合后的误差累积，如各模板的平行度要校验修磨，以保证模板组装密合，分型面处的接合面积不得小于 80%，防止产生飞边。

（4）装配中尽量保持原加工尺寸的基准面，以便总装合模调整时检查。

（5）组装导向机构，并保证开模、合模动作灵活，无松动和卡滞现象。

（6）组装调整推出机构，并调整好复位及推出位置等。

（7）组装调整型芯、镶件，保证配合面间隙达到要求。

（8）组装冷却或加热系统，保证管路畅通，不漏水、漏电，阀门动作灵活。

（9）组装液压或气动系统，保证运行正常。

（10）紧固所有连接螺钉，装配定位销。

（11）试模，合格后打上模具标记。

例 9—2—1 图 9—2—27 是热塑性塑料注射模的装配图，其装配要求如下：

（1）装配后模具安装平面的平行度误差不大于 0. 05 mm。

（2）模具闭合后分型面应均匀密合。

（3）导柱、导套滑动灵活，推件时推杆和卸料板动作必须保持同步。

（4）合模后，动模部分和定模部分的型芯必须紧密接触。

在进行总装前，模具已完成导柱、导套等零件的装配并检查合格。请确定此模具的装配方法。

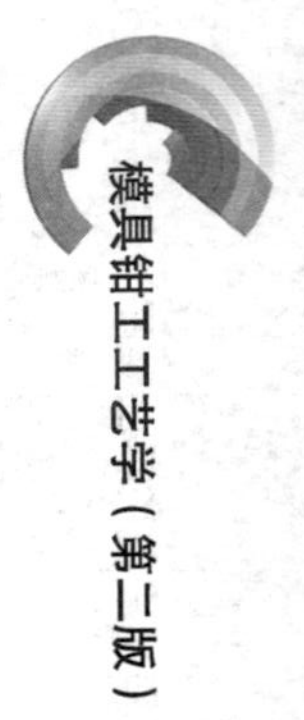

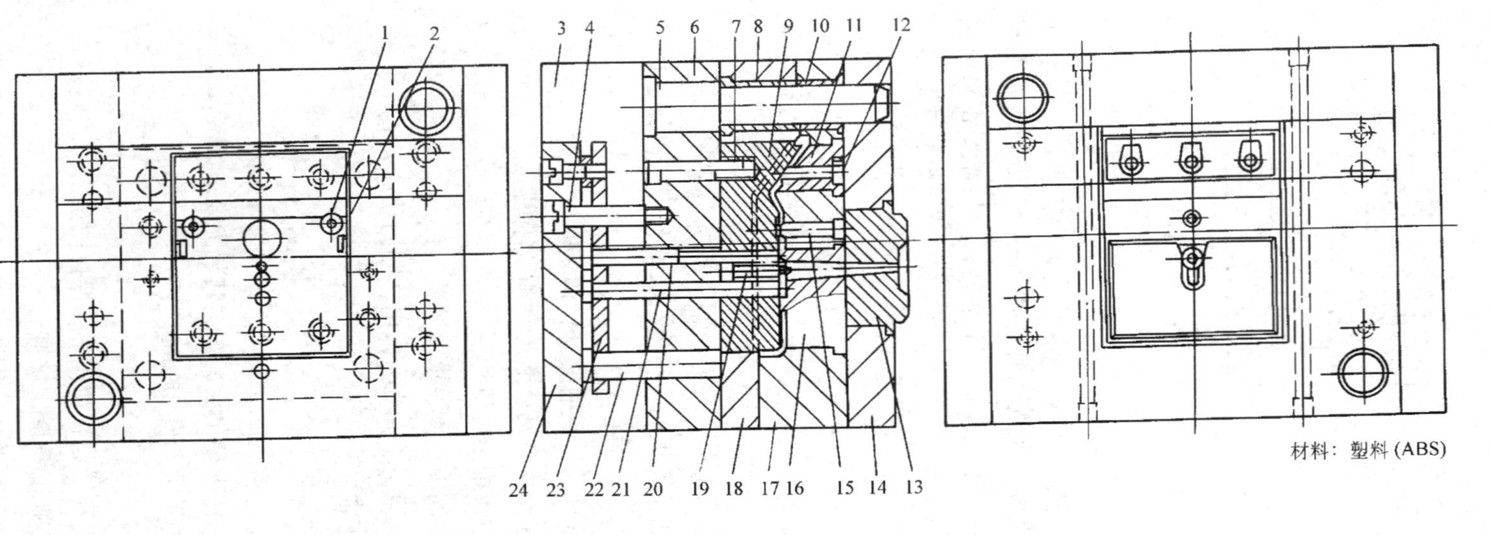

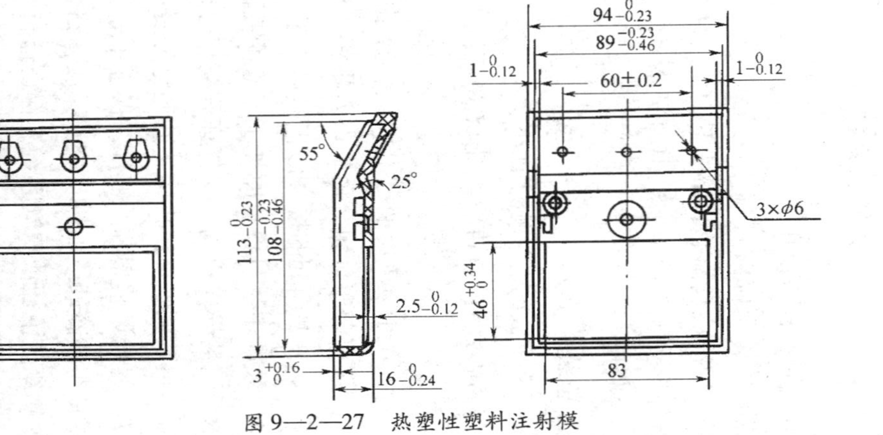

图 9—2—27　热塑性塑料注射模

1—嵌件螺杆　2—矩形推杆　3—垫块　4—限位螺杆　5—导柱　6—动模固定板　7—销钉套　8、10—导套　9、12、15—型芯　11、16—镶块　13—浇口套　14—定模座板　17—定模　18—卸料板　19—拉料杆　20、21—推杆　22—复位杆　23—推杆固定板　24—推板

答：本套模具的总装方法如下：

（1）装配动模部分

1）装配型芯。在装配前，应先修光卸料板 18 的型孔，并与型芯作配合检查，要求滑块灵活，然后将导柱 5 穿入卸料板导套 8 的孔内，将动模固定板 6 和卸料板合拢。在型芯上的螺孔口部涂红丹粉后放入卸料板型孔内，在动模固定板上复印出螺孔的位置。取下卸料板和型芯，在固定板上加工螺钉通孔。

把销钉套压入型芯并装好拉料杆 19 后，将动模固定板、卸料板和型芯重新装合在一起，调整好型芯的位置后，用螺钉紧固。按固定板背面的划线钻、铰定位销孔，打入定位销。

2）配作动模固定板上的推杆孔。先通过型芯上的推杆孔，在动模固定板上钻锥坑；拆下型芯，按锥坑钻出固定板上的推杆孔。

将矩形推杆穿入推杆固定板、动模固定板和型芯。板上的方孔已在装配前加工好。用平行夹板将推杆固定板和动模固定板夹紧，通过动模固定板配钻推杆固定板上的推杆孔。

3）配作限位螺杆孔和复位杆孔。首先在推杆固定板上钻限位螺杆通孔和复位杆孔。用平行夹板将动模固定板与推杆固定板 23 夹紧，通过推杆固定板的限位螺杆孔和复位杆孔在动模固定板上钻锥坑，拆下推杆固定板，在动模固定板上钻孔并对限位螺杆孔攻螺纹。

4）装配推杆及复位杆。将推板 24 和推杆固定板叠合，配钻限位螺钉通孔及推杆固定板上的螺孔并攻螺纹。将推杆、复位杆 22 装入固定板后盖上推板，用螺钉紧固，并将其装入动模，检查及修磨推杆、复位杆的顶端面。

5）装配垫块。先在垫块 3 上钻螺钉通孔、锪沉孔，再使垫块和推板侧面接触，然后用平行夹板把垫块和动模固定板夹紧，通过垫块上的螺钉通孔在动模固定板上钻锥坑，并钻、铰销钉孔。拆下垫块，在动模固定板上钻孔并攻螺纹。

（2）装配定模部分

1）镶块 11、16 与定模 17 的装配。先将镶块 16、型芯 15 装入定模，测量出两者凸出型面的实际尺寸。退出定模，按型芯 9 的高度和定模深度的实际尺寸，单独对型芯和镶块进行修磨，再装入定模，检查镶块 16、型芯 15 和型芯 9，看定模与卸料板是否同时接触。将型芯 12 装入镶块 11 中，用销孔定位。以镶块外形和斜面作基准，预磨型芯斜面。将经过上述预磨的型芯、镶块装入定模，再将定模和卸料板合拢，测量出分型面的间隙尺寸后，将镶块 11 退出，按测出的间隙尺寸，精磨型芯的斜面至要求尺寸。将镶块 11 装入定模后，磨平定模的支承面。

2）定模和定模座板的装配。在定模和定模座板 14 装配前，浇口套 13 与定模座板已组装合格。因此，可直接将定模与定模座板叠合，使浇口套上的浇道孔和定模上的浇道孔对正，用平行夹板将定模和定模座板夹紧，通过定模座板孔在定模上钻锥坑及钻、铰销孔。然后将两者拆开，在定模上钻孔并攻螺纹。再将定模和定模座板叠合，装入销钉后将螺钉拧紧。

第三节　塑料成型模具的安装、调试与维修

一、塑料成型模具在注射机上的安装与调试

塑料成型模具在注射机上的安装与调试包括预检、吊装与紧固、顶出距离的调整、合模松紧程度的调整、模具配套部分的安装和试模。模具装配完成以后，在交付生产之前，应进行试模，试模的目的有二：一是检查模具在制造上存在的缺陷，查明原因并加以排除；二是对模具设计的合理性进行评定并对成型工艺条件进行探索，这有益于模具设计和成型工艺水平的提高。安装与调试的顺序如下：

1. 预检

在模具装上注射机之前，应按设计图样对模具进行检验，以便及时发现问题，进行修理，减少不必要的重复安装和拆卸。在对模具的固定部分和活动部分进行分开检查时，要注意方向记号，以免合拢时搞错。

2. 吊装与紧固

首先将注射机全部功能置于手动控制状态，根据模具图上标示出的吊装位置及方向，按规定的吊装方式吊起模具（尽量将模具整体吊起）。

（1）模具吊装方向

模具吊装方向的选择遵照如下几个原则：

1）模具有侧向分型抽芯机构时，尽量将滑块置于水平位置，在水平面内左右移动。

2）模具长度与宽度方向尺寸相差较大时，使较长边与水平方向平行，可以有效地减轻导柱拉杆在开模时的负载，并使因模具质量而造成的导向件弹性变形控制在最小范围内。

3）模具带有液压油路接头、气动接头、热流道元件接线板时，尽可能放置在非操作面侧面，以方便操作。

（2）吊装方式

一般将模具从注射机上方吊进拉杆模座之间。当模具水平或竖直方向尺寸大于拉杆间的距离时，吊装方式如下：

1）当模具长方向尺寸大于拉杆间水平距离时，采用从拉杆侧面滑进的方法，适用于中小型模具。

2）将模具长方向平行于拉杆轴线（模具高度小于拉杆水平距离，模具宽方向尺寸小于拉杆竖直距离），从拉杆上方滑进拉杆之后，旋转90°即可。

(3) 紧固方法

整体吊装成功，将模具定模板上的定位环装入注射机定模座上的定位孔，用螺钉或压板螺钉压紧定模，并初步固定定模，依靠导柱、导套将动、定模两部分启闭几次，检查模具在启闭过程中是否平稳、灵活、无卡住现象，最后固定动定模。

分体吊装与整体吊装相似，不同之处在于动模部分是在定模吊装初步固定之后再吊装紧固。

人工吊装适用于中小型模具，一般从注射面侧面装入，在拉杆上垫两块木板将模具滑入拉杆中。

模具尽可能整体安装，吊装时要注意安全，操作者要协调一致密切配合。当模具定位圈装入注射机上定模板的定位圈座后，可以极慢的速度合模，由动模板将模具轻轻压紧，然后装上压板。通过调节螺钉，将压板调整到与模具的安装基面基本平行后压紧，如图9—3—1 所示，压板位置绝不允许像图中双点画线所示。压板的数量根据模具的大小进行选择，一般为 4 至 8 块。

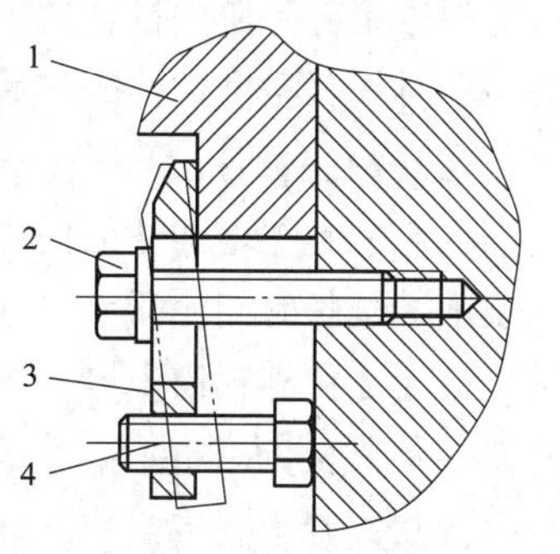

图 9—3—1 模具的紧固

1—座板 2—压紧螺钉

3—压板 4—调节螺钉

3. 顶出距离的调整

模具紧固后，慢速开启模具，达到模座行程时，动模板停止后退，调整注射机顶杆顶出距离，使模具上推杆固定板和动模支承板之间的间隙不小于 5 mm，既能顶出塑件，又能防止损坏模具。

4. 合模松紧程度的调整

为了防止制件溢边，又保证型腔能适当排气，合模的松紧程度很重要。对全液压式锁模机构，合模松紧程度只要观察锁模力是否在预定的工艺范围内即可；对于液压肘杆式锁模机构，目前主要凭经验和目测来调整，即在开模时，肘杆先快后慢，既不很自然也不太勉强地伸直，合模松紧正好合适。对于需要加热的模具，应在模具达到规定温度后再调整合模的松紧程度。

5. 模具配套部分的安装

配套部分的安装包括：热流道元件及电气元件的接线、电控部分的调整、液压回路连接、气压回路连接、冷却水路的连接等辅助部分的安装。

6. 试模

试模前必须对设备的油路、水路及电路进行检查，并按规定保养设备，做好开机前的准备。

(1) 模具预热

模具预热方法大致有两种：一是利用模具本身的冷却水孔，通入热水进行加热；二是外加热法，即将铸铝加热板安装在模具外部，从外向内进行加热，这种方法加热快，但消耗量大。对中小型模具，无须进行模具预热。

（2）料筒和喷嘴的加热

根据工艺手册中推荐的工艺参数将料筒和喷嘴加热，与模具预热同时进行。由于制件大小、形状和壁厚的不同，以及设备上热电偶位置的深度和温度表的误差也各有差异，因此资料上介绍的加工某一塑料的料筒和喷嘴温度只是一个大致范围，还应根据具体条件调试。判断料筒和喷嘴温度是否合适的最好办法是将喷嘴和主流道脱开，用较低的注射压力使塑料自喷嘴中缓慢地流出，观察料流。如果没有硬头、气泡、银丝、变色，且料流光滑明亮，则说明料筒和喷嘴温度是比较合适的，可以开机试模。

（3）工艺参数的选择和调整

根据工艺手册中推荐的工艺参数初选温度、压力、时间参数，调整工艺参数时按压力、时间、温度这样的先后顺序变动。

在开始注射时，原则上选择在低压、低温和较长的时间条件下成型。如果制件未充满，通常是先增加注射压力。当大幅度提高注射压力仍无效果时，才考虑改变时间和温度。延长时间实质上是使塑料在料筒内的受热时间增长，注射几次后若仍然未充满，最后才提高料筒温度。但料筒温度的上升以及它与塑料温度达到平衡需要一定的时间（一般约 15 min），需要耐心等待，不要过快地把料筒温度升得太高，以免塑料过热，甚至发生降解。

注射成型时可选用高速和低速两种工艺。一般壁薄而面积大的制作采用高速注射，而壁厚、面积小的塑件采用低速注射。在高速和低速都能充满型腔的情况下，除玻璃纤维增强塑料外，均宜采用低速注射。

对黏度高和热稳定性差的塑料，采用较慢的螺杆转速和略低的背压加料及预塑，而对黏度低和热稳定性好的塑料，可采用较快的螺杆转速和略高的背压。在喷嘴温度合适的情况下，采用喷嘴固定形式可提高生产率。但是，当喷嘴温度太低或太高时，需要采用每次注射后向后移动喷嘴的形式。喷嘴温度低时，由于后加料时喷嘴离开模具，减少了散热，故可使喷嘴温度升高；而喷嘴温度太高时，后加料时可挤出一些过热的塑料。

（4）试注射

当料筒中的塑料和模具达到预热温度时，就可以进行试注射，观察注射塑件的质量缺陷，分析产生缺陷的原因，调整工艺参数和其他技术参数，直至达到最佳状态。试注射过程中，应详细记录模具状态和工艺参数，对不合格的模具应及时进行返修。

在试模过程中应详细记录，并将结果填入试模记录卡，注明模具是否合格。如需返修，应提出返修意见。在记录卡中应摘录成型工艺条件及操作注意要点，最好能附上注射成型的制件，以供参考。

注射模在试模过程中，制品常出现的问题见表 9—3—1，应及时调整、消除后，方可交付使用。

对试模后合格的模具，应清理干净，涂上防锈油后入库。

表 9—3—1　　注射模试模时常见故障、产生原因及调整方法

常见问题	产生原因	调整方法
制品尺寸精度发生变化，不稳定	1. 注射机系统不稳定	1. 调整注射机，使其电气部分、液压系统工作时稳定可靠；严格控制注射温度、压力、速度等成型条件，使每个制品成型周期一致；多型腔注射时，浇口大小一致，进料均衡
	2. 模具发生变形或磨损	2. 提高模具强度，对于定位杆弯曲或磨损的应更换；调整模具精度，使活动零件动作稳定、平稳，定位零件定位准确
	3. 锁模力不符合要求	3. 检查模具合模时的锁模力。合模时锁模力要大，防止时松时紧，合模稳定可靠
	4. 原材料质量较差	4. 塑料应颗粒均匀，收缩率要稳定
制品产生气泡，影响使用	1. 塑料含水分太大，料温过高	1. 试模前应将塑料烘干或更换新塑料；减少塑料加热时间
	2. 注射压力小，模温低，模具排气不良	2. 加大注射压力；检查排气系统，若排气不良，在模内设冷料穴，使其排气良好；提高模具温度
	3. 注射速度太快及柱塞或螺杆回程太早	3. 降低注射速度；延长柱塞退回时间
	4. 模具型腔内有水、油污	4. 清除模腔内水分和油污，合理使用脱模剂
制品充填不足，不能成型	1. 注射量不足	1. 加大注射量
	2. 加料量不足	2. 加大加料量
	3. 塑化能力不足	3. 设法增加塑化能力；提高喷嘴、料筒温度、提高模温
	4. 熔料填充不良	4. 加大喷嘴直径，提高温度，增加熔料的流动性；增大主浇道和分浇道的直径；设置辅助浇道或浇口；开设大的冷料穴；提高注射压力，延长注射及保压时间
	5. 排气不好	5. 排气不良的，可降低注射速度，或增开排气孔道，或增加分型面处浅槽
制品表面产生凹痕或塌坑	1. 进料口太小或数量不足	1. 增大进料口截面积或进料口数量
	2. 进料口的位置不当	2. 改进塑件设计，使壁厚均匀；改进进料口位置
	3. 模温不合适	3. 严格控制模温
	4. 注射压力太小或保压时间短，供料不足	4. 加大注射压力、速度；加大保压时间；加大供料量，减小溢流槽面积

续表

常见问题	产生原因	调整方法
塑件周围飞边过大	1. 合模不严，间隙过大	1. 调整模具分型面，减小型腔、型芯部分滑动零件的间隙值；修整模具，加大模具强度和韧度，使各支承面相互平行；清除分型面的异物和油污
	2. 锁模力不足	2. 减小注射压力，增加锁模力
	3. 塑料流动性差	3. 更换塑料或重新调整注射速度，提高料温、模温
	4. 成型条件差	4. 适当调整加料量
塑件表面出现细缝	1. 料温、模温太低	1. 改善工艺条件，提高料温、模温
	2. 注射速度较慢，压力小	2. 加快注射速度，加大注射压力
	3. 料的进口位置不当	3. 改进塑件设计，调整进料口和浇道系统
	4. 嵌件温度太低	4. 预热嵌件
	5. 塑料流动性差	5. 更换流动性好的塑料，改善填料；改变模具冷却浇道，使其冷却均匀
	6. 排气不良	6. 清除模腔水分，适量使用润滑剂和脱模剂；增设冷却槽，使之充分排除气体
塑件表面出现波纹，影响美观	1. 料温、模温、喷嘴温度低	1. 改进注射工艺，提高料温、模温、喷嘴温度
	2. 注射力偏小，注射速度慢	2. 增加注射力和注射速度
	3. 塑料流动性差	3. 使用前烘干及清除杂质，如有必要更换流动性较好的塑料注射成型
	4. 浇道太长	4. 调整模具，改进浇注系统
	5. 供料不足	5. 加大供料量；改进冷料穴设计、模具冷却系统、浇注系统
塑料表面沿流动方向产生银色针状条纹或片状云母纹	1. 注射时塑料温度太高	1. 改进注射工艺，适当降低料温、模温
	2. 含水分及挥发物较多	2. 烘干清除水分、油污，并合理进行润滑和使用脱模剂
	3. 注射压力小、模温太高	3. 加大注射力，适当降低模温；改善塑件设计，使其薄厚均匀过渡
	4. 流道口太小及排气不良	4. 调整模具，使进料口适当增大及增设排气机构
	5. 配料不当或混入异物	5. 改善塑料质量，避免异物混入

续表

常见问题	产生原因	调整方法
塑件成型后产生翘曲变形	1. 冷却时间不足，模温太高，出模太早 2. 进料口位置不合理，尺寸小；料温、模温太低，注射压力小，速度快，保压补缩时间不足，冷却不均匀 3. 模具强度不够，精度低，定位不可靠	1. 延长冷却时间，加快冷却速度，待成型固化后再脱模 2. 调整或改进进料口位置；合理控制模温，动、定模模温趋于一致；适当增加注射压力，延长保压补缩时间 3. 调整顶出机构，使其受力均匀；重新精修模具；重新修改塑件，使其塑件形状设计合理，嵌件分布均匀
塑件制品有裂纹	1. 脱模顶出力不均匀 2. 模具受热不均或模温太低 3. 冷却过快或过慢 4. 型腔脱模斜度小 5. 混入杂质或脱模剂使用不当	1. 调整顶出机构，使制品出模时受力均匀、动作可靠 2. 合理控制成型工艺，使模温升高时各部件温度一致 3. 适当降低冷却速度 4. 改进进料口尺寸及形状；在不影响质量的前提下，尽量使脱模斜度大 5. 使用塑料要干净，严防杂质；采用填料的，应搅拌均匀后使用；嵌件安装前要预热并清除表面杂物和油污，合理使用脱模剂
塑件表面产生黑点或变色	1. 料筒清洗不干净或混有杂物 2. 塑料或模具型腔表面有可燃性挥发物 3. 塑料质量不佳，受潮，水解变黑	1. 试模前，认真清洗料筒，避免杂物混入 2. 试模前，认真清洗塑料或模具型腔表面 3. 塑料使用前，应清除杂质或经烘干后使用
塑件成型后难以脱模，塑件粘模，取不出来	1. 型腔表面粗糙 2. 型腔脱模斜度太小 3. 模具镶块处缝隙太大 4. 模温太高或太低 5. 顶杆太短	1. 对模腔进行抛光使之光洁 2. 调整模具结构，加大脱模斜度 3. 修整模具，尽量使镶件部位及拼块处的缝隙减小 4. 改善成型工艺条件，即合理控制模具温度与成型时间，降低注射力 5. 在模芯内增设进气孔，调整或更换顶件杆，使其动作可靠

续表

常见问题	产生原因	调整方法
塑件成型后难以脱模，塑件粘模，取不出来	6．拉料杆失灵 7．活动型芯脱模不及时 8．塑料发脆 9．收缩率太大 10．料温、喷嘴温度、模温较低，且喷嘴与浇口套不吻合或喷嘴与模具间有漏出的熔料	6．修整拉料杆，使其动作灵活、可靠 7．调整活动型芯脱模机构，使其动作同步、灵活、可靠 8．更换更好的塑料 9．延长冷却时间 10．提高料温、喷嘴温度、模温，调整喷嘴与浇口套，尽量使其在同一轴线上，并使喷嘴在工作时尽量与模具紧密贴合，不留有缝隙，防止熔料溢出；改善浇道强度或更换新浇道口，使浇道口直径加大
塑件表面不光洁或有划痕和擦伤	1．模具型腔表面不光洁 2．熔料与模具表面注射后不密合接触 3．料温与模温调节不当 4．模具型腔表面有擦伤或划痕	1．抛光或镀硬铬，使表面质量提高 2．检查熔料流动性，如熔料一接触型腔表面就冷凝硬化，则应立即提高料温、模温及注射速度，增强熔料流动性；扩大模具排气孔 3．调节料温和模温达到适宜的温度 4．修复模具型腔表面的擦伤和划痕

二、塑料成型模具的使用与维护

塑料成型模具同其他模具相比，结构一般更加复杂精密，对操作和维护的要求也就更高。因此，在整个生产过程中，正确地使用和维护，对维持企业正常生产、提高企业经济效益有着十分重要的意义。

1．选择合适成型设备，确定合理成型工艺条件

塑料模在安装使用前，一定要根据模具结构及成型条件，按工艺规程选择合适的成型设备。如使用注射模时，选用的注射量不能太大或太小：若太小，则满足不了注射要求，制品难以成型；若太大，则大马拉小车，有时会因锁模力调节不当而使模具损坏，同时又使效率降低。故选择注射机时，应按最大注射量、拉杆有效间距、模板上模具安装尺寸、最大或最小模厚、模板行程、推出方式、推出行程、注射压力、锁模力等各项进行核查，满足要求后方可安装使用模具。同时，工艺条件的合理性也是正确使用模具的关键。工艺条件一般在模具试模时确定，并编写成工艺规程，如锁模力大小、压力及注射速度、模温高低等，都要合理确定，操作时按此工艺规程操作，避免损坏模具，延长其使用寿命。

2．模具要安装合理，牢固可靠

模具在安装到压力机或注射机上时，一定要安装牢固，并在装机后进行空模运行，观察各部位运动是否灵活，推出行程、开启行程是否到位，合模时分型面是否吻合严密，动、定模（凸、凹模）是否对正、配合正确，装模螺钉是否拧紧、有无松动等。

3. 正确使用模具

模具在使用时，要严格按工艺规程操作，模具的温度要保持正常，不可忽冷忽热；要经常检查模具的滑动零件如导柱、导销、推杆、型芯、导滑槽等是否工作正常，有无弯曲、损坏，并要经常擦洗，加注润滑油；在每次合模前，要将型腔清理干净；对于型腔表面有特殊要求的，如表面粗糙度值不大于 $Ra0.2\ \mu m$ 的光亮镜面表面，绝不能用手抹或用棉纱擦，应用压缩空气吹拂，或用高级餐巾纸和高级脱脂棉蘸酒精轻轻擦抹，同时，型腔表面要定期进行清洗，清洗时可采用醇类或酮类制剂，擦洗后要及时吹干。

模具在临时停歇时，应将其闭合，防止型腔、型芯等工作零件暴露在外，以防损伤。若停机超过 24 h，要在型腔、型芯表面喷上防锈剂或脱模剂，待再开机使用时，擦干净后再使用。

4. 随机对模具产生的微小毛病进行修整

模具在使用过程中会产生磨损，有时还会产生不正常的损坏，若是微小毛病，可不必将模具从机上卸下，应随机进行修整后再继续使用。如镶件未放稳就合模导致型腔局部损坏，可将型腔在机上进行抛磨；若由于长期磨损使分型面不严密，致使制品溢边太厚，可以分别卸下，把分型面磨平，再把型腔加工到原来的深度；对于细小型芯，顶杆折断及弯曲而影响制件质量及脱模时，要进行修整、更换后，再继续使用。

5. 认真检查各控制部件的工作状态

模具在工作过程中，要严防辅助系统发生异常。如在每一个生产周期结束后，都应对加热器、冷却水道进行检测，使其处于完好状态，并对抽芯机构进行检查与调整。在生产中，若听到模具或设备发出异响或出现异常情况，要立即停机检查、修整。

6. 正确拆除模具

使用后，要按正确的拆卸方式将模具从机床上卸下，要轻拆轻放。使用后的模具，在型腔内要加注防锈剂、防蚀剂进行保护后再入库存放。

三、塑料成型模具的修理工艺及操作要点

模具在使用过程中，会产生正常的磨损或不正常的损坏。不正常损坏绝大多数是由于操作不当所致，例如嵌件没放稳就合模，致使型腔被打缺，或是型芯较细，当塑件无法脱模时，用锤子敲击而使型芯弯曲。塑料模具经过一段时间的使用，出现故障的情况是多种多样的，应根据不同的情况具体分析，并采取不同的修理方法。

1. 导向与定位件的损坏

（1）导柱磨损或拉伤

中小型塑料模具均以导柱为定、动模之间的定位件，在长期的使用中，反复开启会导致导柱与导套间磨损，间隙过大，定位精度超差。常见的磨损或拉伤情况及修理

方法如下：

1）导柱、导套周边均匀磨损。可更换新导套，重新配置，达到精度要求。

2）导柱、导套之间出现一侧磨损或导柱固定部位尺寸超差，因此产生松动。此时需要更换导柱或导套。

3）导柱、导套局部有拉伤现象，产生的原因有配合过紧、表面有污物或两者之间中心距误差等。轻者可局部研磨、抛光，重者需要更换导柱、导套，重新找正并进行定位。

（2）定位块、定位止口磨损

在大中型塑料模具中，导柱前段起导向杆作用，动、定模之间的梯形止口或定位斜键起定位作用。这种定位装置研合面积大、定位精度高，是大中型注射模具常用的定位方式。然而，在长期使用过程中，也会产生磨损使定位精度降低，主要修复方式如下：

1）定位块修复。定位块在长期使用中磨损，尺寸变小，定位精度超差。可在其下端面垫上厚垫片，使尺寸复原，再将表面磨到原始尺寸，即可达到修复的目的。另一种办法是将磨损面电镀一层硬金属后，再用磨床磨削到原始尺寸，但这种方法修复量在0～1 mm较为合适。

2）止口修复。止口部位装有耐磨板，可在模面上垫厚垫片，恢复原始尺寸，尺寸因磨损情况而定；若没有耐磨板，加垫又比较困难时，可将磨损面电镀硬金属增厚，然后磨削到原始尺寸。

2．分型面的磨损

塑料模具经过一段时间使用后，由于反复开闭及制件脱模对局部的磨损或不当操作造成的撞击，分型面上原本很清晰的型腔边缘尖角会变得圆滑，使制件产生飞边、毛刺，影响制件质量。不同的磨损形式及修理方法如下：

（1）分型面上型腔周边大面积磨损。可采取将分型面磨去0.2～0.4 mm厚的方法进行修理，此时制件在开模方向上的尺寸将变小，如果不妨碍制品功能要求则可行，否则需同时修改型腔深度。

（2）分型面上的局部磨损。可视情况采用挤胀、镶块等方法进行修理。所谓挤胀方法就是在离损伤部位3 mm左右的地方用錾子敲击，使凹痕隆起，敲击点尽量离得远些，敲击范围大一些，然后对隆起的部分用锉刀锉平，再用油石研磨，砂纸打光。

（3）破损严重无法修理的，应更换新件。

3．型腔表面的磨损

塑料模具在使用过程中，型腔表面不断受到高温、高压及腐蚀影响，致使表面硬度降低、磨损加快，使得制件尺寸变大超差，甚至会出现表面破裂的现象。这时，一方面要正确选择模具材料及合理的表面硬化处理，另一方面则需对其进行必要的检修。如发现整体磨损严重，可采用将型腔和型芯进行刷镀的方法进行修理，即利用电刷镀笔，在表面上进行无槽电镀后形成一层镀层，修磨后即可使用。如表面磨损或磕碰特别严重，则需采用焊接、镶拼、更换新件等方法进行修理。

4. 镶块松动或模具开裂

镶块一般是以过盈配合的方式镶入模体内，但模具长期使用后，接合缝易产生间隙与松动，使制品产生飞边，致使脱模困难。应更换镶块，重新研配，可以达到原来的尺寸。但应注意镶件材质与塑料模具基体一致或线膨胀系数接近。

5. 塑料模具咬伤

模具咬伤是塑料模具滑动件之间磨损增大，或滑动件的硬度太低而导致的局部划伤咬合在一起。其修理方法如下：

（1）将咬模部分清理干净，小心取下被卡住部件，用砂纸磨光毛刺。产生凹痕的，将凹陷边缘磨成圆角，以免再次咬模。若滑动件表面硬度低，则需要进行表面硬化处理。此时可将部件放入水中，将需要硬化的表面露出水面，进行火焰淬火。也可采用扩散渗碳、渗氮处理。对销类滑动件，最好采用高频淬火。

（2）将咬模部分切除后再进行堆焊修补，但焊接材质必须相同。壁厚太薄的地方不能采用焊接修补。

（3）滑块型芯上产生卡住现象时，可用细锉、油石、砂纸打光。卡伤严重时，采用粉末堆焊修补，卡伤不严重时可用电镀方法镀平。

（4）角销卡伤时，应更换。

6. 塑料模具裂纹

当塑料模具刚度不足时，由于成型时反复变形产生疲劳，往往在型腔拐角处产生裂纹。对产生裂纹的塑料模具可采用在模具外侧加镶框的方法来增强刚度，以免裂纹扩展，这样，在塑件表面上留下的裂纹就不会十分明显。注射模具的材质与裂纹的产生也有一定的关系，最好采用韧性较好的材料。

7. 推杆折断

塑料模在使用过程中，经常出现推杆折断的现象。这可能有三种情况：一是由于多根推杆配合松紧不一致，使得推出力不平衡造成个别推杆偏载而折断；二是由于推杆孔磨损后与分型面不垂直，推杆推出的运动方向偏斜而折断；三是推杆“丁”字头为焊接而成，热处理效果差，焊接应力未清除而产生断裂。

若断杆留在型腔内没有及时清除，则在合模时会碰撞型腔。轻者导致型腔受损，需采用镶块焊补、电镀、敲击等方法修复；重者可使注射模具报废。因此，必须更换新的推杆。

8. 异物掉入损坏型腔

如果掉入物为残余料则受损情况较轻，若掉入的是金属物，则会使型腔遭到严重破坏。尤其是仿真纹面型腔或抛光面型腔，给修理带来困难。

若型腔轻微损伤，可用敲击法（即在型腔损伤部位的背面钻一个合适的盲孔，然后在孔内插入一金属棒，用锤子敲击，使损伤面隆起后磨平抛光）予以修复。如果型腔损伤严重，则主要靠镶拼、堆焊、电镀的方法来修理。

针对这种情况，应做好以下预防工作：

（1）模具上方不可放置任何工具、杂物、零件等。

（2）型腔经过修整后，严禁不进行清理而直接合模，以防铁屑、废件、杂物留在型腔内。

（3）经过长途运输进厂的注射模具或放置一段时间后重新使用的注射模具，要先开模，将型腔清理干净后，再投入生产。

（4）模腔内的残余料要清理干净。

9. 辅助机构失灵

在成型过程中，注射模具的开模、抽芯及顶出等动作须顺序进行、互相协调，相应的机构运动不得互相干涉。然而，由于零件长期工作中发生疲劳或因结构不可靠，会使某机构突然断裂失效，继而使注射模具其他部位受损。

这种情况出现时，需根据具体情况进行修理，多数情况下需更换结构件。模具的型腔受损可能是致命的，修复的希望不大。因此，为预防这种事故的发生，应做好如下预防工作：

（1）操作者应经常观察模具结构的灵活性、滑动的顺畅性、复位的精确性，以防患于未然。

（2）对液压和气动辅助机构的附件（如油管、水管、气管、接头、插座、行程开关、电线等）要定期进行检查和维修，使注射模具始终处于良好的工作状态，以保证注射模具的使用寿命。

附表 1　常用金属切削机床统一名称和类、组、系划分（摘自 GB/T 15375—2008）

钻床类 Z					
组		系		主参数	
代号	名称	代号	名称	折算系数	名称
0		0			
		1			
		2			
		3			
		4			
		5			
		6			
		7			
		8			
		9			
1	坐标镗钻床	0	台式坐标镗钻床	1/10	工作台面宽度
		1			
		2			
		3	立式坐标镗钻床	1/10	工作台面宽度
		4	转塔坐标镗钻床	1/10	工作台面宽度
		5			
		6	定臂坐标镗钻床	1/10	工作台面宽度
		7			
		8			
		9			

续表

钻床类 Z					
组		系		主参数	
代号	名称	代号	名称	折算系数	名称
2	深孔钻床	0			
		1	深孔钻床	1/10	最大钻孔直径
		2			
		3			
		4			
		5			
		6			
		7			
		8			
		9			
3	摇臂钻床	0	摇臂钻床	1	最大钻孔直径
		1	万向摇臂钻床	1	最大钻孔直径
		2	车式摇臂钻床	1	最大钻孔直径
		3	滑座摇臂钻床	1	最大钻孔直径
		4	坐标摇臂钻床	1	最大钻孔直径
		5	滑座万向摇臂钻床	1	最大钻孔直径
		6	无底座式万向摇臂钻床	1	最大钻孔直径
		7	移动万向摇臂钻床	1	最大钻孔直径
		8	龙门式钻床	1	最大钻孔直径
		9			
4	台式钻床	0	台式钻床	1	最大钻孔直径
		1	工作台台式钻床	1	最大钻孔直径
		2	可调多轴台式钻床	1	最大钻孔直径
		3	转塔台式钻床	1	最大钻孔直径
		4	台式攻钻床	1	最大钻孔直径
		5			
		6	台式排钻床	1	最大钻孔直径
		7			
		8			
		9			

续表

钻床类 Z					
组		系		主参数	
代号	名称	代号	名称	折算系数	名称
5	立式钻床	0	圆柱立式钻床	1	最大钻孔直径
		1	方柱立式钻床	1	最大钻孔直径
		2	可调多轴立式钻床	1	最大钻孔直径
		3	转塔立式钻床	1	最大钻孔直径
		4	圆方柱立式钻床	1	最大钻孔直径
		5	龙门型立式钻床	1	最大钻孔直径
		6	立式排钻床	1	最大钻孔直径
		7	十字工作台立式钻床	1	最大钻孔直径
		8	柱动式钻削加工中心	1	最大钻孔直径
		9	升降十字工作台立式钻床	1	最大钻孔直径
6	卧式钻床	0			
		1			
		2	卧式钻床	1	最大钻孔直径
		3			
		4			
		5			
		6			
		7			
		8			
		9			
7	铣钻床	0	台式铣钻床	1	最大钻孔直径
		1	立式铣钻床	1	最大钻孔直径
		2			
		3			
		4	龙门式铣钻床	1	最大钻孔直径
		5	十字工作台立式铣钻床	1	最大钻孔直径
		6	镗铣钻床	1	最大钻孔直径
		7	磨铣钻床	1	最大钻孔直径
		8			
		9			

续表

钻床类 Z					
组		系		主参数	
代号	名称	代号	名称	折算系数	名称
8	中心孔钻床	0			
		1	中心孔钻床	1/10	最大工件直径
		2	平端面中心孔钻床	1/10	最大工件直径
		3			
		4			
		5			
		6			
		7			
		8			
		9			
9	其他钻床	0	双面卧式玻璃钻床	1	最大钻孔直径
		1	数控印刷板钻床	1	最大钻孔直径
		2	数控印刷板铣钻床	1	最大钻孔直径
		3			
		4			
		5			
		6			
		7			
		8			
		9			

附表 2　　常用铰刀推荐直径及加工 H7、H8、H9 级孔的铰刀直径公差
（摘自 GB/T 1131.1—2004 和 GB/T 1132—2004）

mm

手用铰刀直径 *d*	机用直柄铰刀直径 *d*	机用莫氏锥柄铰刀		极限偏差		
		直径 *d*	锥柄号	H7 级	H8 级	H9 级
2.0	2.0	—	—	+0.008 +0.004	+0.011 +0.006	+0.021 +0.012
2.2	2.2	—	—			
2.5	2.5	—	—			
2.8	2.8	—	—			
3.0	3.0	—	—			

续表

<table>
<tr><th rowspan="2">手用铰刀
直径 *d*</th><th rowspan="2">机用直柄铰刀
直径 *d*</th><th colspan="2">机用莫氏锥柄铰刀</th><th colspan="3">极限偏差</th></tr>
<tr><th>直径 *d*</th><th>锥柄号</th><th>H7 级</th><th>H8 级</th><th>H9 级</th></tr>
<tr><td>—</td><td>3.2</td><td>—</td><td>—</td><td rowspan="7">+0.010
+0.005</td><td rowspan="7">+0.015
+0.008</td><td rowspan="7">+0.025
+0.014</td></tr>
<tr><td>3.5</td><td>3.5</td><td>—</td><td>—</td></tr>
<tr><td>4.0</td><td>4.0</td><td>—</td><td>—</td></tr>
<tr><td>4.5</td><td>4.5</td><td>—</td><td>—</td></tr>
<tr><td>5.0</td><td>5.0</td><td>—</td><td>—</td></tr>
<tr><td>5.5</td><td>5.5</td><td>5.5</td><td rowspan="10">1</td></tr>
<tr><td>6.0</td><td>6.0</td><td>6.0</td></tr>
<tr><td>7.0</td><td>7.0</td><td>7.0</td><td rowspan="4">+0.012
+0.006</td><td rowspan="4">+0.018
+0.010</td><td rowspan="4">+0.030
+0.017</td></tr>
<tr><td>8.0</td><td>8.0</td><td>8.0</td></tr>
<tr><td>9.0</td><td>9.0</td><td>9.0</td></tr>
<tr><td>10</td><td>10</td><td>10</td></tr>
<tr><td>11</td><td>11</td><td>11</td><td rowspan="8">+0.015
+0.008</td><td rowspan="8">+0.022
+0.012</td><td rowspan="8">+0.036
+0.020</td></tr>
<tr><td>12</td><td>12</td><td>12</td></tr>
<tr><td>(13)</td><td>(13)</td><td>(13)</td></tr>
<tr><td>14</td><td>14</td><td>14</td></tr>
<tr><td>(15)</td><td>(15)</td><td>15</td><td rowspan="8">2</td></tr>
<tr><td>16</td><td>16</td><td>16</td></tr>
<tr><td>(17)</td><td>(17)</td><td>(17)</td></tr>
<tr><td>18</td><td>18</td><td>18</td></tr>
<tr><td>(19)</td><td>(19)</td><td>(19)</td><td rowspan="11">+0.017
+0.009</td><td rowspan="11">+0.028
+0.016</td><td rowspan="11">+0.044
+0.025</td></tr>
<tr><td>20</td><td>20</td><td>20</td></tr>
<tr><td>(21)</td><td>—</td><td>—</td></tr>
<tr><td>22</td><td>—</td><td>22</td></tr>
<tr><td>(23)</td><td>—</td><td>—</td><td rowspan="7">3</td></tr>
<tr><td>(24)</td><td>—</td><td>(24)</td></tr>
<tr><td>25</td><td>—</td><td>25</td></tr>
<tr><td>(26)</td><td>—</td><td>(26)</td></tr>
<tr><td>(27)</td><td>—</td><td>—</td></tr>
<tr><td>28</td><td>—</td><td>28</td></tr>
<tr><td>(30)</td><td>—</td><td>(30)</td></tr>
</table>

续表

手用铰刀直径 *d*	机用直柄铰刀直径 *d*	机用莫氏锥柄铰刀		极限偏差		
		直径 *d*	锥柄号	H7 级	H8 级	H9 级
32	—	32	4	+0.021 +0.012	+0.033 +0.019	+0.050 +0.030
(34)	—	(34)				
(35)	—	(35)				
36	—	36				
(38)	—	(38)				
40	—	40				
(42)	—	(42)				
(44)	—	(44)				
45	—	(45)				
(46)	—	(46)				
(48)	—	(48)				
50	—	50				

注：括号内的尺寸尽量不采用。

附表 3　　普通螺纹直径与螺距标准组合系列（摘自 GB/T 193—2003）　　mm

公称直径 *D*、*d*			螺距 *P*										
第 1 系列	第 2 系列	第 3 系列	粗牙	细牙									
				3	2	1.5	1.25	1	0.75	0.5	0.35	0.25	0.2
1			0.25										0.2
	1.1		0.25										0.2
1.2			0.25										0.2
	1.4		0.3										0.2
1.6			0.35										0.2
	1.8		0.35										0.2
2			0.4									0.25	
	2.2		0.45									0.25	
2.5			0.45								0.35		
3			0.5								0.35		
	3.5		0.6								0.35		
4			0.7							0.5			
	4.5		0.75							0.5			

续表

公称直径 *D*、*d*			螺距 *P*										
第1系列	第2系列	第3系列	粗牙	细牙									
				3	2	1.5	1.25	1	0.75	0.5	0.35	0.25	0.2
5			0.8							0.5			
		5.5								0.5			
6			1						0.75				
	7		1						0.75				
8			1.25					1	0.75				
		9	1.25					1	0.75				
10			1.5				1.25	1	0.75				
		11	1.5			1.5		1	0.75				
12			1.75				1.25	1					
	14		2			1.5	1.25[a]	1					
		15				1.5		1					
16			2			1.5		1					
		17				1.5		1					
	18		2.5		2	1.5		1					
20			2.5		2	1.5		1					
	22		2.5		2	1.5		1					
24			3		2	1.5		1					
		25			2	1.5		1					
		26				1.5							
	27		3		2	1.5		1					
		28			2	1.5		1					
30			3.5	(3)	2	1.5		1					
		32			2	1.5							
	33		3.5	(3)	2	1.5							
		35[b]				1.5							
36			4	3	2	1.5							
		38				1.5							
	39		4	3	2	1.5							
		40		3	2	1.5							

注：优先选用第一系列直径，其次选择第二系列直径，最后选择第三系列直径；尽可能避免选用括号内的螺距；a 仅用于发动机的火花塞，b 仅用于轴承的锁紧螺母。

附表 4　　常用普通螺纹丝锥螺纹尺寸极限偏差（摘自 GB/T 968—2007）

公称直径 d (mm)	螺距 P (mm)	大径 d (μm) 下	大径 d (μm) 上	中径 d_2 (μm) 公差带 H1 下	H1 上	H2 下	H2 上	H3 下	H3 上	H4 下	H4 上	小径 d_1 (μm) 上下	螺距偏差 (μm) 测量牙个数	H1 H2 H3	H4
>1.0~1.4	0.2	+20	自行规定	+5	+15	—	—	—	—	+8	+33	自行规定	12	±8	±20
	0.25	+22		+6	+17					+9	+39				
	0.3	+24			+18	+18	+30								
>1.4~2.8	0.2	+21			+17	—	—								
	0.25	+24			+18										
	0.35	+27		+7	+20	+20	+34			+11	+46				
	0.4	+28			+21	+21	+36								
	0.45	+30		+8	+23	+23	+38			+12	+52				
>2.8~5.6	0.35	+28		+7	+21	+21	+36			+11	+46				
	0.5	+32		+8	+24	+24	+40	+40	+56	+12	+52				
	0.6	+36		+9	+27	+27	+45	+45	+63	+14	+59				
	0.7	+38		+10	+29	+29	+48	+48	+67	+15	+65		9		±25
	0.75	+38													
	0.8	+40			+30	+30	+50	+50	+70	+15	+65				
>5.6~11.2	0.5	+36		+9	+27	+27	+45	+45	+63	+14	+59		12		±20
	0.75	+42		+11	+32	+32	+53	+53	+74	+16	+69		9		±25
	1	+47		+12	+35	+35	+59	+59	+83	+18	+77				
	1.25	+50		+13	+38	+38	+63	+63	+88	+19	+81				
	1.5	+56		+14	+42	+42	+70	+70	+98	+21	+91		7		±35
>11.2~22.4	1	+50		+13	+38	+38	+63	+63	+88	+19	+81		9		±25
	1.25	+56		+14	+42	+42	+70	+70	+98	+21	+91				
	1.5	+60		+15	+45	+45	+75	+75	+105	+23	+98		7		±35
	1.75	+64		+16	+48	+48	+80	+80	+112	+24	+104			±9	
	2	+68		+17	+51	+51	+85	+85	+119	+26	+111			±10	
	2.5	+72		+18	+54	+54	+90	+90	+126	+27	+117				±50
>22.4~40	1	+53		+13	+40	+40	+66	+66	+92	+20	+86		9	±8	±25
	1.5	+64		+16	+48	+48	+80	+80	+112	+24	+104		7		±35
	2	+72		+18	+54	+54	+90	+90	+126	+27	+117			±10	
	3	+85		+21	+64	+64	+106	+106	+148	+32	+138			±12	±50
	3.5	+90		+22	+67	+67	+112	+112	+157	—	—			±13	—
	4	+94		+24	+71	+71	+118	+118	+165					±14	

注：各级丝锥小径 d_1 均小于被加工内螺纹的最小小径，而且丝锥牙底圆弧也不应超过内螺纹的最小小径。

附表 5　攻普通粗牙螺纹时麻花钻直径及螺纹小径极限值（摘自 GB/T 20330—2006）　mm

螺纹						麻花钻直径
公称直径	螺距	下列等级的小径				
		5H 最大	6H 最大	7H 最大	5H、6H、7H 最小	
1. 0	0. 25	0. 785	—	—	0. 729	0. 75
1. 1	0. 25	0. 885	—	—	0. 829	0. 85
1. 2	0. 25	0. 985	—	—	0. 929	0. 95
1. 4	0. 30	1. 142	1. 160	—	1. 075	1. 10
1. 6	0. 35	1. 301	1. 321	—	1. 221	1. 25
1. 8	0. 35	1. 501	1. 521	—	1. 421	1. 45
2. 0	0. 40	1. 657	1. 679	—	1. 567	1. 60
2. 2	0. 45	1. 813	1. 838	—	1. 713	1. 75
2. 5	0. 45	2. 113	2. 138	—	2. 013	2. 05
3. 0	0. 50	2. 571	2. 599	2. 639	2. 459	2. 50
3. 5	0. 60	2. 975	3. 010	3. 050	2. 850	2. 90
4. 0	0. 70	3. 382	3. 422	3. 466	3. 242	3. 30
4. 5	0. 75	3. 838	3. 878	3. 924	3. 688	3. 70
5. 0	0. 80	4. 294	4. 334	4. 384	4. 134	4. 20
6. 0	1. 00	5. 107	5. 153	5. 217	4. 917	5. 00
7. 0	1. 00	6. 107	6. 153	6. 217	5. 917	6. 00
8. 0	1. 25	6. 859	6. 912	6. 982	6. 647	6. 80
9. 0	1. 25	7. 859	7. 912	7. 982	7. 647	7. 80
10. 0	1. 50	8. 612	8. 676	8. 751	8. 376	8. 50
11. 0	1. 50	9. 612	9. 676	9. 751	9. 376	9. 50
12. 0	1. 75	10. 371	10. 441	10. 531	10. 106	10. 20
14. 0	2. 00	12. 135	12. 210	12. 310	11. 835	12. 00
16. 0	2. 00	14. 135	14. 210	14. 310	13. 835	14. 00
18. 0	2. 50	15. 649	15. 744	15. 854	15. 294	15. 50
20. 0	2. 50	17. 649	17. 744	17. 854	17. 294	17. 50
22. 0	2. 50	19. 649	19. 744	19. 854	19. 294	19. 50
24. 0	3. 00	21. 152	21. 252	21. 382	20. 752	21. 00
27. 0	3. 00	24. 152	24. 252	24. 382	23. 752	24. 00
30. 0	3. 50	26. 661	26. 771	26. 921	26. 211	26. 50
33. 0	3. 50	29. 661	29. 771	29. 921	29. 211	29. 50
36. 0	4. 00	32. 145	32. 270	32. 420	31. 670	32. 00

附表 6　　板牙套螺纹时的圆杆直径　　mm

普通粗牙螺纹				圆柱管螺纹		
公称直径	螺距	圆杆直径		公称直径	管子直径	
		最小	最大		最小	最大
M6	1	5.8	5.9	$\frac{1}{8}$	9.4	9.5
M8	1.25	7.8	7.9	$\frac{1}{4}$	12.7	13
M10	1.5	9.75	9.85	$\frac{3}{8}$	16.2	16.5
M12	1.75	11.75	11.9	$\frac{1}{2}$	20.5	20.8
M14	2	13.7	13.85	$\frac{5}{8}$	22.5	22.8
M16	2	15.7	15.85	$\frac{3}{4}$	26	26.3
M18	2.5	17.7	17.85	$\frac{7}{8}$	29.8	30.1
M20	2.5	19.7	19.85	1	32.8	33.1
M22	2.5	21.7	21.85	$1\frac{1}{8}$	37.4	37.7
M24	3	23.65	23.8	$1\frac{1}{4}$	41.4	41.7
M27	3	26.65	26.8	$1\frac{3}{8}$	43.8	44.1
M30	3.5	29.6	29.8	$1\frac{1}{2}$	47.3	47.6
M36	4	35.6	35.8	—	—	—
M42	4.5	41.55	41.75	—	—	—
M48	5	47.5	47.7	—	—	—